锐捷网络学院系列教程
锐捷网络"1+X"职业技能等级证书配套系列教材

ADVANCED
ROUTING TECHNOLOGY

高级路由技术
实践篇

汪双顶 王隆杰 梁广民 / 主编
李巨 肖颖 蒋建峰 / 副主编

人民邮电出版社
北京

图书在版编目（CIP）数据

高级路由技术. 实践篇 / 汪双顶，王隆杰，梁广民
主编. -- 北京 : 人民邮电出版社，2023.12
锐捷网络学院系列教程
ISBN 978-7-115-61091-1

Ⅰ. ①高… Ⅱ. ①汪… ②王… ③梁… Ⅲ. ①计算机
网络－路由选择－教材 Ⅳ. ①TN915.05

中国国家版本馆CIP数据核字(2023)第031958号

内 容 提 要

本书是由 52 份具有典型特征的园区网工程项目文档汇编而成的，主要内容涉及园区网工程项目中的高级路由技术，包括静态路由、动态路由、RIPv2 动态路由邻居安全认证、多区域的 OSPF 路由配置、OSPF 路由优化、路由重发布、策略路由、路由策略、BGP 路由，以及复杂的访问控制列表技术等。

本书具有较高的专业性、实用性、易读性，可以作为高校计算机相关专业的实训指导书，也可以作为厂商资深网络工程师考试的参考用书。

◆ 主　　编　汪双顶　王隆杰　梁广民
副 主 编　李　巨　肖　颖　蒋建峰
责任编辑　郭　雯
责任印制　王　郁　焦志炜
◆ 人民邮电出版社出版发行　　北京市丰台区成寿寺路 11 号
邮编　100164　　电子邮件　315@ptpress.com.cn
网址　https://www.ptpress.com.cn
三河市君旺印务有限公司印刷
◆ 开本：787×1092　1/16
印张：16.5　　　　2023 年 12 月第 1 版
字数：394 千字　　　　2023 年 12 月河北第 1 次印刷

定价：59.80 元

读者服务热线：(010)81055256　印装质量热线：(010)81055316
反盗版热线：(010)81055315
广告经营许可证：京东市监广登字 20170147 号

前 言 FOREWORD

编者从数百份园区网工程项目文档中，筛选出52份涉及高级路由技术的典型文档，整理成本书，旨在将企业中真实使用过的路由技术引入高校的专业教学中，帮助学生掌握在园区网工程项目中使用的路由技术，了解园区网工程项目施工过程，学习并积累实践经验。同时，本书也是国家职业技能竞赛“网络系统管理”赛项部分技能点的训练指导书。

本书将“坚持教育优先发展、科技自立自强、人才引领驱动”作为指导思想，落实党的二十大精神中倡导的“培养德才兼备的高素质人才”要求，将“实施科教兴国战略，强化现代化建设人才支撑”要求，落实到专业的ICT人才培养中，进一步推进网络强国，助力数字中国的建设目标实现。

本书的各任务均包括任务目标、背景描述、网络拓扑、设备清单、实施步骤和注意事项。在描述园区网工程项目实际场景的同时，展示项目需求、拓扑结构、设备选型、施工和测试过程，解决实际工作中遇到的各种问题。

学生在学习本书时，需要相应的硬件设施，以再现其中的工程项目。所需的硬件设施包括二层交换机、三层交换机、模块化路由器、若干测试计算机和双绞线（或其制作工具）。同时，也可以选择GNS3、Packet Tracer等模拟器软件，推荐使用最新版本的锐捷模拟器开展实训，可到人邮教育社区（www.ryjiaoyu.com）下载。虽然本书选择的园区网工程项目都来自数通厂商，但在内容上力求知识诠释和技术选择都具有业内通用性。

读者在学习完本书后，能够了解网络协议，熟悉网络互联设备，具备组网施工和解决网络疑难问题的能力，可参加锐捷认证资深网络工程师（RCNP）考试，获得相应的证书，也可以参加锐捷网络组织的《网络设备安装与维护（高级）》“1+X”职业技能等级证书考试。

本书的编写团队包括国家示范性高职院校教师和厂商工程师队伍，他们把各自积累的教学和工作经验，以及对网络技术的深刻理解，融入本书。王隆杰、梁广民来自深圳职业技术大学；李巨来自重庆工商职业学院；肖颖来自无锡职业技术学院；蒋建峰来自苏州工业园区服务外包职业学院。作为业内的教学名师，他们多年来都工作在教学一线，且具有丰富的全国职业技能竞赛指导经验。他们主导本书的体例设计，并承担修订、验证、审核工作，使本书更适用于院校教学。汪双顶积极发挥数通厂商拥有的园区网工程项目资源优势，筛选来自企业的具有典型特征的工程项目，以及数通厂商在工程项目中应用的较新的行业技术，完成技术场景和工作场景的对接，把行业的新技术引入课程，保证技术和市场同步。

此外，在编写本书的过程中，编者还得到了其他一线教师、技术工程师、产品经理的大力支持。他们积累了多年的来自工程一线的工作经验，为本书的真实性和专业性提供了指导。本书在编写过程中经历多次修订，但由于编者水平有限，难免存在疏漏和不足之处，敬请广大读者指正。编者的电子邮件地址为 410395381@qq.com，读者可以通过电子邮件联系编者索取教学资源，也可以加入人邮教师服务 QQ 群（群号：159528354）与编者进行联系。

创新网络教材编辑委员会
2023 年 4 月

使 用 说 明

本书采用业界标准的拓扑绘制方案。书中所使用的符号、图标，以及命令语法规范约定如下。

- “//”表示对该行命令的解释和说明。
- 加粗表示关键命令。

以下为本书中所使用的图标示例。

接入交换机

固化汇聚交换机

模块化汇聚交换机

核心交换机

二层堆栈交换机

三层堆栈交换机

中低端路由器

高端路由器

Voice多业务路由器

SOHO多业务路由器

IPv6多业务路由器

服务器

目录 CONTENTS

高级路由技术（实践篇）

任务 1 实现浮动静态路由，实现网络链路备份

【任务目标】

通过改变静态路由的管理距离（Administrative Distance，AD），实现具有浮动效果的静态路由，进而实现网络链路备份。

【背景描述】

某公司组建了互联互通的办公网，其内网中的服务器所在网段为 192.168.12.0/24，正常访问使用一条路由即可实现连接。但为了保证内网服务器连接的稳定性，公司要求增加冗余备份链路，以增强网络稳健性。

【网络拓扑】

图 1-1 所示为某网络中心服务器备份连接拓扑，其使用浮动静态路由实现网络链路备份。

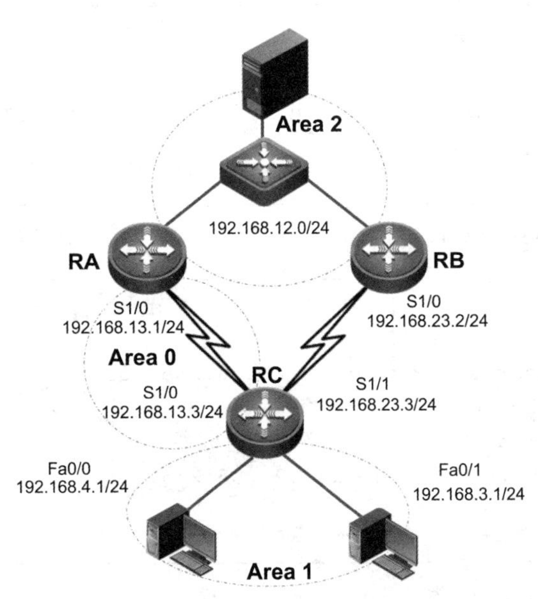

图 1-1　某网络中心服务器备份连接拓扑

【设备清单】

模块化路由器（3 台）；交换机（1 台）；V35 线缆（2 条）；网线（若干）；测试计算机（若干）。如果没有 V35 线缆，可使用普通网线，其对应接口也做相应调整，配置内容不变。后续本书涉及 V35 线缆缺乏的情况，均按此说明。

（备注 1：注意设备连接接口；可以根据现场连接情况，相应修改文档中接口名称，配置过程不受影响。）

（备注 2：限于实训环境，本任务也可以使用 4 台三层交换机实现，配置过程不受影响。）

（备注 3：限于实训环境，服务器一般使用测试计算机搭建和替代。）

【实施步骤】

（1）路由器 RC 的基本配置。

```
Router(config)#hostname RC
RC(config)#interface Serial 1/0
RC(config-if)#ip address 192.168.13.3 255.255.255.0
RC(config-if)#clock rate 64000
RC(config-if)#no shutdown
RC(config)#interface Serial 1/1
RC(config-if)#ip address 192.168.23.3 255.255.255.0
RC(config-if)#clock rate 64000
RC(config-if)#no shutdown
RC(config-if)#interface FastEthernet 0/0
RC(config-if)#ip address 192.168.4.1 255.255.255.0
RC(config-if)#no shutdown
RC(config)#interface FastEthernet 0/1
RC(config-if)#ip address 192.168.3.1 255.255.255.0
RC(config-if)#no shutdown
RC(config-if)#exit
```

（2）路由器 RB 的基本配置。

```
Router(config)#hostname RB
RB(config)#interface Serial 1/0
RB(config-if)#ip address 192.168.23.2 255.255.255.0
RB(config-if)#no shutdown
RB(config-if)#interface FastEthernet 0/0
RB(config-if)#ip address 192.168.12.2 255.255.255.0
RB(config-if)#no shutdown
RB(config-if)#exit
```

（3）路由器 RA 的基本配置。

```
Router(config)#hostname RA
RA(config)#interface Serial 1/0
```

```
RA(config-if)#ip address 192.168.13.1 255.255.255.0
RA(config-if)#no shutdown
RA(config-if)#interface Serial 1/0
RA(config-if)#no shutdown
RA(config)#interface FastEthernet 0/0
RA(config-if)#ip address 192.168.12.1 255.255.255.0
RA(config-if)#no shutdown
RA(config-if)#exit
```

（4）配置主链路路由以及备份链路路由。

```
RA(config)#router ospf 1
RA(config-router)#network 192.168.13.0 0.0.0.255 area 0
RA(config-router)#network 192.168.12.0 0.0.0.255 area 2
```

```
RC(config)#router ospf 1
RC(config-router)#network 192.168.13.0 0.0.0.255 area 0
RC(config-router)#network 192.168.4.0 0.0.0.255 area 1
RC(config-router)#network 192.168.3.0 0.0.0.255 area 1
RC(config)#ip route 192.168.12.0 255.255.255.0 Serial 1/1 150
//  配置备份路由管理距离必须大于主路由管理距离
```

（5）验证测试。

```
RC#show ip router
   Codes:C-connected,S-static,  R-RIP   O-OSPF,IA-OSPF inter area
        E1-OSPF external type 1,E2-OSPF external type 2
   Gateway of last resort is not set
   O IA 192.168.12.0/24[110/49]via 192.168.13.1,00:00:42,Serial 1/0
   C    192.168.13.0/24 is directly connected,Serial 1/0
   C    192.168.3.0/24 is directly connected,FastEthernet 0/1
   C    192.168.4.0/24 is directly connected,FastEthernet 0/0
   C    192.168.23.0/24 is directly connected,Serial 1/1
```

（6）当主链路 down 的时候，可以使用备份链路通信。

```
RC(config)#interface Serial 1/0
RC(config-if)#shutdown
```

```
RC#show ip router
   Codes:C-connected,S-static,  R-RIP   O-OSPF,IA-OSPF inter area
        E1-OSPF external type 1,E2-OSPF external type 2
   Gateway of last resort is not set
   S    192.168.12.0/24 is directly connected,Serial 1/1
   C    192.168.3.0/24 is directly connected,FastEthernet 0/1
```

```
    C    192.168.4.0/24 is directly connected,FastEthernet 0/0
    C    192.168.23.0/24 is directly connected,Serial 1/1
```

（7）当主链路 up 的时候，仍然使用主链路通信。

```
RC(config)#interface Serial 1/0
RC(config-if)#no shutdown
```

```
RC#show ip router
   Codes:C-connected,S-static,  R-RIP   O-OSPF,IA-OSPF inter area
        E1-OSPF external type 1,E2-OSPF external type 2
   Gateway of last resort is not set
   O IA 192.168.12.0/24[110/49]via 192.168.13.1,00:14:45,Serial 1/0
   C    192.168.13.0/24 is directly connected,Serial 1/0
   C    192.168.3.0/24 is directly connected,FastEthernet 0/1
   C    192.168.4.0/24 is directly connected,FastEthernet 0/0
   C    192.168.23.0/24 is directly connected,Serial 1/1
```

【注意事项】

浮动静态路由是一种特殊的静态路由。浮动静态路由的优先级很低，在路由表中，它属于候补路由，仅在首选路由失效时才会发挥作用。因此，浮动静态路由主要体现链路的冗余性能。

浮动静态路由通过配置一个比主路由的管理距离更大的静态路由，保证在网络中主路由失效的情况下，能提供备份路由。也就是说，备份路由的管理距离必须大于主路由的管理距离。但在主路由存在的情况下，备份路由不会出现在路由表中。浮动静态路由主要用于路由备份。

任务 2 实施 RIPv2 动态路由的邻居安全认证

【任务目标】

掌握配置 RIPv2 动态路由的明文认证及 MD5 认证的方法，实施 RIPv2 动态路由的邻居安全认证。

【背景描述】

某公司组建了互联互通的办公网。随着企业对网络安全关心和重视程度的提高，出口路由器的安全逐渐成为网络安全的重要组成部分。为了防止攻击者利用路由更新破坏路由器，网络管理员计划实施 RIPv2 动态路由的邻居安全认证，以加强网络安全。

【网络拓扑】

图 2-1 所示为某公司网络出口路由器连接拓扑，其中，出口网络中路由器 RA 和 RB 通过 V35 线缆连接。实施 RIPv2 动态路由的邻居安全认证，保障路由更新安全。

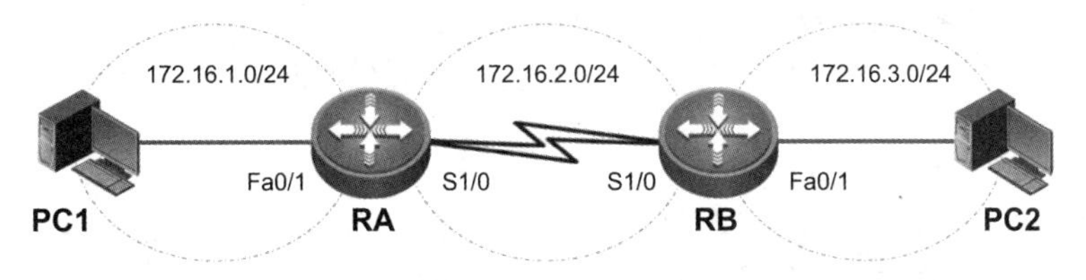

图 2-1　某公司网络出口路由器连接拓扑

【设备清单】

模块化路由器（2 台）；V35 线缆（1 条，可选）；网线（若干）；测试计算机（若干）。

（备注 1：注意设备连接接口；可以根据现场连接情况，相应修改文档中接口名称，配置过程不受影响。）

（备注 2：限于实训环境，本任务也可以使用 2 台三层交换机实现，配置过程不受影响。）

【实施步骤】

（1）路由器 RA 的基本配置。

```
Router(config)#hostname RA
RA(config)#interface Serial 1/0
RA(config-if)#ip address 172.16.2.1 255.255.255.0
RA(config-if)#no shutdown
RA(config-if)#exit
RA(config)#interface FastEthernet 0/1
RA(config-if)#ip address 172.16.1.1 255.255.255.0
RA(config-if)#no shutdown
RA(config-if)#exit
```

（2）路由器 RB 的基本配置。

```
Router(config)#hostname RB
RB(config)#interface Serial 1/0
RB(config-if)#ip address 172.16.2.2 255.255.255.0
RB(config-if)#no shutdown
RB(config-if)#interface FastEthernet 0/1
RB(config-if)#ip address 172.16.3.1 255.255.255.0
RB(config-if)#no shutdown
RB(config-if)#exit
```

（3）配置路由器上的 RIPv2 路由信息。

```
RA(config)#router rip
RA(config-router)#version 2          // 配置 RIP 的协议版本为 2
RA(config-router)#network 172.16.1.0
RA(config-router)#network 172.16.2.0
RA(config-router)#no auto-summary              // 关闭路由自动汇总
RB(config)#router rip
RB(config-router)#version 2
RB(config-router)#network 172.16.2.0
RB(config-router)#network 172.16.3.0
RB(config-router)#no auto-summary
```

（4）在路由器 RA 上定义密钥链和密钥。

```
RA(config)#key chain ripkey      // 定义密钥链 ripkey，进入密钥链配置模式
RA(config-keychain)#key 1      // 定义密钥 1，进入密钥配置模式
RA(config-keychain-key)#key-string keya     // 定义密钥 1 的密钥内容为 keya
RA(config-keychain-key)#accept-lifetime 00:00:00 oct 1 2019  infinite
                       //  定义密钥 1 的接收存活期为 2019 年 10 月 1 日至无限（infinite）
RA(config-keychain-key)#send-lifetime  00:00:00 oct 1 2019  infinite
                                 //  定义密钥 1 的发送存活期为 2019 年 10 月 1 日至无限
RA(config-keychain-key)#end
```

```
RA#show key chain     //  查看密钥链和密钥配置信息
    Key-chain ripkey:
      key 1--text"keya"
          accept lifetime(00:00:00 Oct 1 2019) - (infinite)
          send lifetime(00:00:00 Oct 1 2019) - (infinite)
```

（5）在路由器 RA 接口模式下定义认证模式，指定要引用的密钥链。

```
RA(config)#interface Serial 1/0
RA(config-if)#ip rip authentication mode md5
          //  定义认证模式为 MD5，若用 text 则表示明文认证，若不指明模式则默认用明文认证
RA(config-if)#ip rip authentication key-chain ripkey     //  引用密钥链 ripkey
RA(config-if)#end
```

```
RA#show running-config
          // 查看认证密钥配置，此处只列出与 Serial 1/0 相关的配置，其余未列出
    interface Serial 1/0
     ip address 172.16.2.1 255.255.255.0
     ip rip authentication mode md5
     ip rip authentication key-chain ripkey
     clock rate 64000
```

（6）在路由器 RB 上定义密钥链和密钥。

```
RB(config)#key chain ripkey    //  定义密钥链 ripkey，进入密钥链配置模式
RB(config-keychain)#key 1      // 定义密钥 1，进入密钥配置模式
RB(config-keychain-key)#key-string keya     //  定义密钥 1 的密钥内容为 keya
RB(config-keychain-key)#accept-lifetime  00:00:00 oct 1 2019 infinite
                               //  定义密钥 1 的接收存活期为 2019 年 10 月 1 日至无限
RouteRB(config-keychain-key)#send-lifetime  00:00:00 oct 1 2019  infinite
                               //  定义密钥 1 的发送存活期为 2019 年 10 月 1 日至无限
RouteRB(config-keychain-key)#end
```

```
RB#show key chain     //  查看密钥链和密钥配置信息
    Key-chain ripkey:
      key 1--text"keya"
          accept lifetime(00:00:00 Oct 1 2019) - (infinite)
          send lifetime(00:00:00 Oct 1 2019) -  (infinite)
```

（7）在路由器 RB 接口模式下定义认证模式，指定要引用的密钥链。

```
RB(config)#interface Serial 1/0
RB(config-if)#ip rip authentication mode md5
                               // 定义认证模式为 MD5，若用 text 则表示明文认证
RB(config-if)#ip rip authentication key-chain ripkey   //  引用密钥链 ripkey
```

```
RB(config-if)#end
```

```
RB#show running-config
  //  查看串口 Serial 1/0 上的认证密钥配置
   interface Serial 1/0
   ip address 172.16.2.2 255.255.255.0
   ip rip authentication mode md5
   ip rip authentication key-chain ripkey
```

（8）在路由器 RA 上调试路由，更新认证。

在路由器 RA 上调试路由，更新认证，验证两端认证是否匹配，是否有无效（invalid）路由更新。

```
RA#debug ip rip    // 打开 RIP 调试功能，显示接收和发送路由更新都正常
  RIP protocol debugging is on
  RA#
  RIP:sending v2 update to 224.0.0.9 via FastEthernet 0/1(172.16.1.1)
     172.16.2.0/24->0.0.0.0,metric 1,tag 0
     172.16.3.0/24->0.0.0.0,metric 2,tag 0
  RIP:sending v2 update to 224.0.0.9 via Serial 1/0(172.16.2.1)
     172.16.1.0/24->0.0.0.0,metric 1,tag 0
  RIP:sending v2 update to 224.0.0.9 via Serial 1/0(172.16.2.1)
     172.16.1.0/24->0.0.0.0,metric 1,tag 0
  RIP:received packet with MD5 authentication
  RIP:received v2 update from 172.16.2.2 on Serial 1/0
     172.16.3.0/24->0.0.0.0 in 1 hops
  RIP:received packet with MD5 authentication
  RIP:received v2 update from 172.16.2.2 on Serial 1/0
     172.16.3.0/24->0.0.0.0 in 1 hops
  RIP:sending v2 update to 224.0.0.9 via Serial 1/0(172.16.2.1)
     172.16.1.0/24->0.0.0.0,metric 1,tag 0
  RIP:sending v2 update to 224.0.0.9 via Serial 1/0(172.16.2.1)
     172.16.1.0/24->0.0.0.0,metric 1,tag 0
  RIP:received packet with MD5 authentication
  RIP:received v2 update from 172.16.2.2 on Serial 1/0
     172.16.3.0/24->0.0.0.0 in 1 hops
  RIP:received packet with MD5 authentication
  RIP:received v2 update from 172.16.2.2 on Serial 1/0
     172.16.3.0/24->0.0.0.0 in 1 hops
  ……
RA#no debug all     //  调试完成后必须关闭调试功能
```

（9）在路由器RA上验证路由表的完整性。

```
RA#show ip route     // 查看路由器RA的路由表
   Codes:C-connected,S-static,  R-RIP
        O-OSPF,IA-OSPF inter area
        E1-OSPF external type 1,E2-OSPF external type 2

Gateway of last resort is not set
      172.16.0.0/24 is subnetted,3 subnets
   C      172.16.1.0 is directly connected,FastEthernet 0/1
   C      172.16.2.0 is directly connected,Serial 1/0
   R      172.16.3.0[120/1]via 172.16.2.2,00:00:05,Serial 1/0
```

【注意事项】

在配置密钥的接收时间和发送时间前，应该先校正路由器的时钟。

RIPv1不支持路由认证，RIPv2支持明文认证和MD5认证两种认证方式。默认只进行安全认证时，可以配置多个密钥，在不同的时间可应用不同的密钥。当配置有多个密钥时，路由器按照从上到下的顺序检索匹配的密钥。当发送路由更新数据包时，路由器利用检索到的第一个匹配的密钥发送路由更新数据包；当路由器接收到路由更新数据包时，如果没有检索到匹配的密钥，则丢弃收到的路由更新数据包。若通过登录路由器RB的方式进行调试（debug），则需添加命令RB#terminal monitor，才能在本地看到调试过程。

任务 3 配置 RIP 偏移列表，实现简单策略路由

【任务目标】

配置 RIP（Routing Information Protocol，路由信息协议）偏移列表，使用偏移来实现简单策略路由。

【背景描述】

某公司在多园区网络中运行 RIP，为了提高网络稳定性，多园区网络中路由器 RD 和 RA 之间使用两条链路连接。网络管理员计划将其中一条经由路由器 RC 的链路设置为备份链路，当主链路正常时，不启用备份链路传输数据。通过配置 RIP 偏移列表，实现路由器 RA 给路由器 RC 发送路由信息的路径开销值增加 5。

【网络拓扑】

图 3-1 所示为某公司多园区网络连接拓扑，配置 RIP 偏移列表。

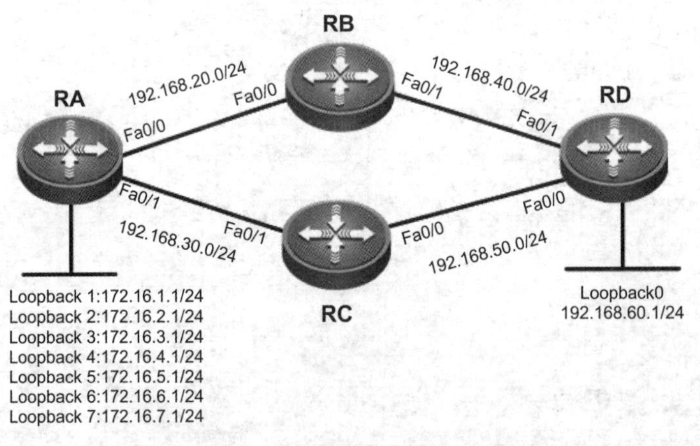

图 3-1 某公司多园区网络连接拓扑

【设备清单】

模块化路由器（4 台）；网线（若干）；V35 线缆（可选）；测试计算机（若干）。

（备注 1：注意设备连接接口；可以根据现场连接情况，相应修改文档中接口名称，配置过程不受影响。）

（备注 2：限于实训环境，本任务也可以使用 4 台三层交换机实现，配置过程不受影响。）

【实施步骤】

（1）在路由器 RA 上配置地址信息。

```
Router#configure terminal
Router(config)#hostname RA
RA(config)#interface FastEthernet 0/0
RA(config-if)#ip address 192.168.20.1 255.255.255.0
RA(config-if)#exit
RA(config)#interface FastEthernet 0/1
RA(config-if)#ip address 192.168.30.1 255.255.255.0
RA(config-if)#exit
```

```
RA(config)#interface Loopback 1
RA(config-if)#ip address 172.16.1.1 255.255.255.0
RA(config-if)#exit
RA(config)#interface Loopback 2
RA(config-if)#ip address 172.16.2.1 255.255.255.0
RA(config-if)#exit
RA(config)#interface Loopback 3
RA(config-if)#ip address 172.16.3.1 255.255.255.0
RA(config-if)#exit
RA(config)#interface Loopback 4
RA(config-if)#ip address 172.16.4.1 255.255.255.0
RA(config-if)#exit
RA(config)#interface Loopback 5
RA(config-if)#ip address 172.16.5.1 255.255.255.0
RA(config-if)#exit
RA(config)#interface Loopback 6
RA(config-if)#ip address 172.16.6.1 255.255.255.0
RA(config-if)#exit
RA(config)#interface Loopback 7
RA(config-if)#ip address 172.16.7.1 255.255.255.0
RA(config-if)#exit
```

（2）在路由器 RB 上配置地址信息。

```
Router#configure terminal
Router(config)#hostname RB
RB(config)#interface FastEthernet 0/0
RB(config-if)#ip address 192.168.20.2 255.255.255.0
RB(config-if)#exit
RB(config)#interface FastEthernet 0/1
```

```
RB(config-if)#ip address 192.168.40.1 255.255.255.0
RB(config-if)#exit
```

（3）在路由器 RC 上配置地址信息。

```
Router#configure terminal
Router(config)#hostname RC
RC(config)#interface FastEthernet 0/0
RC(config-if)#ip address 192.168.50.1 255.255.255.0
RC(config-if)#exit
RC(config)#interface FastEthernet 0/1
RC(config-if)#ip address 192.168.30.2 255.255.255.0
RC(config-if)#exit
```

（4）在路由器 RD 上配置地址信息。

```
Router#configure terminal
Router(config)#hostname RC
RD(config)#interface FastEthernet 0/0
RD(config-if)#ip address 192.168.50.2 255.255.255.0
RD(config-if)#exit
RD(config)#interface FastEthernet 0/1
RD(config-if)#ip address 192.168.40.2 255.255.255.0
RD(config-if)#exit
RD(config)#interface Loopback 0
RD(config-if)#ip address 192.168.60.1 255.255.255.0
RD(config-if)#exit
```

（5）在路由器 RA、RB、RC、RD 上配置 RIP 版本信息。

```
RA(config)#router rip
RA(config-router)#version 2
RA(config-router)#network 172.16.0.0
RA(config-router)#network 192.168.20.0
RA(config-router)#network 192.168.30.0
RA(config-router)#no auto-summary
```

```
RB(config)#router rip
RB(config-router)#version 2
RB(config-router)#network 192.168.20.0
RB(config-router)#network 192.168.40.0
RB(config-router)#no auto-summary
```

```
RC(config)#router rip
RC(config-router)#version 2
```

```
RC(config-router)#network 192.168.30.0
RC(config-router)#network 192.168.50.0
RC(config-router)#no auto-summary
```

```
RD(config)#router rip
RD(config-router)#version 2
RD(config-router)#network 192.168.40.0
RD(config-router)#network 192.168.50.0
RD(config-router)#network 192.168.60.0
RD(config-router)#no auto-summary
```

（6）在路由器 RA 上配置 RIP 路由汇总信息。

```
RA(config)#interface FastEthernet 0/0
RA(config-if)#ip summary-address rip 172.16.0.0 255.255.248.0
```

（7）在路由器 RA 上配置偏移列表信息。

```
RA(config)#access-list 11 permit 172.16.0.0 0.7.255.255
RA(config)#router rip
RA(config-router)#offset-list 11 out 5 FastEthernet 0/1
// 设置路由器 RA 在从 FastEthernet 0/1 接口发送 172.16.0.0/21 路由更新信息时，将其 cost
值增加 5
```

（8）在路由器上进行验证测试。

```
RD#show ip route      //  查看偏移列表配置
   Codes:  C-connected,S-static,  R-RIP B-BGP O-OSPF,IA-OSPF inter area
   N1-OSPF NSSA external type 1,N2-OSPF NSSA external type 2
   E1-OSPF external type 1,E2-OSPF external type 2
   i-IS-IS,L1-IS-IS level-1,L2-IS-IS level-2,ia-IS-IS inter area
   * -candidate default

   Gateway of last resort is not set
   R   172.16.0.0/21[120/3]via 192.168.40.1,00:00:18,FastEthernet 0/1
   R   192.168.20.0/24[120/1]via 192.168.40.1,00:00:18,FastEthernet 0/1
   R   192.168.30.0/24[120/1]via 192.168.50.1,00:00:20,FastEthernet 0/0
   C   192.168.40.0/24 is directly connected,FastEthernet 0/1
   C   192.168.40.2/32 is local host.
   C   192.168.50.0/24 is directly connected,FastEthernet 0/0
   C   192.168.50.2/32 is local host.
   C   192.168.60.0/24 is directly connected,Loopback 0
   C   192.168.60.1/32 is local host.
```

从 show ip route 命令的输出结果可以看到，路由器 RD 到达 172.16.0.0/21 网络的主链路是经过路由器 RB 的链路，经过路由器 RC 的链路为备份链路。

【注意事项】

可以通过配置 RIP 偏移列表，更新输入和输出的路由条目、增加其度量值，从而实现简单策略路由。

任务 4 配置 RIP 路由单播更新，实现非广播多路访问网络联通

【任务目标】

配置 RIP 路由的单播更新，在非广播多路访问网络中实施 RIP 路由的单播路由更新计算，实现非广播多路访问网络联通。

【背景描述】

某公司在多园区网络中运行 RIP，该公司的出口网络是 NBMA 网络（Non-Broadcast Multiple Access，非广播多路访问网络），如帧中继网。由于 RIP 路由采用广播或组播方式发送路由信息，但在非广播网络和 NBMA 网络中，默认不能发送广播或组播包，因此需要采用单播方式通告 RIP 路由更新信息。

【网络拓扑】

图 4-1 所示为某公司网络中心出口路由器连接拓扑，在路由器上配置 RIP 路由单播更新，实现非广播多路访问网络联通。

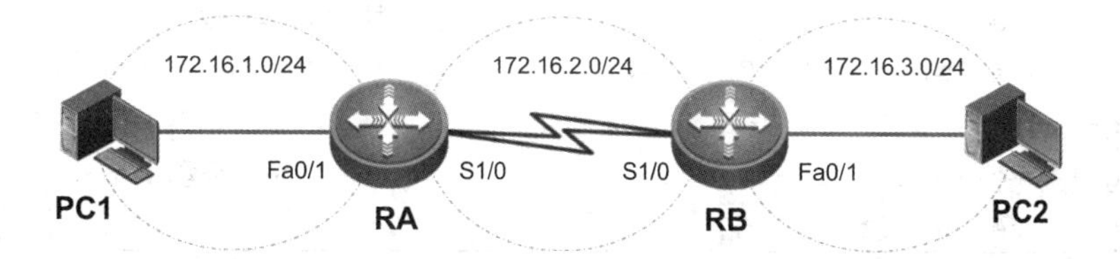

图 4-1　某公司网络中心出口路由器连接拓扑

【设备清单】

路由器（2 台）；V35 线缆（1 条，可选）；网线（若干）；测试计算机（若干）。

（备注 1：注意连接接口；根据现场情况，修改文档中接口名称，本实验中使用普通以太口连接，配置过程不受影响。）

（备注 2：限于实训环境，也可以使用 2 台三层交换机，使用普通以太口，修改文档中接口名称，配置过程不受影响。）

【实施步骤】

（1）路由器 RA 基本配置。

```
Router(config)#hostname RA
RA(config)#interface Serial 1/0
RA(config-if)#ip address 172.16.2.1 255.255.255.0
RA(config-if)#no shutdown
RA(config-if)#exit
RA(config)#interface FastEthernet 0/1
RA(config-if)#ip address 172.16.1.1 255.255.255.0
RA(config-if)#no shutdown
RA(config-if)#exit
```

（2）路由器 RB 基本配置。

```
Router(config)#hostname RB
RB(config)#interface Serial 1/0
RB(config-if)#ip address 172.16.2.2 255.255.255.0
RB(config-if)#no shutdown
RB(config-if)#interface FastEthernet 0/1
RB(config-if)#ip address 172.16.3.1 255.255.255.0
RB(config-if)#no shutdown
RB(config-if)#exit
```

（3）配置路由器 RA、RB 上的 RIPv2 动态路由信息。

```
RA(config)#router rip
RA(config-router)#version 2          // 配置 RIP 的协议版本为 2
RA(config-router)#network 172.16.1.0
RA(config-router)#network 172.16.2.0
RA(config-router)#no auto-summary                // 关闭路由自动汇总
RA(config-router)#exit
```

```
RB(config)#router rip
RB(config-router)#version 2
RB(config-router)#network 172.16.2.0
RB(config-router)#network 172.16.3.0
RB(config-router)#no auto-summary
RB(config-router)#end
```

（4）在路由器 RA 上配置 RIP 单播路由更新。

```
RA(config)#router rip          // 创建 RIP 路由进程
RA(config-router)#version 2
RA(config-router)#passive-interface Serial 1/0
```

```
 // 定义 Serial 1/0 为被动接口，即使在被动接口上，单播路由也会向指定邻居发送路由更新信息
RA(config-router)#neighbor 172.16.2.2    // 配置向邻居路由器 RB 用单播发送路由更新
信息
RA(config-router)#end
```

（5）在路由器 RA 上验证单播路由信息以及路由器 RA 上发送和接收的路由更新信息。

```
RA#debug ip rip    // 打开 RIP 调试功能，显示路由器 RA 上发送和接收的 RIP 路由更新信息
   RIP:sending v1 update to 255.255.255.255 via FastEthernet 0/1(172.16.1.1)
      subnet  172.16.2.0,metric 1
      subnet  172.16.3.0,metric 2
   RIP:sending v1 update to 172.16.2.2 via Serial 1/0(172.16.2.1)
      subnet  172.16.1.0,metric 1
      subnet  172.16.2.0,metric 1
   RIP:received v1 update from 172.16.2.2 on Serial 1/0
      172.16.3.0 in 1 hops
   RIP:sending v1 update to 255.255.255.255 via FastEthernet 0/1(172.16.1.1)
      subnet  172.16.2.0,metric 1
      subnet  172.16.3.0,metric 2
   RIP:sending v1 update to 172.16.2.2 via Serial 1/0(172.16.2.1)
      subnet  172.16.1.0,metric 1
      subnet  172.16.2.0,metric 1
   RIP:received v1 update from 172.16.2.2 on Serial 1/0
      172.16.3.0 in 1 hops
   ……
RA#no debug all     // 关闭调试功能
```

（6）验证路由器 RB 接收的路由信息。

```
RB#show ip route     // 查看路由器 RB 的路由信息
   Codes:C-connected,S-static, R-RIP
         O-OSPF,IA-OSPF inter area
         E1-OSPF external type 1,E2-OSPF external type 2
   Gateway of last resort is not set
          172.16.0.0/24 is subnetted,3 subnets
   R       172.16.1.0[120/1]via 172.16.2.1,00:00:05,Serial 1/0
   C       172.16.2.0 is directly connected,Serial 1/0
   C       172.16.3.0 is directly connected,FastEthernet 0/1
```

【注意事项】

RIP 单播路由不受被动接口的影响，也不受水平分割的影响。因此，在配置 NBMA 网络的地址映射中，使用了关键字 broadcast，则无须使用 neighbor 命令。

任务 5 配置单区域 OSPF 路由，实现网络联通

【任务目标】

实施 OSPF（Open Shortest Path First，开放最短通路优先协议）网络部署，配置单区域 OSPF 路由，实现网络联通。

【背景描述】

某公司通过 3 台路由器组建多园区网络，并使用 OSPF 路由实现网络联通。

【网络拓扑】

图 5-1 所示为某公司分布在 3 个园区的网络场景，使用单区域 OSPF 路由实现网络联通。

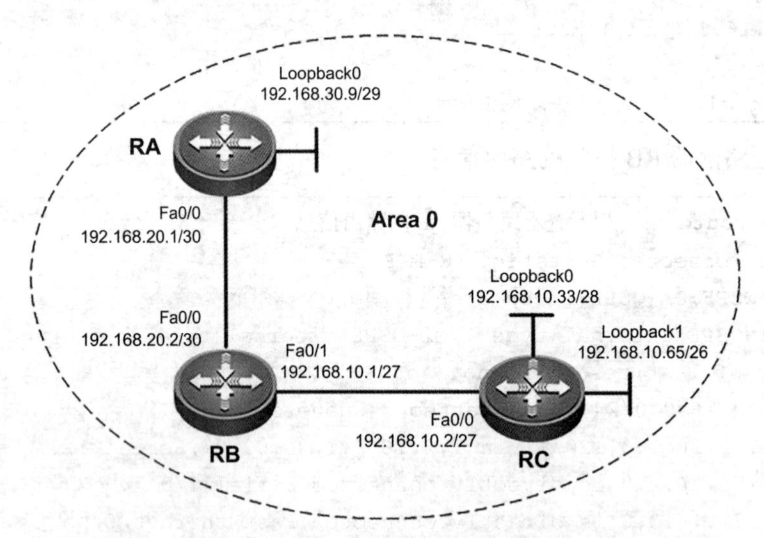

图 5-1 某公司分布在 3 个园区的网络场景（任务 5）

【设备清单】

模块化路由器（3 台）；网线（若干）；V35 线缆（可选）；测试计算机（若干）。

（备注 1：注意设备连接接口；可以根据现场连接情况，相应修改文档中接口名称，配置过程不受影响。）

（备注 2：限于实训环境，本任务也可以使用 3 台三层交换机实现，配置过程不受影响。）

【实施步骤】

（1）在路由器 RA 上配置地址信息。

```
Router#configure terminal
Router(config)#hostname RA
RA(config)#interface FastEthernet 0/0
RA(config-if)#ip address 192.168.20.1 255.255.255.252
RA(config-if)#exit
RA(config)#interface Loopback 0
RA(config-if)#ip address 192.168.30.9 255.255.255.248
```

（2）在路由器 RB 上配置地址信息。

```
Router#configure terminal
Router(config)#hostname RB
RB(config)#interface FastEthernet 0/0
RB(config-if)#ip address 192.168.20.2 255.255.255.252
RB(config-if)#exit
RB(config)#interface FastEthernet 0/1
RB(config-if)#ip address 192.168.10.1 255.255.255.224
RB(config-if)#exit
```

（3）在路由器 RC 上配置地址信息。

```
Router#configure terminal
Router(config)#hostname RC
RC(config)#interface FastEthernet 0/0
RC(config-if)#ip address 192.168.10.2 255.255.255.224
RC(config-if)#exit
RC(config)#interface Loopback 0
RC(config-if)#ip address 192.168.10.33 255.255.255.240
RC(config)#interface Loopback 1
RC(config-if)#ip address 192.168.10.65 255.255.255.192
RC(config-if)#exit
```

（4）分别在 3 台路由器上配置 OSPF 路由。

```
RA(config)#router ospf 10
RA(config-router)#network 192.168.10.8 0.0.0.7 area 0
RA(config-router)#network 192.168.20.0 0.0.0.3 area 0
RA(config-router)#end
```

```
RB(config)#router ospf 10
RB(config-router)#network 192.168.10.0 0.0.0.31 area 0
RB(config-router)#network 192.168.20.0 0.0.0.3 area 0
RB(config-router)#end
```

```
RC(config)#router ospf 10
RC(config-router)#network 192.168.10.0 0.0.0.31 area 0
RC(config-router)#network 192.168.10.32 0.0.0.15 area 0
RC(config-router)#network 192.168.10.64 0.0.0.63 area 0
RC(config-router)#end
```

（5）分别在 3 台路由器上查看 OSPF 邻居关系。

```
RA#show ip ospf neighbor   //  查看配置完成的 OSPF 邻居关系
Neighbor ID     Pri   State       Dead Time    Address          Interface
192.168.20.2    1     Full/DR     00:00:39     192.168.20.2     FastEthernet 0/0
                     // 从显示信息中可以看出，路由器 RA 与路由器 RB 建立了 FULL 的邻居关系
```

```
RB#show ip ospf neighbor   //  查看配置完成的 OSPF 邻居关系
Neighbor ID     Pri State         Dead Time    Address          Interface
192.168.10.65   1    Full/DR      00:00:30     192.168.10.2     FastEthernet 0/1
192.168.10.9    1    Full/BDR     00:00:38     192.168.20.1     FastEthernet 0/0
       // 从显示信息中可以看出，路由器 RB 与路由器 RA 以及路由器 RC 建立了 FULL 的邻居关系
```

```
RC#show ip ospf neighbor   //  查看配置完成的 OSPF 邻居关系
Neighbor ID     Pri  State        Dead Time    Address          Interface
192.168.20.2    1    Full/DR      00:00:39     192.168.10.1     FastEthernet 0/0
                     // 从显示信息中可以看出，路由器 RC 与路由器 RB 建立了 FULL 的邻居关系
```

（6）验证测试 OSPF 路由表。

```
RA#show ip route   //   查看配置完成的 OSPF 路由条目
   Codes:  C-connected,S-static,  R-RIP B-BGP O-OSPF,IA-OSPF inter area
   N1-OSPF NSSA external type 1,N2-OSPF NSSA external type 2
   E1-OSPF external type 1,E2-OSPF external type 2
   i-IS-IS,L1-IS-IS level-1,L2-IS-IS level-2,ia-IS-IS inter area
   * -candidate default

   Gateway of last resort is not set
   O   192.168.10.0/27[110/2]via 192.168.20.2,00:01:32,FastEthernet 0/0
   C   192.168.10.8/29 is directly connected,Loopback 0
   C   192.168.10.9/32 is local host.
   O   192.168.10.33/32[110/2]via 192.168.20.2,00:01:32,FastEthernet 0/0
```

```
    O    192.168.10.65/32[110/2]via 192.168.20.2,00:01:32,FastEthernet 0/0
    C    192.168.20.0/30 is directly connected,FastEthernet 0/0
    C    192.168.20.1/32 is local host.
          // 从路由器 RA 的路由表可以看出，路由器 RA 通过 OSPF 路由学习到了全网的路由信息
```

```
RB#show ip route   //   查看配置完成的 OSPF 路由条目
    Codes:  C-connected,S-static,  R-RIP B-BGP O-OSPF,IA-OSPF inter area
    N1-OSPF NSSA external type 1,N2-OSPF NSSA external type 2
    E1-OSPF external type 1,E2-OSPF external type 2
    i-IS-IS,L1-IS-IS level-1,L2-IS-IS level-2,ia-IS-IS inter area
    * -candidate default

    Gateway of last resort is not set
    C    192.168.10.0/27 is directly connected,FastEthernet 0/1
    C    192.168.10.1/32 is local host.
    O    192.168.10.9/32[110/1]via 192.168.20.1,00:02:39,FastEthernet 0/0
    O    192.168.10.33/32[110/1]via 192.168.10.2,00:02:39,FastEthernet 0/1
    O    192.168.10.65/32[110/1]via 192.168.10.2,00:02:39,FastEthernet 0/1
    C    192.168.20.0/30 is directly connected,FastEthernet 0/0
    C    192.168.20.2/32 is local host.
          // 从路由器 RB 的路由表可以看出，路由器 RB 通过 OSPF 路由学习到了全网的路由信息
```

【注意事项】

由于本任务使用 VLSM（Variable Length Subnet Mask，可变长子网掩码）技术进行子网划分，因此在配置 OSPF 路由通告相应网络时，要确保反向子网掩码配置正确。在 OSPF 网络中，可以使用 32 位掩码信息，通告 Loopback 接口路由，即将 Loopback 接口地址通告为主机路由。

任务 6 配置多区域 OSPF 路由，实现网络联通

【任务目标】

配置多区域 OSPF 路由，实现层次化 OSPF 网络部署，实现多园区网络联通。

【背景描述】

某集团总部在北京，并在全国其他区域设有多个分公司，它们依托互联网实现集团网络联通。为了实现路由的快速收敛，公司计划采用 OSPF 路由实现网络联通。

【网络拓扑】

图 6-1 所示为某集团总部网络和分公司网络场景。其中，天津分公司网络通过路由器 RA 接入总部网络，石家庄分公司网络通过路由器 RB 接入总部网络。为了提高路由收敛速度，并考虑到全国有多个分公司，需要将路由器配置在不同的区域中，实现层次化的网络部署。

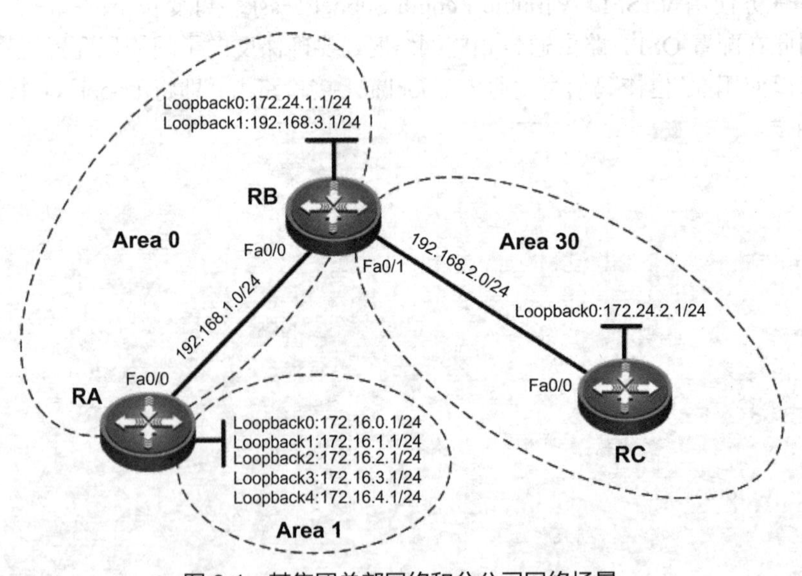

图 6-1 某集团总部网络和分公司网络场景

【设备清单】

模块化路由器（3 台）；网线（若干）；V35 线缆（可选）；测试计算机（若干）。

（备注 1：注意设备连接接口；可以根据现场连接情况，相应修改文档中接口名称，配置过程不受影响。）

（备注 2：限于实训环境，本任务也可以使用 3 台三层交换机实现，配置过程不受影响。）

【实施步骤】

（1）在路由器 RA 上配置地址信息。

```
Router#configure terminal
Router(config)#hostname RA
RA(config)#interface FastEthernet 0/0
RA(config-if)#ip address 192.168.1.2 255.255.255.0
RA(config-if)#exit
RA(config)#interface Loopback 0
RA(config-if)#ip address 172.16.0.1 255.255.255.0
RA(config-if)#exit
RA(config)#interface Loopback 1
RA(config-if)#ip address 172.16.1.1 255.255.255.0
RA(config-if)#exit
RA(config)#interface Loopback 2
RA(config-if)#ip address 172.16.2.1 255.255.255.0
RA(config-if)#exit
RA(config)#interface Loopback 3
RA(config-if)#ip address 172.16.3.1 255.255.255.0
RA(config-if)#exit
RA(config)#interface Loopback 4
RA(config-if)#ip address 172.16.4.1 255.255.255.0
RA(config-if)#exit
```

（2）在路由器 RB 上配置地址信息。

```
Router#configure terminal
Router(config)#hostname RB
RB(config)#interface FastEthernet 0/0
RB(config-if)#ip address 192.168.1.1 255.255.255.0
RB(config-if)#exit
RB(config)#interface FastEthernet 0/1
RB(config-if)#ip address 192.168.2.1 255.255.255.0
RB(config-if)#exit
RB(config)#interface Loopback 0
RB(config-if)#ip address 172.24.1.1 255.255.255.0
RB(config-if)#exit
```

```
RB(config)#interface Loopback 1
RB(config-if)#ip address 192.168.3.1 255.255.255.0
RB(config-if)#exit
```

（3）在路由器 RC 上配置地址信息。

```
Router#configure terminal
Router(config)#hostname RC
RC(config)#interface FastEthernet 0/0
RC(config-if)#ip address 192.168.2.2 255.255.255.0
RC(config-if)#exit
RC(config)#interface Loopback 0
RC(config-if)#ip address 172.24.2.1 255.255.255.0
RC(config-if)#exit
```

（4）分别在路由器 RA、RB、RC 上配置 OSPF 路由。

```
RA(config)#router ospf 10
RA(config-router)#network 172.16.0.0 0.0.0.255 area 1
RA(config-router)#network 172.16.1.0 0.0.0.255 area 1
RA(config-router)#network 172.16.2.0 0.0.0.255 area 1
RA(config-router)#network 172.16.3.0 0.0.0.255 area 1
RA(config-router)#network 172.16.4.0 0.0.0.255 area 1
RA(config-router)#network 192.168.1.0 0.0.0.255 area 0
RA(config-router)#end
```

```
RB(config)#router ospf 10
RB(config-router)#network 172.24.1.0 0.0.0.255 area 0
RB(config-router)#network 192.168.1.0 0.0.0.255 area 0
RB(config-router)#network 192.168.2.0 0.0.0.255 area 30
RB(config-router)#network 192.168.3.0 0.0.0.255 area 0
RB(config-router)#end
```

```
RC(config)#router ospf 10
RC(config-router)#network 172.24.2.0 0.0.0.255 area 30
RC(config-router)#network 192.168.2.0 0.0.0.255 area 30
RC(config-router)#end
```

（5）分别在路由器 RA、RB 上查看 OSPF 路由表。

```
RA#show ip route      // 查看 OSPF 路由表
   Codes:  C-connected,S-static,  R-RIP B-BGP O-OSPF,IA-OSPF inter area
   N1-OSPF NSSA external type 1,N2-OSPF NSSA external type 2
   E1-OSPF external type 1,E2-OSPF external type 2
   i-IS-IS,L1-IS-IS level-1,L2-IS-IS level-2,ia-IS-IS inter area
```

```
* -candidate default

Gateway of last resort is not set
C   172.16.0.0/24 is directly connected,Loopback 0
C   172.16.0.1/32 is local host.
C   172.16.1.0/24 is directly connected,Loopback 1
C   172.16.1.1/32 is local host.
C   172.16.2.0/24 is directly connected,Loopback 2
C   172.16.2.1/32 is local host.
C   172.16.3.0/24 is directly connected,Loopback 3
C   172.16.3.1/32 is local host.
C   172.16.4.0/24 is directly connected,Loopback 4
C   172.16.4.1/32 is local host.
O   172.24.1.1/32[110/1]via 192.168.1.1,00:03:13,FastEthernet 0/0
O IA   172.24.2.1/32[110/2]via 192.168.1.1,00:00:35,FastEthernet 0/0
C   192.168.1.0/24 is directly connected,FastEthernet 0/0
C   192.168.1.2/32 is local host.
O IA   192.168.2.0/24[110/2]via 192.168.1.1,00:03:13,FastEthernet 0/0
O   192.168.3.1/32[110/1]via 192.168.1.1,00:03:13,FastEthernet 0/0
```

从路由器 RA 的路由表可以看到，路由器 RA 通过 OSPF 区域内路由学习到了 172.24.1.1/32 和 192.168.3.1/32 的路由信息，通过 OSPF 区域间路由学习到了 172.24.2.1/32 和 192.168.2.0/24 的路由信息。

```
RB#show ip route  // 查看 OSPF 路由表
Codes:  C-connected,S-static,  R-RIP B-BGP O-OSPF,IA-OSPF inter area
N1-OSPF NSSA external type 1,N2-OSPF NSSA external type 2
E1-OSPF external type 1,E2-OSPF external type 2
i-IS-IS,L1-IS-IS level-1,L2-IS-IS level-2,ia-IS-IS inter area
* -candidate default

Gateway of last resort is not set
O IA 172.16.0.0/24[110/1]via 192.168.1.2,00:03:03,FastEthernet 0/0
O IA 172.16.1.0/24[110/1]via 192.168.1.2,00:03:03,FastEthernet 0/0
O IA 172.16.2.0/24[110/1]via 192.168.1.2,00:03:03,FastEthernet 0/0
O IA 172.16.3.0/24[110/1]via 192.168.1.2,00:03:03,FastEthernet 0/0
O IA 172.16.4.0/24[110/1]via 192.168.1.2,00:03:03,FastEthernet 0/0
C   172.24.1.0/24 is directly connected,Loopback 0
C   172.24.1.1/32 is local host.
O   172.24.2.1/32[110/1]via 192.168.2.2,00:02:48,FastEthernet 0/1
C   192.168.1.0/24 is directly connected,FastEthernet 0/0
C   192.168.1.1/32 is local host.
C   192.168.2.0/24 is directly connected,FastEthernet 0/1
C   192.168.2.1/32 is local host.
```

```
C  192.168.3.0/24 is directly connected,Loopback 1
C  192.168.3.1/32 is local host
```

从路由器RB的路由表可以看到,路由器RB通过OSPF区域内路由学习到了172.24.2.1/32的路由信息，通过OSPF区域间路由学习到了172.16.0.0/24～172.16.4.0/24的路由信息。

【注意事项】

OSPF的区域边界路由器（Area Border Router，ABR）必须与骨干区域Area 0相连。

任务 7 了解 LSA1 类链路状态通告，优化 OSPF 传输

【任务目标】

实施 OSPF 网络部署，配置 OSPF 路由，深入了解 LSA1 类链路状态通告，优化 OSPF 传输。

【背景描述】

某公司网络分布在 2 个园区，通过 2 台路由器，使用 OSPF 路由实现网络联通。实施完成后需要深入了解 OSPF 路由的链路状态数据库信息，以优化公司网络的 OSPF 传输。

【网络拓扑】

图 7-1 所示为某公司分布在 2 个园区的网络场景，使用 OSPF 路由实现网络联通。

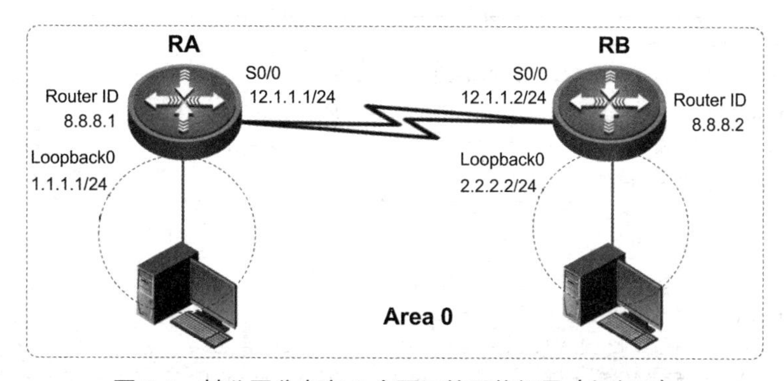

图 7-1 某公司分布在 2 个园区的网络场景（任务 7）

【设备清单】

模块化路由器（2 台）；网线（若干）；V35 线缆（可选）；测试计算机（若干）。

（备注 1：注意设备连接接口；可以根据现场连接情况，相应修改文档中接口名称，配置过程不受影响。）

（备注 2：限于实训环境，本任务也可以使用 2 台三层交换机实现，配置过程不受影响。）

【实施步骤】

（1）在路由器 RA 上配置地址信息。

```
Router#configure terminal
Router(config)#hostname RA
RA(config)#interface Loopback 0
RA(config-if)#ip address 1.1.1.1 255.255.255.0
RA(config-if)#exit
RA(config)#interface Serial 0/0
RA(config-if)#ip address 12.1.1.1 255.255.255.0
RA(config-if)#exit
```

（2）在路由器 RB 上配置地址信息。

```
Router#configure terminal
Router(config)#hostname RB
RB(config)#interface Loopback 0
RB(config-if)#ip address 2.2.2.2 255.255.255.0
RB(config-if)#exit
RB(config)#interface Serial 0/0
RB(config-if)#ip address 12.1.1.2 255.255.255.0
RB(config-if)#exit
```

（3）分别在路由器 RA、RB 上配置 OSPF 路由。

```
RA(config)#router ospf 110
RA(config-router)#router-id 8.8.8.1
RA(config-router)#network 1.1.1.0 0.0.0.255 area 0
RA(config-router)#network 12.1.1.0 0.0.0.255 area 0
RA(config-router)#end
```

```
RB(config)#router ospf 110
RB(config-router)#router-id 8.8.8.2
RB(config-router)#network 2.2.2.0 0.0.0.255 area 0
RB(config-router)#network 12.1.1.0 0.0.0.255 area 0
RB(config-router)#end
```

（4）查看链路状态数据库信息。

在路由器 RB 上，查看 OSPF 路由生成的链路状态数据库信息，如图 7-2 所示。

```
RB#show ip ospf database
```

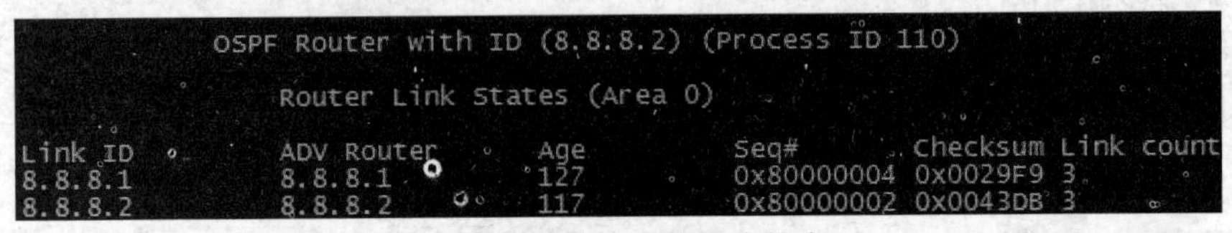

```
            OSPF Router with ID (8.8.8.2) (Process ID 110)

                Router Link States (Area 0)

Link ID         ADV Router      Age         Seq#       Checksum Link count
8.8.8.1         8.8.8.1         127         0x80000004 0x0029F9 3
8.8.8.2         8.8.8.2         117         0x80000002 0x0043DB 3
```

图 7-2　查看链路状态数据库信息

在路由器 RB 上，查看链路状态数据库中的路由器信息，如图 7-3 所示。

```
RB#show ip ospf database router
```

```
            OSPF Router with ID (8.8.8.2) (Process ID 110)

                Router Link States (Area 0)

LS age: 635
Options: (No TOS-capability, DC)                              R1 LSA信息
LS Type: Router Links
Link State ID: 8.8.8.1
Advertising Router: 8.8.8.1
LS Seq Number: 80000004
Checksum: 0x29F9
Length: 60
Number of Links: 3

  Link connected to: a Stub Network                           路由信息
   (Link ID) Network/subnet number: 1.1.1.1
   (Link Data) Network Mask: 255.255.255.255
    Number of TOS metrics: 0
     TOS 0 Metrics: 1

  Link connected to: another Router (point-to-point)          拓扑信息
   (Link ID) Neighboring Router ID: 8.8.8.2
   (Link Data) Router Interface address: 12.1.1.1
    Number of TOS metrics: 0
     TOS 0 Metrics: 64

  Link connected to: a Stub Network                           路由信息
   (Link ID) Network/subnet number: 12.1.1.0
   (Link Data) Network Mask: 255.255.255.0
    Number of TOS metrics: 0
     TOS 0 Metrics: 64


LS age: 627
Options: (No TOS-capability, DC)                              R2 LSA信息
LS Type: Router Links
Link State ID: 8.8.8.2
Advertising Router: 8.8.8.2
LS Seq Number: 80000002
Checksum: 0x43DB
Length: 60
Number of Links: 3

  Link connected to: a Stub Network                           路由信息
   (Link ID) Network/subnet number: 2.2.2.2
   (Link Data) Network Mask: 255.255.255.255
    Number of TOS metrics: 0
     TOS 0 Metrics: 1

  Link connected to: another Router (point-to-point)          拓扑信息
   (Link ID) Neighboring Router ID: 8.8.8.1
   (Link Data) Router Interface address: 12.1.1.2
    Number of TOS metrics: 0
     TOS 0 Metrics: 64

  Link connected to: a Stub Network                           路由信息
   (Link ID) Network/subnet number: 12.1.1.0
   (Link Data) Network Mask: 255.255.255.0
    Number of TOS metrics: 0
     TOS 0 Metrics: 64
```

图 7-3　在路由器 RB 上，查看链路状态数据库中的路由器信息

【注意事项】

LSA1 类链路状态通告为路由器 LSA（Router LSA），由区域内所有路由器产生，并且只能在本区域内泛洪广播。这些最基本的 LSA 条目列出了路由器所有的链路和接口，指明了它们的状态和沿每条链路方向出站的代价。

任务 8 了解 LSA2 类链路状态通告，优化 OSPF 传输

【任务目标】

实施 OSPF 网络部署，配置 OSPF 路由，深入了解 LSA2 类链路状态通告，优化 OSPF 传输。

【背景描述】

某公司网络分布在 2 个园区，通过 2 台路由器，使用 OSPF 路由实现网络联通。实施完成后需要深入了解 OSPF 路由的链路状态数据库信息，优化公司网络的 OSPF 传输。

【网络拓扑】

图 8-1 所示为某公司分布在 2 个园区的网络场景，使用 OSPF 路由实现网络联通。

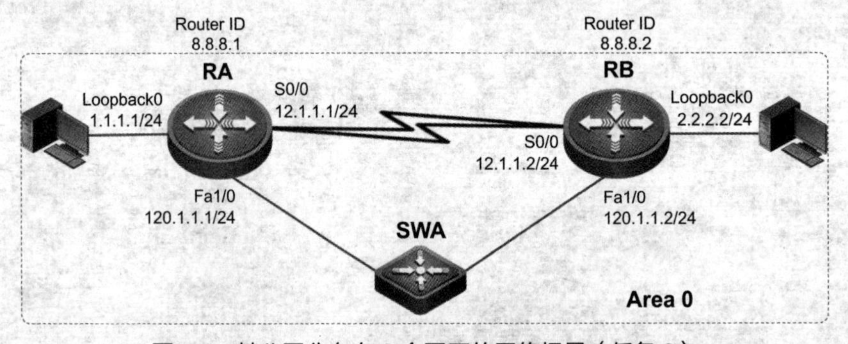

图 8-1　某公司分布在 2 个园区的网络场景（任务 8）

【设备清单】

模块化路由器（2 台）；交换机（1 台）；网线（若干）；V35 线缆（可选）；测试计算机（若干）。

（备注 1：注意设备连接接口；可以根据现场连接情况，相应修改文档中接口名称，配置过程不受影响。）

（备注 2：限于实训环境，本任务也可以使用 3 台三层交换机实现，配置过程不受影响。）

【实施步骤】

（1）在路由器 RA 上配置地址信息。

```
Router#configure terminal
Router(config)#hostname RA
RA(config)#interface Loopback 0
RA(config-if)#ip address 1.1.1.1 255.255.255.0
RA(config-if)#exit
RA(config)#interface Serial 0/0
RA(config-if)#ip address 12.1.1.1 255.255.255.0
RA(config-if)#exit
RA(config)#interface FastEthernet 1/0
RA(config-if)#ip address 120.1.1.1 255.255.255.0
RA(config-if)#exit
```

（2）在路由器RB上配置地址信息。

```
Router#configure terminal
Router(config)#hostname RB
RB(config)#interface Loopback 0
RB(config-if)#ip address 2.2.2.2 255.255.255.0
RB(config-if)#exit
RB(config)#interface Serial 0/0
RB(config-if)#ip address 12.1.1.2 255.255.255.0
RB(config-if)#exit
RB(config)#interface FastEthernet 1/0
RB(config-if)#ip address 120.1.1.2 255.255.255.0
RB(config-if)#exit
```

（3）分别在路由器RA、RB上配置OSPF路由。

```
RA(config)#router ospf 110
RA(config-router)#router-id 8.8.8.1
RA(config-router)#network 1.1.1.0 0.0.0.255 area 0
RA(config-router)#network 12.1.1.0 0.0.0.255 area 0
RA(config-router)#network 120.1.1.0 0.0.0.255 area 0
RA(config-router)#end
```

```
RB(config)#router ospf 110
RB(config-router)#router-id 8.8.8.2
RB(config-router)#network 2.2.2.0 0.0.0.255 area 0
RB(config-router)#network 12.1.1.0 0.0.0.255 area 0
RB(config-router)#network 120.1.1.0 0.0.0.255 area 0
RB(config-router)#end
```

（4）查看链路状态数据库中的网络信息和路由器信息。

在路由器RA、RB上，查看链路状态数据库中的网络信息，分别如图8-2、图8-3所示。配置完成的OSPF路由生成的链路状态数据库中，通告内容为拓扑和掩码信息，同一区域中路由器具有相同的链路状态数据库。

```
RA#show ip ospf database network
```

```
            OSPF Router with ID (8.8.8.1) (Process ID 110)

                Net Link States (Area 0)

Routing Bit Set on this LSA
LS age: 334
Options: (No TOS-capability, DC)
LS Type: Network Links
Link State ID: 120.1.1.2 (address of Designated Router)
Advertising Router: 8.8.8.2
LS Seq Number: 80000001
Checksum: 0x8DE2
Length: 32
Network Mask: /24
      Attached Router: 8.8.8.2        拓扑和掩码信息
      Attached Router: 8.8.8.1
```

图 8-2　查看路由器 RA 链路状态数据库中的网络信息

```
RB#show ip ospf database network
```

```
            OSPF Router with ID (8.8.8.2) (Process ID 110)

                Net Link States (Area 0)

Routing Bit Set on this LSA
LS age: 391
Options: (No TOS-capability, DC)
LS Type: Network Links
Link State ID: 120.1.1.2 (address of Designated Router)
Advertising Router: 8.8.8.2
LS Seq Number: 80000001
Checksum: 0x8DE2
Length: 32
Network Mask: /24
      Attached Router: 8.8.8.2        拓扑和掩码信息
      Attached Router: 8.8.8.1
```

图 8-3　查看路由器 RB 链路状态数据库中的网络信息

在路由器 RA 上，查看链路状态数据库中的路由器信息，如图 8-4 所示。

```
RA#show ip ospf database router
```

```
            OSPF Router with ID (8.8.8.1) (Process ID 110)

                Router Link States (Area 0)

LS age: 527
Options: (No TOS-capability, DC)
LS Type: Router Links
Link State ID: 8.8.8.1
Advertising Router: 8.8.8.1
LS Seq Number: 80000003
Checksum: 0xCE4D
Length: 72
Number of Links: 4

  Link connected to: a Stub Network
   (Link ID) Network/subnet number: 1.1.1.1
   (Link Data) Network Mask: 255.255.255.255
    Number of TOS metrics: 0
     TOS 0 Metrics: 1

  Link connected to: a Transit Network
   (Link ID) Designated Router address: 120.1.1.2
   (Link Data) Router Interface address: 120.1.1.1
    Number of TOS metrics: 0
     TOS 0 Metrics: 1

  Link connected to: another Router (point-to-point)
   (Link ID) Neighboring Router ID: 8.8.8.2
   (Link Data) Router Interface address: 12.1.1.1
    Number of TOS metrics: 0
     TOS 0 Metrics: 64

  Link connected to: a Stub Network
   (Link ID) Network/subnet number: 12.1.1.0
   (Link Data) Network Mask: 255.255.255.0
    Number of TOS metrics: 0
     TOS 0 Metrics: 64
```

图 8-4　在路由器 RA 上，查看链路状态数据库中的路由器信息

【注意事项】

LSA2类链路状态通告为网络LSA（Network LSA），由区域内的指定路由器（Designated Router，DR）或备份指定路由器（Backup Designated Router，BDR）产生。LSA2类的网络LSA也仅在产生这条网络LSA的区域内进行泛洪。需要注意的是，一个区域可以有多台DR，但一个网段只有一台DR（路由器分隔网段）。

任务 9 了解 LSA3 类链路状态通告，优化 OSPF 传输

【任务目标】

实施 OSPF 网络部署，配置 OSPF 路由，深入了解 LSA3 类链路状态通告，优化 OSPF 传输。

【背景描述】

某公司网络分布在 3 个园区，通过 3 台路由器，使用 OSPF 路由实现网络联通。实施完成后需要深入了解 OSPF 路由的链路状态数据库信息，优化公司网络的 OSPF 传输。

【网络拓扑】

图 9-1 所示为某公司分布在 3 个园区的网络场景，使用 OSPF 路由实现网络联通。

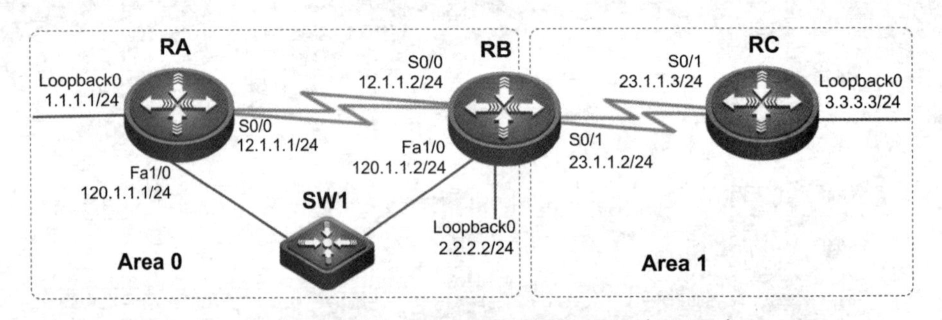

图 9-1　某公司分布在 3 个园区的网络场景（任务 9）

【设备清单】

模块化路由器（3 台）；交换机（1 台）；网线（若干）；V35 线缆（可选）；测试计算机（若干）。

（备注 1：注意设备连接接口；可以根据现场连接情况，相应修改文档中接口名称，配置过程不受影响。）

（备注 2：限于实训环境，本任务也可以使用 3 台三层交换机实现，配置过程不受影响。）

【实施步骤】

（1）在路由器 RA 上配置地址信息。

```
Router#configure terminal
Router(config)#hostname RA
RA(config)#interface Loopback 0
RA(config-if)#ip address 1.1.1.1 255.255.255.0
RA(config-if)#exit
RA(config)#interface Serial 0/0
RA(config-if)#ip address 12.1.1.1 255.255.255.0
RA(config-if)#exit
RA(config)#interface FastEthernet 1/0
RA(config-if)#ip address 120.1.1.1 255.255.255.0
RA(config-if)#exit
```

（2）在路由器 RB 上配置地址信息。

```
Router#configure terminal
Router(config)#hostname RB
RB(config)#interface Loopback 0
RB(config-if)#ip address 2.2.2.2 255.255.255.0
RB(config-if)#exit
RB(config)#interface Serial 0/0
RB(config-if)#ip address 12.1.1.2 255.255.255.0
RB(config-if)#exit
RB(config)#interface Serial 0/1
RB(config-if)#ip address 23.1.1.2 255.255.255.0
RB(config-if)#exit
RB(config)#interface FastEthernet 1/0
RB(config-if)#ip address 120.1.1.2 255.255.255.0
RB(config-if)#exit
```

（3）在路由器 RC 上配置地址信息。

```
Router#configure terminal
Router(config)#hostname RC
RC(config)#interface Loopback 0
RC(config-if)#ip address 3.3.3.3 255.255.255.0
RC(config-if)#exit
RC(config)#interface Serial 0/1
RC(config-if)#ip address 23.1.1.3 255.255.255.0
RC(config-if)#exit
```

（4）分别在路由器 RA、RB、RC 上配置 OSPF 路由。

```
RA(config)#router ospf 110
RA(config-router)#router-id 8.8.8.1
RA(config-router)#network 1.1.1.0 0.0.0.255 area 0
RA(config-router)#network 12.1.1.0 0.0.0.255 area 0
RA(config-router)#network 120.1.1.0 0.0.0.255 area 0
RA(config-router)#end
```

```
RB(config)#router ospf 110
RB(config-router)#router-id 8.8.8.2
RB(config-router)#network 2.2.2.0 0.0.0.255 area 0
RB(config-router)#network 12.1.1.0 0.0.0.255 area 0
RB(config-router)#network 120.1.1.0 0.0.0.255 area 0
RB(config-router)#network 23.1.1.0 0.0.0.255 area 1
RB(config-router)#end
```

```
RC(config)#router ospf 110
RC(config-router)#router-id 8.8.8.3
RC(config-router)#network 3.3.3.0 0.0.0.255 area 1
RC(config-router)#network 23.1.1.0 0.0.0.255 area 1
RC(config-router)#end
```

（5）查看链路状态数据库信息。

在路由器 RA、RB、RC 上，查看 OSPF 路由生成的链路状态数据库信息，分别如图 9-2～图 9-4 所示。

```
RA#show ip ospf database
```

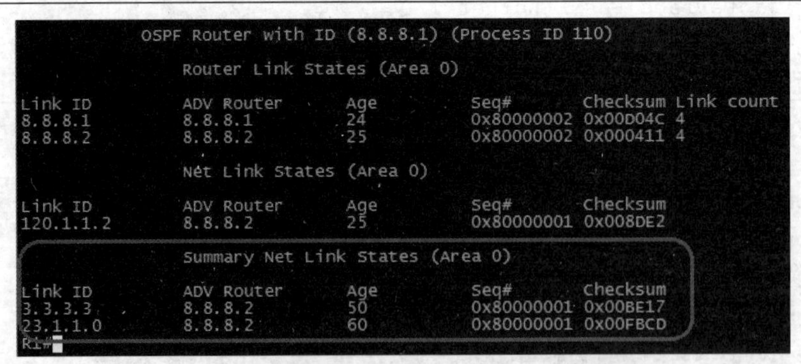

图 9-2　查看路由器 RA 链路状态数据库信息

```
RB#show ip ospf database
```

```
            OSPF Router with ID (8.8.8.2) (Process ID 110)

                Router Link States (Area 0)

Link ID         ADV Router      Age         Seq#       Checksum Link count
8.8.8.1         8.8.8.1         73          0x80000002 0x00D04C 4
8.8.8.2         8.8.8.2         72          0x80000002 0x000411 4

                Net Link States (Area 0)

Link ID         ADV Router      Age         Seq#       Checksum
120.1.1.2       8.8.8.2         72          0x80000001 0x008DE2

                Summary Net Link States (Area 0)

Link ID         ADV Router      Age         Seq#       Checksum
3.3.3.3         8.8.8.2         98          0x80000001 0x00BE17
23.1.1.0        8.8.8.2         108         0x80000001 0x00FBCD

                Router Link States (Area 1)

Link ID         ADV Router      Age         Seq#       Checksum Link count
8.8.8.2         8.8.8.2         102         0x80000002 0x0037E7 2
8.8.8.3         8.8.8.3         106         0x80000002 0x00D927 3

                Summary Net Link States (Area 1)

Link ID         ADV Router      Age         Seq#       Checksum
1.1.1.1         8.8.8.2         70          0x80000002 0x00A07B
2.2.2.2         8.8.8.2         110         0x80000001 0x006AAF
12.1.1.0        8.8.8.2         110         0x80000001 0x008B49
120.1.1.0       8.8.8.2         110         0x80000001 0x009116
```

图 9-3　查看路由器 RB 链路状态数据库信息

```
RC#show ip ospf database
```

```
            OSPF Router with ID (8.8.8.3) (Process ID 110)

                Router Link States (Area 1)

Link ID         ADV Router      Age         Seq#       Checksum Link count
8.8.8.2         8.8.8.2         174         0x80000002 0x0037E7 2
8.8.8.3         8.8.8.3         173         0x80000002 0x00D927 3

                Summary Net Link States (Area 1)

Link ID         ADV Router      Age         Seq#       Checksum
1.1.1.1         8.8.8.2         139         0x80000002 0x00A07B
2.2.2.2         8.8.8.2         178         0x80000001 0x006AAF
12.1.1.0        8.8.8.2         178         0x80000001 0x008B49
120.1.1.0       8.8.8.2         178         0x80000001 0x009116
```

图 9-4　查看路由器 RC 链路状态数据库信息

在路由器 RA、RC 上查看链路状态数据库中的摘要信息，内容包括路由、掩码、度量值（Metric）等，分别如图 9-5、图 9-6 所示。

```
RA#show ip ospf database summary
```

```
            OSPF Router with ID (8.8.8.1) (Process ID 110)

                Summary Net Link States (Area 0)

  Routing Bit Set on this LSA
  LS age: 297
  Options: (No TOS-capability, DC, Upward)
  LS Type: Summary Links(Network)
  Link State ID: 3.3.3.3 (summary Network Number)
  Advertising Router: 8.8.8.2
  LS Seq Number: 80000001
  Checksum: 0xBE17
  Length: 28
  Network Mask: /32
        TOS: 0  Metric: 65

  Routing Bit Set on this LSA
  LS age: 307
  Options: (No TOS-capability, DC, Upward)
  LS Type: Summary Links(Network)
  Link State ID: 23.1.1.0 (summary Network Number)
  Advertising Router: 8.8.8.2
  LS Seq Number: 80000001
  Checksum: 0xFBCD
  Length: 28
  Network Mask: /24
        TOS: 0  Metric: 64
```

图 9-5　查看路由器 RA 链路状态数据库中的摘要信息

```
RC#show ip ospf database summary
```

```
            OSPF Router with ID (8.8.8.3) (Process ID

                Summary Net Link States (Area 1)

  Routing Bit Set on this LSA
  LS age: 356
  Options: (No TOS-capability, DC, Upward)
  LS Type: Summary Links(Network)
  Link State ID: 1.1.1.1 (summary Network Number)
  Advertising Router: 8.8.8.2
  LS Seq Number: 80000002
  Checksum: 0xA07B
  Length: 28
  Network Mask: /32
        TOS: 0  Metric: 2

  Routing Bit Set on this LSA
  LS age: 395
  Options: (No TOS-capability, DC, Upward)
  LS Type: Summary Links(Network)
  Link State ID: 2.2.2.2 (summary Network Number)
  Advertising Router: 8.8.8.2
  LS Seq Number: 80000001
  Checksum: 0x6AAF
  Length: 28
  Network Mask: /32
        TOS: 0  Metric: 1

  Routing Bit Set on this LSA
  LS age: 396
  Options: (No TOS-capability, DC, Upward)
  LS Type: Summary Links(Network)
  Link State ID: 12.1.1.0 (summary Network Number)
  Advertising Router: 8.8.8.2
  LS Seq Number: 80000001
  Checksum: 0x8B49
  Length: 28
  Network Mask: /24
        TOS: 0  Metric: 64

  Routing Bit Set on this LSA
  LS age: 397
  Options: (No TOS-capability, DC, Upward)
  LS Type: Summary Links(Network)
  Link State ID: 120.1.1.0 (summary Network Number)
  Advertising Router: 8.8.8.2
  LS Seq Number: 80000001
  Checksum: 0x9116
  Length: 28
  Network Mask: /24
        TOS: 0  Metric: 1
```

图 9-6　查看路由器 RC 链路状态数据库中的摘要信息

【注意事项】

LSA3 类链路状态通告为网络汇总 LSA（Network Summary LSA），由 ABR 产生，用于通知本区域内的路由器通往区域外的路由信息。除此之外，位于区域外部但仍然在 OSPF 自治系统（Autonomous System，AS）内部的默认路由也可以通过这种 LSA 来通告。如果一台 ABR 经过骨干区域，并从其他的 ABR 收到多条网络汇总 LSA，那么这台初始 ABR 将会选择这些 LSA 中代价最小的 LSA，并将此 LSA 的最小代价通告给与它相连的非骨干区域。

LSA3 类链路状态通告由本区域内的 ABR 路由器始发，然后学习其他区域的 LSA，最终只通告已知网段的最优路径。所以，当有多台 ABR 路由器时，容易引起次优路径的问题，可通过设置 cost 值解决。

任务⑩ 了解LSA5类链路状态通告，优化OSPF传输

【任务目标】

实施OSPF网络部署，配置OSPF路由，深入了解LSA5类链路状态通告，优化OSPF传输。

【背景描述】

某公司网络分布在3个园区，通过4台路由器和OSPF实现网络联通。实施完成后需要深入了解OSPF路由的链路状态数据库信息，优化公司网络的OSPF传输。

【网络拓扑】

图10-1所示为某公司分布在3个园区的网络场景，使用OSPF路由实现网络联通。

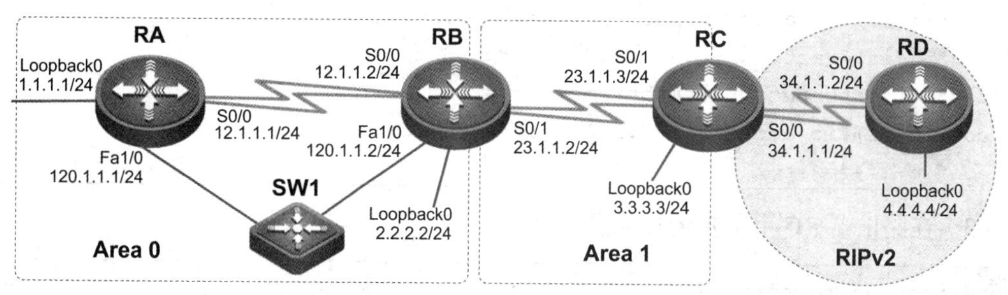

图10-1　某公司分布在3个园区的网络场景（任务10）

【设备清单】

模块化路由器（4台）；交换机（1台）；网线（若干）；V35线缆（可选）；测试计算机（若干）。

（备注1：注意设备连接接口；可以根据现场连接情况，相应修改文档中接口名称，配置过程不受影响。）

（备注2：限于实训环境，本任务也可以使用4台三层交换机实现，配置过程不受影响。）

【实施步骤】

（1）在路由器RA上配置地址信息。

```
Router#configure terminal
Router(config)#hostname RA
RA(config)#interface Loopback 0
RA(config-if)#ip address 1.1.1.1 255.255.255.0
RA(config-if)#exit
RA(config)#interface Serial 0/0
RA(config-if)#ip address 12.1.1.1 255.255.255.0
RA(config-if)#exit
RA(config)#interface FastEthernet 1/0
RA(config-if)#ip address 120.1.1.1 255.255.255.0
RA(config-if)#exit
```

（2）在路由器 RB 上配置地址信息。

```
Router#configure terminal
Router(config)#hostname RB
RB(config)#interface Loopback 0
RB(config-if)#ip address 2.2.2.2 255.255.255.0
RB(config-if)#exit
RB(config)#interface Serial 0/0
RB(config-if)#ip address 12.1.1.2 255.255.255.0
RB(config-if)#exit
RB(config)#interface Serial 0/1
RB(config-if)#ip address 23.1.1.2 255.255.255.0
RB(config-if)#exit
RB(config)#interface FastEthernet 1/0
RB(config-if)#ip address 120.1.1.2 255.255.255.0
RB(config-if)#exit
```

（3）在路由器 RC 上配置地址信息。

```
Router#configure terminal
Router(config)#hostname RC
RC(config)#interface Loopback 0
RC(config-if)#ip address 3.3.3.3 255.255.255.0
RC(config-if)#exit
RC(config)#interface Serial 0/1
RC(config-if)#ip address 23.1.1.3 255.255.255.0
RC(config-if)#exit
RC(config)#interface Serial 0/0
RC(config-if)#ip address 34.1.1.3 255.255.255.0
RC(config-if)#exit
```

（4）在路由器RD上配置地址信息。

```
Router#configure terminal
Router(config)#hostname RD
RD(config)#interface Loopback 0
RD(config-if)#ip address 4.4.4.4 255.255.255.0
RD(config-if)#exit
RD(config)#interface Serial 0/0
RD(config-if)#ip address 34.1.1.4 255.255.255.0
RD(config-if)#exit
```

（5）分别在路由器RA、RB和RC上配置OSPF路由。

```
RA(config)#router ospf 110
RA(config-router)#router-id 8.8.8.1
RA(config-router)#network 1.1.1.0 0.0.0.255 area 0
RA(config-router)#network 12.1.1.0 0.0.0.255 area 0
RA(config-router)#network 120.1.1.0 0.0.0.255 area 0
RA(config-router)#exit
```

```
RB(config)#router ospf 110
RB(config-router)#router-id 8.8.8.2
RB(config-router)#network 2.2.2.0 0.0.0.255 area 0
RB(config-router)#network 12.1.1.0 0.0.0.255 area 0
RB(config-router)#network 120.1.1.0 0.0.0.255 area 0
RB(config-router)#network 23.1.1.0 0.0.0.255 area 1
RB(config-router)#exit
```

```
RC(config)#router ospf 110
RC(config-router)#router-id 8.8.8.3
RC(config-router)#network 3.3.3.0 0.0.0.255 area 1
RC(config-router)#network 23.1.1.0 0.0.0.255 area 1
RC(config-router)#exit
```

（6）分别在路由器RC、RD上配置RIP路由。

```
RC(config)#router rip
RC(config-router)#version 2
RC(config-router)#network 34.0.0.0
RC(config-router)#no auto-summary
RC(config-router)#exit
```

```
RD(config)#router rip
RD(config-router)#version 2
```

```
RD(config-router)#network 4.0.0.0
RD(config-router)#network 34.0.0.0
RD(config-router)#no auto-summary
RD(config-router)#exit
```

（7）在路由器 RC 上配置 OSPF 路由和 RIP 路由重发布。

```
RC(config)#router ospf 110
RC(config-router)#redistribute rip subnets
RC(config-router)#exit
RC(config)#router rip
RC(config-router)#version 2
RC(config-router)#redistribute OSPF
RC(config-router)#exit
```

（8）查看链路状态数据库中的链路状态通告信息。

在路由器 RA、RB、RC 上，查看 OSPF 路由生成的链路状态数据库中的链路状态通告信息，其显示了 LSA4 数据信息和 LSA5 数据信息，分别如图 10-2～图 10-4 所示。

其中，在 LSA4 数据信息中，显示 Link ID 是自治域边界路由器（ASBR）的 RID，ADV 路由器信息是域边界路由器（ABR）的 RID；在 LSA5 数据信息中，显示 Link ID 是路由，ADV 路由器信息是自治域的边界路由器（ASBR）的 RID。

```
RA#show ip ospf database
```

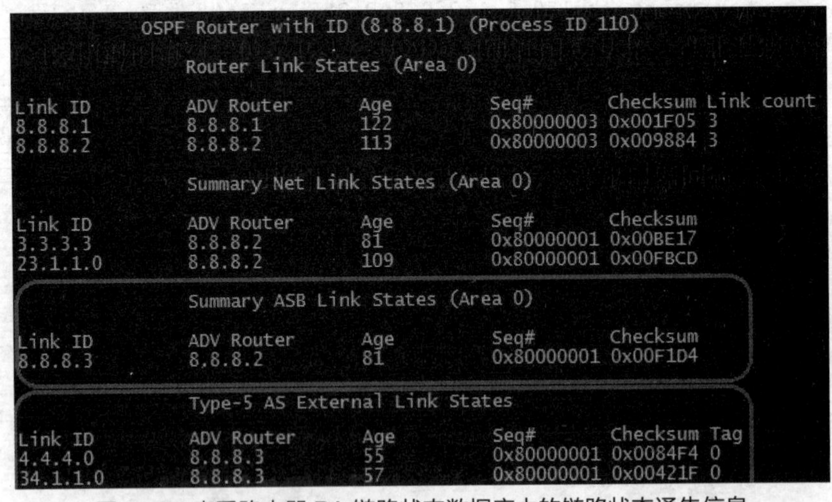

```
            OSPF Router with ID (8.8.8.1) (Process ID 110)

                Router Link States (Area 0)

Link ID         ADV Router      Age         Seq#       Checksum Link count
8.8.8.1         8.8.8.1         122         0x80000003 0x001F05 3
8.8.8.2         8.8.8.2         113         0x80000003 0x009884 3

                Summary Net Link States (Area 0)

Link ID         ADV Router      Age         Seq#       Checksum
3.3.3.3         8.8.8.2         81          0x80000001 0x00BE17
23.1.1.0        8.8.8.2         109         0x80000001 0x00FBCD

                Summary ASB Link States (Area 0)

Link ID         ADV Router      Age         Seq#       Checksum
8.8.8.3         8.8.8.2         81          0x80000001 0x00F1D4

                Type-5 AS External Link States

Link ID         ADV Router      Age         Seq#       Checksum Tag
4.4.4.0         8.8.8.3         55          0x80000001 0x0084F4 0
34.1.1.0        8.8.8.3         57          0x80000001 0x00421F 0
```

图 10-2　查看路由器 RA 链路状态数据库中的链路状态通告信息

```
RB#show ip ospf database
```

```
            OSPF Router with ID (8.8.8.2) (Process ID 110)

                Router Link States (Area 0)

Link ID         ADV Router      Age         Seq#       Checksum Link count
8.8.8.1         8.8.8.1         368         0x80000003 0x001F05 3
8.8.8.2         8.8.8.2         357         0x80000003 0x009884 3

                Summary Net Link States (Area 0)

Link ID         ADV Router      Age         Seq#       Checksum
3.3.3.3         8.8.8.2         325         0x80000001 0x00BE17
23.1.1.0        8.8.8.2         353         0x80000001 0x00FBCD

                Summary ASB Link States (Area 0)

Link ID         ADV Router      Age         Seq#       Checksum
8.8.8.3         8.8.8.2         325         0x80000001 0x00F1D4

                Router Link States (Area 1)

Link ID         ADV Router      Age         Seq#       Checksum Link count
8.8.8.2         8.8.8.2         330         0x80000003 0x0035E8 2
8.8.8.3         8.8.8.3         332         0x80000002 0x00738B 3

                Summary Net Link States (Area 1)

Link ID         ADV Router      Age         Seq#       Checksum
1.1.1.1         8.8.8.2         359         0x80000001 0x001BC2
2.2.2.2         8.8.8.2         359         0x80000001 0x006AAF
12.1.1.0        8.8.8.2         359         0x80000001 0x008B49

                Type-5 AS External Link States

Link ID         ADV Router      Age         Seq#       Checksum Tag
4.4.4.0         8.8.8.3         301         0x80000001 0x0084F4 0
34.1.1.0        8.8.8.3         301         0x80000001 0x00421F 0
```

图 10-3 查看路由器 RB 链路状态数据库中的链路状态通告信息

```
RC#show ip ospf database
```

```
            OSPF Router with ID (8.8.8.3) (Process ID 110)

                Router Link States (Area 1)

Link ID         ADV Router      Age         Seq#       Checksum Link count
8.8.8.2         8.8.8.2         445         0x80000003 0x0035E8 2
8.8.8.3         8.8.8.3         445         0x80000002 0x00738B 3

                Summary Net Link States (Area 1)

Link ID         ADV Router      Age         Seq#       Checksum
1.1.1.1         8.8.8.2         473         0x80000001 0x001BC2
2.2.2.2         8.8.8.2         473         0x80000001 0x006AAF
12.1.1.0        8.8.8.2         473         0x80000001 0x008B49

                Type-5 AS External Link States

Link ID         ADV Router      Age         Seq#       Checksum Tag
4.4.4.0         8.8.8.3         414         0x80000001 0x0084F4 0
34.1.1.0        8.8.8.3         414         0x80000001 0x00421F 0
```

图 10-4 查看路由器 RC 链路状态数据库中的链路状态通告信息

在路由器 RA、RC 上查看链路状态数据库详细信息，分别如图 10-5、图 10-6 所示。其中，LAS4 类通告信息为 ASBR（Autonomous System Boundary Router，自治系统边界路由器）的位置，LSA5 类通告信息为外部路由协议路由。

```
RA#show ip ospf database external
```

```
OSPF Router with ID (8.8.8.1) (Process ID 110)

        Type-5 AS External Link States

Routing Bit Set on this LSA
LS age: 919
Options: (No TOS-capability, DC)
LS Type: AS External Link
Link State ID: 4.4.4.0 (External Network Number )
Advertising Router: 8.8.8.3
LS Seq Number: 80000001
Checksum: 0x84F4
Length: 36
Network Mask: /24
      Metric Type: 2 (Larger than any link state path)
      TOS: 0
      Metric: 20
      Forward Address: 0.0.0.0
      External Route Tag: 0

Routing Bit Set on this LSA
LS age: 919
Options: (No TOS-capability, DC)
LS Type: AS External Link
Link State ID: 34.1.1.0 (External Network Number )
Advertising Router: 8.8.8.3
LS Seq Number: 80000001
Checksum: 0x421F
Length: 36
Network Mask: /24
      Metric Type: 2 (Larger than any link state path)
      TOS: 0
      Metric: 20
      Forward Address: 0.0.0.0
      External Route Tag: 0
```

图 10-5　查看路由器 RA 链路状态数据库详细信息

```
RC#show ip ospf database external
```

```
OSPF Router with ID (8.8.8.3) (Process ID 110)

        Type-5 AS External Link States

LS age: 1030
Options: (No TOS-capability, DC)
LS Type: AS External Link
Link State ID: 4.4.4.0 (External Network Number )
Advertising Router: 8.8.8.3
LS Seq Number: 80000001
Checksum: 0x84F4
Length: 36
Network Mask: /24
      Metric Type: 2 (Larger than any link state path)
      TOS: 0
      Metric: 20
      Forward Address: 0.0.0.0
      External Route Tag: 0

LS age: 1030
Options: (No TOS-capability, DC)
LS Type: AS External Link
Link State ID: 34.1.1.0 (External Network Number )
Advertising Router: 8.8.8.3
LS Seq Number: 80000001
Checksum: 0x421F
Length: 36
Network Mask: /24
      Metric Type: 2 (Larger than any link state path)
      TOS: 0
      Metric: 20
      Forward Address: 0.0.0.0
      External Route Tag: 0
```

图 10-6　查看路由器 RC 链路状态数据库详细信息

（9）比较路由重发布到 OSPF 路由信息中的 E2 与 E1。

外部的路由在使用路由重发布技术，默认类型为 E2 时，使用路由重发布进来的路由的 cost 值，其在整个 OSPF 域中都不变，如图 10-7、图 10-8 所示，可以看到此时的 cost 值都是 20。如果 OSPF 路由中类型为 E1，路由的 cost 值为通过的路径上 cost 值的累加。

```
RA#show ip route
```

```
Codes: C - connected, S - static, R - RIP, M - mobile, B - BGP
       D - EIGRP, EX - EIGRP external, O - OSPF, IA - OSPF inter area
       N1 - OSPF NSSA external type 1, N2 - OSPF NSSA external type 2
       E1 - OSPF external type 1, E2 - OSPF external type 2
       i - IS-IS, su - IS-IS summary, L1 - IS-IS level-1, L2 - IS-IS level-2
       ia - IS-IS inter area, * - candidate default, U - per-user static route
       o - ODR, P - periodic downloaded static route

Gateway of last resort is not set

     34.0.0.0/24 is subnetted, 1 subnets
O E2    34.1.1.0 [110/20] via 12.1.1.2, 00:19:39, Serial0/0
     1.0.0.0/24 is subnetted, 1 subnets
C       1.1.1.0 is directly connected, Loopback0
     2.0.0.0/32 is subnetted, 1 subnets
O       2.2.2.2 [110/65] via 12.1.1.2, 00:20:34, Serial0/0
     3.0.0.0/32 is subnetted, 1 subnets
O IA    3.3.3.3 [110/129] via 12.1.1.2, 00:20:06, Serial0/0
     4.0.0.0/24 is subnetted, 1 subnets
O E2    4.4.4.0 [110/20] via 12.1.1.2, 00:19:39, Serial0/0
     23.0.0.0/24 is subnetted, 1 subnets
O IA    23.1.1.0 [110/128] via 12.1.1.2, 00:20:35, Serial0/0
     12.0.0.0/24 is subnetted, 1 subnets
C       12.1.1.0 is directly connected, Serial0/0
```

图 10-7 查看路由器 RA 的 OSPF 路由表中默认类型为 E2 时的 cost 值

```
RB#show ip route
```

```
Codes: C - connected, S - static, R - RIP, M - mobile, B - BGP
       D - EIGRP, EX - EIGRP external, O - OSPF, IA - OSPF inter area
       N1 - OSPF NSSA external type 1, N2 - OSPF NSSA external type 2
       E1 - OSPF external type 1, E2 - OSPF external type 2
       i - IS-IS, su - IS-IS summary, L1 - IS-IS level-1, L2 - IS-IS level-2
       ia - IS-IS inter area, * - candidate default, U - per-user static route
       o - ODR, P - periodic downloaded static route

Gateway of last resort is not set

     34.0.0.0/24 is subnetted, 1 subnets
O E2    34.1.1.0 [110/20] via 23.1.1.3, 00:20:36, Serial0/1
     1.0.0.0/32 is subnetted, 1 subnets
O       1.1.1.1 [110/65] via 12.1.1.1, 00:21:30, Serial0/0
     2.0.0.0/24 is subnetted, 1 subnets
C       2.2.2.0 is directly connected, Loopback0
     3.0.0.0/32 is subnetted, 1 subnets
O       3.3.3.3 [110/65] via 23.1.1.3, 00:21:03, Serial0/1
     4.0.0.0/24 is subnetted, 1 subnets
O E2    4.4.4.0 [110/20] via 23.1.1.3, 00:20:36, Serial0/1
     23.0.0.0/24 is subnetted, 1 subnets
C       23.1.1.0 is directly connected, Serial0/1
     12.0.0.0/24 is subnetted, 1 subnets
C       12.1.1.0 is directly connected, Serial0/0
```

图 10-8 查看路由器 RB 的 OSPF 路由表中默认类型为 E2 时的 cost 值

如果在路由器 RC 上实施 OSPF 路由和 RIP 路由重发布时，不使用默认类型，即修改路由类型 metric-type 实施重发布时，则修改 OSPF 路由中类型为 E1，路由的 cost 值为通过的路径上 cost 值的累加，如图 10-9、图 10-10 所示。

```
RC(config)#router ospf 110
RC(config-router)#redistribute rip subnets metric-type 1
RC(config-router)#exit
RA#show ip route
```

```
Codes: C - connected, S - static, R - RIP, M - mobile, B - BGP
       D - EIGRP, EX - EIGRP external, O - OSPF, IA - OSPF inter area
       N1 - OSPF NSSA external type 1, N2 - OSPF NSSA external type 2
       E1 - OSPF external type 1, E2 - OSPF external type 2
       i - IS-IS, su - IS-IS summary, L1 - IS-IS level-1, L2 - IS-IS level-2
       ia - IS-IS inter area, * - candidate default, U - per-user static route
       o - ODR, P - periodic downloaded static route

Gateway of last resort is not set

     34.0.0.0/24 is subnetted, 1 subnets
O E1    34.1.1.0 [110/148] via 12.1.1.2, 00:00:37, Serial0/0
     1.0.0.0/24 is subnetted, 1 subnets
C       1.1.1.0 is directly connected, Loopback0
     2.0.0.0/32 is subnetted, 1 subnets
O       2.2.2.2 [110/65] via 12.1.1.2, 00:24:57, Serial0/0
     3.0.0.0/32 is subnetted, 1 subnets
O IA    3.3.3.3 [110/129] via 12.1.1.2, 00:24:29, Serial0/0
     4.0.0.0/24 is subnetted, 1 subnets
O E1    4.4.4.0 [110/148] via 12.1.1.2, 00:00:37, Serial0/0
     23.0.0.0/24 is subnetted, 1 subnets
O IA    23.1.1.0 [110/128] via 12.1.1.2, 00:24:58, Serial0/0
     12.0.0.0/24 is subnetted, 1 subnets
C       12.1.1.0 is directly connected, Serial0/0
```

图 10-9　查看路由器 RC 的 OSPF 路由表中类型为 E1 时的 cost 值

```
RB#show ip route
```

```
Codes: C - connected, S - static, R - RIP, M - mobile, B - BGP
       D - EIGRP, EX - EIGRP external, O - OSPF, IA - OSPF inter area
       N1 - OSPF NSSA external type 1, N2 - OSPF NSSA external type 2
       E1 - OSPF external type 1, E2 - OSPF external type 2
       i - IS-IS, su - IS-IS summary, L1 - IS-IS level-1, L2 - IS-IS level-2
       ia - IS-IS inter area, * - candidate default, U - per-user static route
       o - ODR, P - periodic downloaded static route

Gateway of last resort is not set

     34.0.0.0/24 is subnetted, 1 subnets
O E1    34.1.1.0 [110/84] via 23.1.1.3, 00:01:30, Serial0/1
     1.0.0.0/32 is subnetted, 1 subnets
O       1.1.1.1 [110/65] via 12.1.1.1, 00:25:50, Serial0/0
     2.0.0.0/24 is subnetted, 1 subnets
C       2.2.2.0 is directly connected, Loopback0
     3.0.0.0/32 is subnetted, 1 subnets
O       3.3.3.3 [110/65] via 23.1.1.3, 00:25:22, Serial0/1
     4.0.0.0/24 is subnetted, 1 subnets
O E1    4.4.4.0 [110/84] via 23.1.1.3, 00:01:30, Serial0/1
     23.0.0.0/24 is subnetted, 1 subnets
C       23.1.1.0 is directly connected, Serial0/1
     12.0.0.0/24 is subnetted, 1 subnets
C       12.1.1.0 is directly connected, Serial0/0
```

图 10-10　查看路由器 RB 的 OSPF 路由表中类型为 E1 时的 cost 值

由此可见，此时路由表中显示的 OSPF 路由标识信息由 O E2 变为 O E1，其相应的 cost 值也发生变化。

【注意事项】

LSA4 类链路状态通告为 ASBR 汇总 LSA（ASBR Summary LSA），由本区域内的 ABR 产生并最先发出，但是它是一条主机路由，指向 ASBR 路由器地址。

LSA5 类链路状态通告为自治系统外部 LSA（Autonomous System External LSA），由 ASBR 产生，用于告诉相同自治系统的路由器通往外部自治系统的路径。自治系统外部 LSA 是唯一不和具体的区域相关联的 LSA，将在整个自治系统中进行泛洪。

任务 11 配置 OSPF 区域间路由汇总，优化路由

【任务目标】

配置 OSPF 区域间路由汇总，实现网络联通，优化路由。

【背景描述】

某集团总部在北京，并在全国其他区域设有多个分公司。该集团使用多区域、层次化的路由规划，实现分公司和总部的网络联通。但是网络管理员发现，由于网络中子网较多，导致总部路由器中路由表条目过多，影响了总部和分公司的通信效率，网络管理员需要对此进行路由优化处理。

【网络拓扑】

图 11-1 所示为某集团总部和分公司网络场景。为了减少路由表条目，可以在 ABR 上配置路由汇总，优化路由传输，降低路由器 CPU、内存资源的消耗。

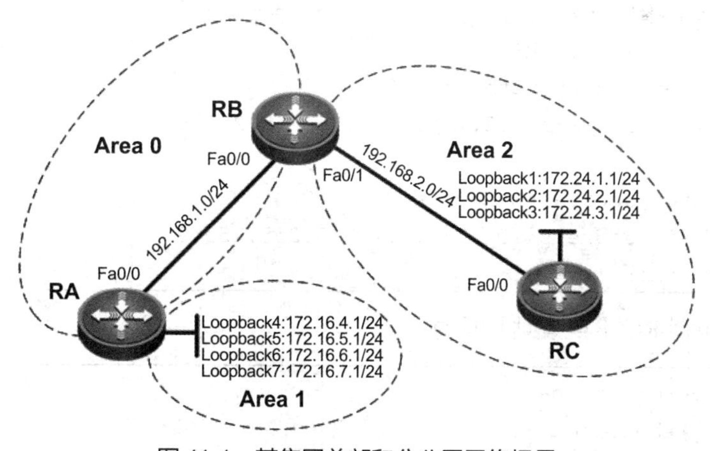

图 11-1 某集团总部和分公司网络场景

【设备清单】

模块化路由器（3 台）；网线（若干）；V35 线缆（可选）；测试计算机（若干）。

（备注 1：注意设备连接接口；可以根据现场连接情况，相应修改文档中接口名称，配置过程不受影响。）

（备注 2：限于实训环境，本任务也可以使用 3 台三层交换机实现，配置过程不受影响。）

【实施步骤】

（1）在路由器 RA 上配置地址信息。

```
Router#configure terminal
Router(config)#hostname RA
RA(config)#interface FastEthernet 0/0
RA(config-if)#ip address 192.168.1.2 255.255.255.0
RA(config-if)#exit
RA(config)#interface Loopback 4
RA(config-if)#ip address 172.16.4.1 255.255.255.0
RA(config-if)#exit
RA(config)#interface Loopback 5
RA(config-if)#ip address 172.16.5.1 255.255.255.0
RA(config-if)#exit
RA(config)#interface Loopback 6
RA(config-if)#ip address 172.16.6.1 255.255.255.0
RA(config-if)#exit
RA(config)#interface Loopback 7
RA(config-if)#ip address 172.16.7.1 255.255.255.0
RA(config-if)#exit
```

（2）在路由器 RB 上配置地址信息。

```
Router#configure terminal
Router(config)#hostname RB
RB(config)#interface FastEthernet 0/0
RB(config-if)#ip address 192.168.1.1 255.255.255.0
RB(config-if)#exit
RB(config)#interface FastEthernet 0/1
RB(config-if)#ip address 192.168.2.1 255.255.255.0
RB(config-if)#exit
```

（3）在路由器 RC 上配置地址信息。

```
Router#configure terminal
Router(config)#hostname RC
RC(config)#interface FastEthernet 0/0
RC(config-if)#ip address 192.168.2.2 255.255.255.0
RC(config-if)#exit
RC(config)#interface Loopback 1
RC(config-if)#ip address 172.24.1.1 255.255.255.0
RC(config-if)#exit
RC(config)#interface Loopback 2
```

```
RC(config-if)#ip address 172.24.2.1 255.255.255.0
RC(config-if)#exit
RC(config)#interface Loopback 3
RC(config-if)#ip address 172.24.3.1 255.255.255.0
RC(config-if)#exit
```

（4）分别在路由器 RA、RB、RC 上配置 OSPF 路由。

```
RA(config)#router ospf 10
RA(config-router)#network 192.168.1.0 0.0.0.255 area 0
RA(config-router)#network 172.16.4.0 0.0.0.255 area 1
RA(config-router)#network 172.16.5.0 0.0.0.255 area 1
RA(config-router)#network 172.16.6.0 0.0.0.255 area 1
RA(config-router)#network 172.16.7.0 0.0.0.255 area 1
RA(config-router)#exit
```

```
RB(config)#router ospf 10
RB(config-router)#network 192.168.1.0 0.0.0.255 area 0
RB(config-router)#network 192.168.2.0 0.0.0.255 area 2
RB(config-router)#exit
```

```
RC(config)#router ospf 10
RC(config-router)#network 192.168.2.0 0.0.0.255 area 2
RC(config-router)#network 172.24.1.0 0.0.0.255 area 2
RC(config-router)#network 172.24.2.0 0.0.0.255 area 2
RC(config-router)#network 172.24.3.0 0.0.0.255 area 2
RC(config-router)#exit
```

（5）分别在路由器 RA、RB 上配置 OSPF 区域间路由汇总。

```
RA(config)#router ospf 10
RA(config-router)#area 1 range 172.16.4.0 255.255.252.0
                              //  在路由器 RA 上将 Area 1 域中路由汇总为 172.16.4.0/22
RA(config-router)#end
```

```
RB(config)#router ospf 10
RB(config)#area 2 range 172.24.0.0 255.255.252.0
                              // 在路由器 RB 上将 Area 2 域中路由汇总为 172.24.0.0/22
RB(config)#end
```

（6）分别在路由器 RA、RB、RC 上查看 OSPF 区域间路由汇总。

```
RA#show ip route   //  查看 OSPF 区域间路由汇总
   Codes:  C-connected,S-static,  R-RIP B-BGP O-OSPF,IA-OSPF inter area
   N1-OSPF NSSA external type 1,N2-OSPF NSSA external type 2
```

```
E1-OSPF external type 1,E2-OSPF external type 2
i-IS-IS,L1-IS-IS level-1,L2-IS-IS level-2,ia-IS-IS inter area
* -candidate default

Gateway of last resort is not set
C   172.16.4.0/24 is directly connected,Loopback 4
O   172.16.4.0/22 is directly connected,00:04:27,Null 0
C   172.16.4.1/32 is local host.
C   172.16.5.0/24 is directly connected,Loopback 5
C   172.16.5.1/32 is local host.
O IA 172.24.0.0/22[110/2]via 192.168.1.1,00:00:32,FastEthernet 0/0
C   192.168.1.0/24 is directly connected,FastEthernet 0/0
C   192.168.1.2/32 is local host.
O IA 192.168.2.0/24[110/2]via 192.168.1.1,00:00:48,FastEthernet 0/0
```

从路由器 RA 的路由表可以看到，路由器 RA 学习到了路由器 RC 的 3 个 Loopback 接口的汇总路由。

```
RB#show ip route    //  查看 OSPF 区域间路由汇总
Codes:  C-connected,S-static,  R-RIP B-BGP O-OSPF,IA-OSPF inter area
N1-OSPF NSSA external type 1,N2-OSPF NSSA external type 2
E1-OSPF external type 1,E2-OSPF external type 2
i-IS-IS,L1-IS-IS level-1,L2-IS-IS level-2,ia-IS-IS inter area
* -candidate default

Gateway of last resort is not set
O IA 172.16.4.0/22[110/1]via 192.168.1.2,00:04:11,FastEthernet 0/0
O   172.24.0.0/22 is directly connected,00:01:37,Null 0
O   172.24.1.1/32[110/1]via 192.168.2.2,00:01:37,FastEthernet 0/1
O   172.24.2.1/32[110/1]via 192.168.2.2,00:01:37,FastEthernet 0/1
O   172.24.3.1/32[110/1]via 192.168.2.2,00:01:37,FastEthernet 0/1
C   192.168.1.0/24 is directly connected,FastEthernet 0/0
C   192.168.1.1/32 is local host.
C   192.168.2.0/24 is directly connected,FastEthernet 0/1
C   192.168.2.1/32 is local host.
```

从路由器 RB 的路由表可以看到，路由器 RB 学习到了路由器 RA 的 4 个 Loopback 接口的汇总路由。

```
RC#show ip route    //  查看 OSPF 区域间路由汇总
Codes:  C-connected,S-static,  R-RIP B-BGP O-OSPF,IA-OSPF inter area
N1-OSPF NSSA external type 1,N2-OSPF NSSA external type 2
E1-OSPF external type 1,E2-OSPF external type 2
i-IS-IS,L1-IS-IS level-1,L2-IS-IS level-2,ia-IS-IS inter area
```

```
* -candidate default

Gateway of last resort is not set
O IA 172.16.4.0/22[110/2]via 192.168.2.1,00:01:59,FastEthernet 0/0
C   172.24.3.0/24 is directly connected,Loopback 3
C   172.24.3.1/32 is local host.
O IA 192.168.1.0/24[110/2]via 192.168.2.1,00:01:59,FastEthernet 0/0
C   192.168.2.0/24 is directly connected,FastEthernet 0/0
C   192.168.2.2/32 is local host.
```

从路由器 RC 的路由表可以看到，路由器 RC 学习到了路由器 RA 的 4 个 Loopback 接口的汇总路由。

【注意事项】

在 OSPF 的路由区域之间实施路由汇总，只能在 ABR 上进行配置。当完成 OSPF 路由汇总后，OSPF 将生成一条指向 Null 0 接口的汇总路由，以防止路由环路的产生。

任务 12 配置 OSPF 外部路由汇总，优化路由

【任务目标】

配置 OSPF 外部路由汇总，实现网络联通，优化路由。

【背景描述】

为满足数字化教学需要，某学院的校园网使用 OSPF 路由实现多学院、多区域网络联通。由于招生规模扩大，学院把附近一所中专学校兼并过来，通过路由重发布方式，将中专学校网络通告到学院网络中。但中专学校的网络中有多个子网，导致重发布进来的路由条目过多，网络管理员需要对此进行路由优化。

【网络拓扑】

图 12-1 所示为某学院和中专学校网络场景。为了减少重发布路由表条目，可以在 ASBR 上配置路由汇总，将外部路由汇总，ASBR 只通告汇总后路由到 OSPF，减少路由表中路由条目，降低路由器 CPU、内存资源的消耗。

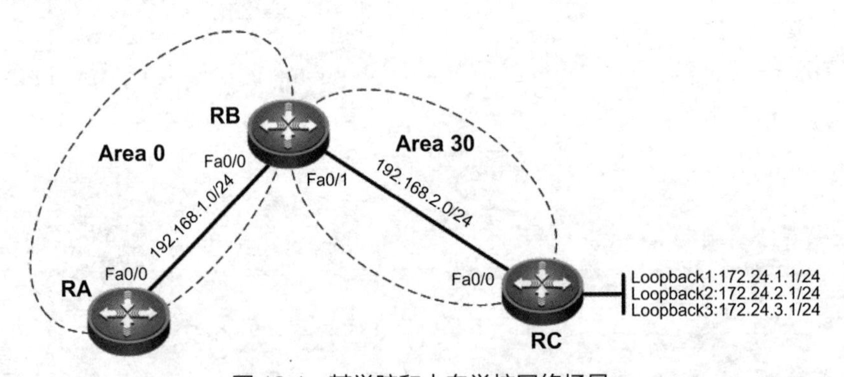

图 12-1 某学院和中专学校网络场景

【设备清单】

模块化路由器（3 台）；网线（若干）；V35 线缆（可选）；测试计算机（若干）。

（备注 1：注意设备连接接口；可以根据现场连接情况，相应修改文档中接口名称，配置过程不受影响。）

（备注 2：限于实训环境，本任务也可以使用 3 台三层交换机实现，配置过程不受影响。）

【实施步骤】

（1）在路由器 RA 上配置地址信息。

```
Router#configure terminal
Router(config)#hostname RA
RA(config)#interface FastEthernet 0/0
RA(config-if)#ip address 192.168.1.2 255.255.255.0
RA(config-if)#exit
```

（2）在路由器 RB 上配置地址信息。

```
Router#configure terminal
Router(config)#hostname RB
RB(config)#interface FastEthernet 0/0
RB(config-if)#ip address 192.168.1.1 255.255.255.0
RB(config-if)#exit
RB(config)#interface FastEthernet 0/1
RB(config-if)#ip address 192.168.2.1 255.255.255.0
RB(config-if)#exit
```

（3）在路由器 RC 上配置地址信息。

```
Router#configure terminal
Router(config)#hostname RC
RC(config)#interface FastEthernet 0/0
RC(config-if)#ip address 192.168.2.2 255.255.255.0
RC(config-if)#exit
RC(config)#interface Loopback 1
RC(config-if)#ip address 172.24.1.1 255.255.255.0
RC(config-if)#exit
RC(config)#interface Loopback 2
RC(config-if)#ip address 172.24.2.1 255.255.255.0
RC(config-if)#exit
RC(config)#interface Loopback 3
RC(config-if)#ip address 172.24.3.1 255.255.255.0
RC(config-if)#exit
```

（4）分别在路由器 RA、RB、RC 上配置 OSPF 路由信息。

```
RA(config)#router ospf 10
RA(config-router)#network 192.168.1.0 0.0.0.255 area 0
RA(config-router)#exit
```

```
RB(config)#router ospf 10
RB(config-router)#network 192.168.1.0 0.0.0.255 area 0
```

```
RB(config-router)#network 192.168.2.0 0.0.0.255 area 30
RB(config-router)#exit
```

```
RC(config)#router ospf 10
RC(config-router)#network 192.168.2.0 0.0.0.255 area 30
RC(config-router)#exit
```

（5）将路由器 RC 上的直连路由重发布到 OSPF 中。

```
RC(config)#router ospf 10
RC(config-router)#redistribute connected subnets 3
                              // 将路由器 RC 上的直连路由重发布到 OSPF 中，cost 值为 3
```

（6）在路由器 RC 上，配置路由汇总。

```
RC(config)#router ospf 10
RC(config-router)#summary-address  172.24.0.0 255.255.252.0
                              // 在路由器 RC 上将重发布的路由汇总为 172.24.0.0/22
```

（7）查看 OSPF 外部路由汇总后的路由表信息。

```
RA#show ip route     // 查看 OSPF 外部路由汇总后的路由表信息
   Codes:   C-connected,S-static,   R-RIP B-BGP O-OSPF,IA-OSPF inter area
   N1-OSPF NSSA external type 1,N2-OSPF NSSA external type 2
   E1-OSPF external type 1,E2-OSPF external type 2
   i-IS-IS,L1-IS-IS level-1,L2-IS-IS level-2,ia-IS-IS inter area
   * -candidate default

   Gateway of last resort is not set
   O E2 172.24.0.0/22[110/3]via 192.168.1.1,00:02:49,FastEthernet 0/0
   C   192.168.1.0/24 is directly connected,FastEthernet 0/0
   C   192.168.1.2/32 is local host.
   O IA 192.168.2.0/24[110/2]via 192.168.1.1,00:03:11,FastEthernet 0/0
```

```
RB#show ip route     // 查看 OSPF 外部路由汇总后的路由表信息
   Codes:   C-connected,S-static,   R-RIP B-BGP O-OSPF,IA-OSPF inter area
   N1-OSPF NSSA external type 1,N2-OSPF NSSA external type 2
   E1-OSPF external type 1,E2-OSPF external type 2
   i-IS-IS,L1-IS-IS level-1,L2-IS-IS level-2,ia-IS-IS inter area
   * -candidate default

   Gateway of last resort is not set
   O E2 172.24.0.0/22[110/3]via 192.168.2.2,00:02:02,FastEthernet 0/1
   C   192.168.1.0/24 is directly connected,FastEthernet 0/0
   C   192.168.1.1/32 is local host.
```

```
C    192.168.2.0/24 is directly connected,FastEthernet 0/1
C    192.168.2.1/32 is local host.
```

从路由器 RA 和路由器 RB 的路由表可以看到，由于路由器 RC 对外部路由进行了汇总，因此路由器 RA 和路由器 RB 只学习到了汇总后的路由，cost 值为 3。

【注意事项】

OSPF 的外部路由汇总只对重发布到 OSPF 中的外部路由进行汇总，不会对区域内和区域间的路由进行汇总。

任务⑬ 配置OSPF点到多点网络类型

【任务目标】

在点到多点的帧中继（Frame-Relay）网络中，配置OSPF，实现网络联通。

【背景描述】

某集团总部在北京，并在全国其他区域设有多个分公司，其中使用多区域OSPF路由实现分公司和总部的网络联通。为了实现总部和分公司之间数据的高速传输，需要在总部和分公司间使用帧中继网络连接，在帧中继网络中使用OSPF进行联通。但总部的网络只有一个出口，需要实施帧中继点到多点OSPF，以实现网络高速传输。

【网络拓扑】

图13-1所示为某集团总部和分公司之间实施帧中继点到多点OSPF网络场景。通过在帧中继网络上运行OSPF，实现网络高速传输。

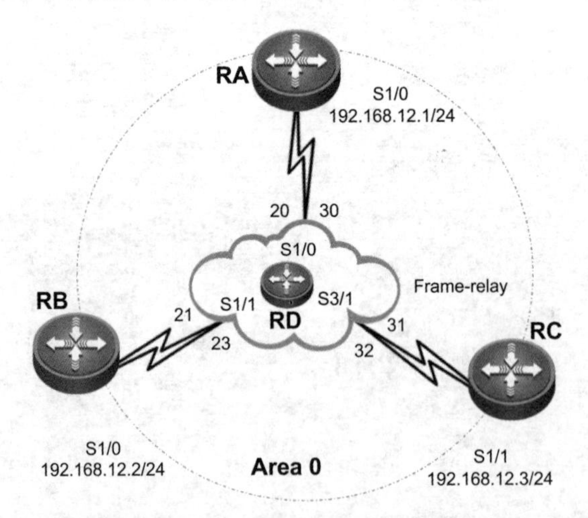

图13-1 某集团总部和分公司之间实施帧中继点到多点OSPF网络场景

【设备清单】

模块化路由器（3台）；网线（若干）；V35线缆（3条，必选）；测试计算机（若干）。

（备注1：注意设备连接接口；可以根据现场连接情况，相应修改文档中接口名称，配置过程不受影响。)

(备注 2：限于实训环境，本任务也可以使用 4 台三层交换机实现，配置过程不受影响。)

【实施步骤】

(1) 在接入网络的路由器 RD 上，配置帧中继交换机。

```
Router#configure terminal
Router(config)#hostname RD
RD(config)#frame-relay switching        // 路由器模拟成帧中继交换机
RD(config)#interface Serial 1/0        // 进入广域网接口 Serial 1/0
RD(config-if)#encapsulation frame-relay ietf  //封装帧中继并封装其格式为 ietf
RD(config-if)#frame-relay intf-type dce      //封装帧中继接口类型为 dce
RD(config-if)#frame-relay lmi-ty ansi      //定义帧中继本地接口管理类型
RD(config-if)#clock rate 64000      //定义时钟速率
RD(config-if)#fram route 20 interface Serial 1/1 21
                                // 设定帧中继交换，指定两个同步接口之间的 DLCI 互换
RD(config-if)#fram route 30 interface Serial 3/1 31
                                // 设定帧中继交换，指定两个同步接口之间的 DLCI 互换
RD(config-if)#no shutdown
RD(config-if)#exit
```

```
RD(config)#interface Serial 1/1
RD(config-if)#encapsulation frame-relay ietf
RD(config-if)#frame-relay intf-type dce
RD(config-if)#frame-relay lmi-ty ansi
RD(config-if)#clock rate 64000
RD(config-if)#frame-relay route 21 interface Serial 1/0 20
RD(config-if)#frame-relay route 23 interface Serial 3/1 32
RD(config-if)#no shutdown
RD(config-if)#exit
```

```
RD(config)#interface Serial 3/1
RD(config-if)#encapsulation frame-relay ietf
RD(config-if)#frame-relay intf-type dce
RD(config-if)#frame-relay lmi-type ansi
RD(config-if)#clock rate 64000
RD(config-if)#frame-relay route 31 interface Serial 1/0 30
RD(config-if)#frame-relay route 32 interface Serial 1/1 23
RD(config-if)#end
```

(2) 在路由器 RD 上，查看帧中继交换机配置信息。

```
RD#show frame-relay route    // 查看帧中继交换机配置信息
```

```
Input Intf  Input Dlci   Output Intf     Output Dlci  Status
Serial 1/0       20     Serial 1/1        21      inactive
Serial 1/0       30     Serial 3/1        31      inactive
Serial 1/1       21     Serial 1/0        20      inactive
Serial 1/1       23     Serial 3/1        32      inactive
Serial 3/1       31     Serial 1/0        30      inactive
Serial 3/1       32     Serial 1/1        23      inactive
```

（3）在路由器RA上，配置帧中继点到多点信息。

```
Router#configure terminal
Router(config)#hostname RA
RA(config)#interface Serial 1/0
RA(config-if)#encapsulation frame-relay ietf  //  封装帧中继并封装其格式为ietf
RA(config-if)#no frame-relay inverse-arp     //  关闭动态学习IP和DLCI映射
RA(config-if)#frame-relay lmi-type ansi
RA(config-if)#no shutdown
RA(config-if)#exit
```

```
RA(config)#interface Serial 1/0 multipoint
RA(config-if)#ip address 192.168.12.1 255.255.255.0
RA(config-if)#no frame-relay inverse-arp
RA(config-if)#frame-relay map ip 192.168.12.2 20
RA(config-if)#frame-relay map ip 192.168.12.3 30
RA(config-if)#end
```

（4）在路由器RB上，配置帧中继点到多点信息。

```
Router#configure terminal
Router(config)#hostname RB
RB(config)#interface Serial 1/0
RB(config-if)#ip address 192.168.12.2 255.255.255.0
RB(config-if)#encapsulation frame-relay ietf
RB(config-if)#no frame-relay inverse-arp
RB(config-if)#frame-relay lmi-type ansi
RB(config-if)#frame-relay map ip 192.168.12.1 21
RB(config-if)#exit
```

（5）在路由器RC上，配置帧中继点到多点信息。

```
Router#configure terminal
Router(config)#hostname RC
RC(config)#interface Serial 1/1
RC(config-if)#ip address 192.168.12.3 255.255.255.0
RC(config-if)#encapsulation frame-relay ietf
```

```
RC(config-if)#frame-relay lmi-ty ansi
RC(config-if)#no frame-relay inverse-arp
RC(config-if)#frame-relay map ip 192.168.12.1 31
RC(config-if)#no shutdown
RC(config-if)#exit
```

（6）查看帧中继交换机配置信息。

```
RA#show frame-relay map    //  查看帧中继交换机配置信息
    Serial 1/0(up):ip 192.168.12.2 dlci 20(0x14,0x440),dynamic, broadcast,
    IETF,status defined,active
    Serial 1/0(up):ip 192.168.12.3 dlci 30(0x1E,0x4E0),dynamic,broadcast,
    IETF,status defined,active
```

```
RB#show fram map    //  查看帧中继交换机配置信息
    Serial 1/0(up):ip 192.168.12.1 dlci 21(0x15,0x450),static,
    IETF,status defined,active
```

```
RC#show fram map    //  查看帧中继交换机配置信息
    Serial 1/1(up):ip 192.168.12.1 dlci 31(0x1F,0x4F0),static,
    IETF,status defined,active
```

```
RD#show frame-relay route   //  查看帧中继交换机配置信息
    Input Intf     Input Dlci     Output Intf     Output Dlci     Status
    Serial 1/0        20          Serial 1/1         21           active
    Serial 1/0        30          Serial 3/1         31           active
    Serial 1/1        21          Serial 1/0         20           active
    Serial 1/1        23          Serial 3/1         32           active
    Serial 3/1        31          Serial 1/0         30           active
    Serial 3/1        32          Serial 1/1         23           active
```

（7）测试各点之间的联通性。

```
RA#ping 192.168.12.2
    Type escape sequence to abort.
    Sending 5,100-byte ICMP Echoes to 192.168.12.2,timeout is 2 seconds:
    !!!!!
    Success rate is 100 percent(5/5),round-trip min/avg/max=56/56/60 ms
```

```
RA#ping 192.168.12.3
    Sending 5,100-byte ICMP Echoes to 192.168.12.3,timeout is 2 seconds:
    !!!!!
    Success rate is 100 percent(5/5),round-trip min/avg/max=56/56/60 ms
```

（8）配置所有路由器上的 OSPF 路由。

```
RA(config)#router ospf 1
RA(config-router)#network 192.168.12.0 0.0.0.255 area 0
RA(config-router)#exit
```

```
RB(config)#router ospf 1
RB(config-router)#network 192.168.12.0 0.0.0.255 area 0
RB(config-router)#exit
```

```
RC(config)#router ospf 1
RC(config-router)#network 192.168.12.0 0.0.0.255 area 0
RC(config-router)#exit
```

（9）在所有路由器连接帧中继网络接口下声明网络类型。

```
RA(config)#interface Serial 1/0 multipoint
RA(config-if)#ip ospf network point-to-multipoint  //声明OSPF运行在点到多点网络
```

```
RB(config)#interface Serial 1/0
RB(config-if)#ip ospf network point-to-multipoint  //声明OSPF运行在点到多点网络
```

```
RC(config)#interface Serial 1/1
RC(config-if)#ip ospf network point-to-multipoint  //声明OSPF运行在点到多点网络
```

【注意事项】

注意声明 OSPF 接口的网络类型是点到多点。

任务 14 配置 OSPF 路由，实现 NBMA 类型的网络联通

【任务目标】

在 NBMA 类型的网络中，配置 OSPF 路由，实现网络联通。

【背景描述】

某集团总部在北京，并在全国其他区域设有多个分公司。为实现高速传输，整个集团的网络都运行在帧中继网络上，使用 OSPF 实现互联。然而，网络管理员使用常规的 OSPF 路由技术配置后，发现网络不能正常运行，需要在 NBMA 网络中，实现 OSPF 全互联。

【网络拓扑】

图 14-1 所示为某集团总部和分公司之间在 NBMA 网络中实现 OSPF 全互联场景，在帧中继网络中使用 OSPF，实现集团网络的高速传输。

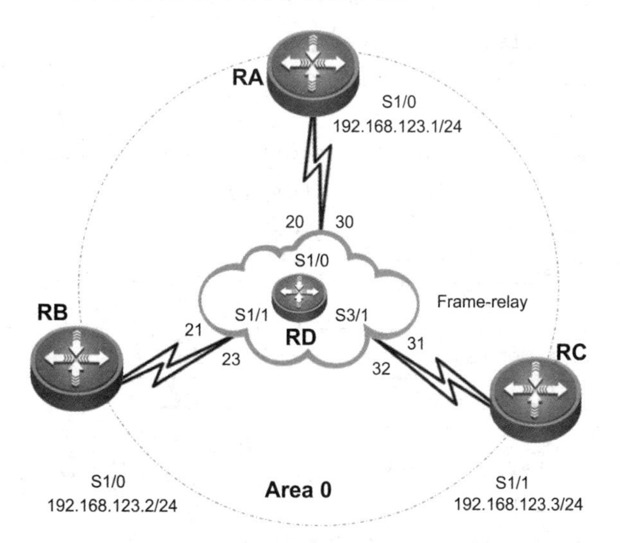

图 14-1 某集团总部和分公司之间在 NBMA 网络中实现 OSPF 全互联场景

【设备清单】

模块化路由器（3 台）；网线（若干）；V35 线缆（3 条，必选）；测试计算机（若干）。

（备注 1：注意设备连接接口；可以根据现场连接情况，相应修改文档中接口名称，配

置过程不受影响。）

（备注 2：限于实训环境，本任务也可以使用 4 台三层交换机实现，配置过程不受影响。）

【实施步骤】

（1）在路由器 RD 上，配置帧中继交换机。

```
Router#configure terminal
Router(config)#hostname RD
RD(config)#frame-relay switching      //路由器模拟成帧中继交换机
RD(config)#interface Serial 1/0      //进入广域网接口 Serial 1/0
RD(config-if)#encapsulation frame-relay ietf     //封装帧中继并封装其格式为ietf
RD(config-if)#frame-relay intf-type dce     // 封装帧中继接口类型为dce
RD(config-if)#frame-relay lmi-ty ansi   //定义帧中继本地接口管理类型
RD(config-if)#clock rate 64000     //定义时钟速率
RD(config-if)#frame route 20 interface Serial 1/1 21
                                   //设定帧中继交换，指定两个同步接口之间的 DLCI 互换
RD(config-if)#frame route 30 interface Serial 3/1 31
                                   //设定帧中继交换，指定两个同步接口之间的 DLCI 互换
RD(config-if)#no shutdown
RD(config-if)#exit
```

```
RD(config)#interface Serial 1/1
RD(config-if)#encapsulation frame-relay ietf
RD(config-if)#frame-relay intf-type dce
RD(config-if)#frame-relay lmi-ty ansi
RD(config-if)#clock rate 64000
RD(config-if)#frame-relay route 21 interface Serial 1/0 20
RD(config-if)#frame-relay route 23 interface Serial 3/1 32
RD(config-if)#no shutdown
RD(config-if)#exit
```

```
RD(config)#interface Serial 3/1
RD(config-if)#encapsulation frame-relay ietf
RD(config-if)#frame-relay intf-type dce
RD(config-if)#frame-relay lmi-type ansi
RD(config-if)#clock rate 64000
RD(config-if)#frame-relay route 31 interface Serial 1/0 30
RD(config-if)#frame-relay route 32 interface Serial 1/1 23
RD(config-if)#exit
```

（2）在路由器 RA 上，配置 NBMA 网络信息。

```
Router#configure terminal
```

```
Router(config)#hostname RA
RA(config)#interface Serial 1/0
RA(config-if)#encapsulation frame-relay ietf
RA(config-if)#no frame-relay inverse-arp
RA(config-if)#frame-relay lmi-ty ansi
RA(config-if)#ip address 192.168.123.1 255.255.255.0
RA(config-if)#frame map ip 192.168.123.2 20
RA(config-if)#frame map ip 192.168.123.3 30
RA(config-if)#no shutdown
RA(config-if)#exit
```

（3）在路由器 RB 上，配置 NBMA 网络信息。

```
Router#configure terminal
Router(config)#hostname RB
RB(config)#interface Serial 1/0
RB(config-if)#encapsulation frame-relay ietf
RB(config-if)#no frame-relay inverse-arp
RB(config-if)#frame-relay lmi-ty ansi
RB(config-if)#ip address 192.168.123.2 255.255.255.0
RB(config-if)#frame map ip 192.168.123.1 21
RB(config-if)#frame map ip 192.168.123.3 23
RB(config-if)#no shutdown
RC（config-if）#exit
```

（4）在路由器 RC 上，配置 NBMA 网络信息。

```
Router#configure terminal
Router(config)#hostname RC
RC(config)#interface Serial 1/0
RC(config-if)#encapsulation frame-relay ietf
RC(config-if)#no frame-relay inverse-arp
RC(config-if)#frame-relay lmi-ty ansi
RC(config-if)#ip address 192.168.123.3 255.255.255.0
RC(config-if)#frame map ip 192.168.123.1 31
RC(config-if)#frame map ip 192.168.123.2 32
RC(config-if)#no shutdown
```

（5）在路由器 RA、RB、RC 上配置 OSPF 路由，实现 NBMA 网络中 OSPF 全互联。

```
RA(config)#router ospf 1
RA(config-router)#network 192.168.123.0 0.0.0.255 area 0
RA(config-router)#neighbor 192.168.123.2 priority 50 // 指定邻居并推举 BDR
RA(config-router)#neighbor 192.168.123.3 priority 100 //  指定邻居并推举 DRother
RA(config-router)#exit
```

```
RA(config)#interface Serial 1/0
RA(config-if)#ip ospf network non-broadcast     //  指定网络类型为 NBMA
RA(config-if)#ip ospf priority 10          //  可选配置，定义优先级别竞选 DR
RA(config-if)#exit
```

```
RB(config)#router ospf 1
RB(config-router)#network 192.168.123.0 0.0.0.255 area 0
RB(config-router)#neighbor 192.168.123.1
RB(config-router)#neighbor 192.168.123.3
RB(config-router)#exit
```

```
RB(config)#interface Serial 1/0
RB(config-if)#ip ospf network non-broadcast     //  指定网络类型为 NBMA
RB(config-if)#ip ospf priority 5   //  可选配置，定义优先级别竞选 BDR
RB(config-if)#exit
```

```
RC(config)#router ospf 1
RC(config-router)#network 192.168.123.0 0.0.0.255 area 0
RC(config-router)#neighbor 192.168.123.1
RC(config-router)#neighbor 192.168.123.2
RC(config-if)#exit
```

```
RC(config)#interface Serial 1/1
RC(config-if)#ip ospf network non-broadcast
RC(config-if)#exit
```

（6）分别在路由器 RA、RB、RC 上，查看 OSPF 配置信息。

```
RA#show ip ospf neighbor
  Neighbor ID     Pri   State          Dead Time   Address         Interface
  192.168.123.3     1   FULL/DRother   00:01:42    192.168.123.3   Serial 1/0
  192.168.123.2     1   FULL/BDR       00:01:43    192.168.123.2   Serial 1/0
```

```
RB#show ip ospf neighbor
  Neighbor ID     Pri   State          Dead Time   Address         Interface
  192.168.123.3     1   FULL/DRother   00:01:05    192.168.123.3   Serial 1/0
  192.168.123.1    10   FULL/DR        00:01:42    192.168.123.1   Serial 1/0
```

```
RC#show ip ospf neighbor
  Neighbor ID     Pri   State          Dead Time   Address         Interface
  192.168.123.2     5   FULL/BDR       00:01:56    192.168.123.2   Serial 1/1
```

```
192.168.123.1   10   FULL/DR        00:01:54    192.168.123.1   Serial 1/1
```

【注意事项】

因为 NBMA 本身不能传递广播信息，因此，在接口上声明网络类型时，需要声明连接的接口之间的邻居关系，直连的邻居之间可以传播广播信息。

任务⑮ 配置 OSPF Stub 区域，优化区域路由

【任务目标】

理解 OSPF Stub 区域的工作原理，配置 OSPF Stub 区域，优化区域路由。

【背景描述】

某公司全网运行多区域 OSPF，为了减少 LSA 在 OSPF 常规区域中的泛洪，降低路由器系统资源占用率，需要把常规区域配置为 OSPF Stub 区域，以优化区域路由。

【网络拓扑】

图 15-1 所示为某公司多区域 OSPF 网络场景。其中，Area 10 通过路由器接入外部网络，为了降低路由器系统资源消耗，公司希望 Area 1 中的路由器不接收区域外部路由信息。

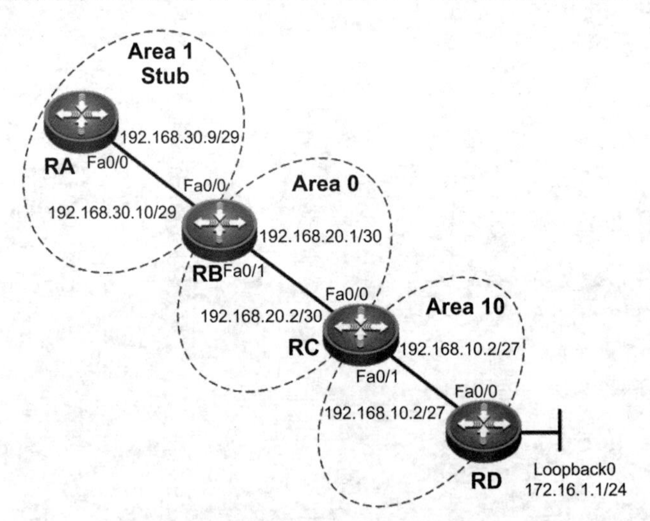

图 15-1　某公司多区域 OSPF 网络场景（任务 15）

【设备清单】

模块化路由器（4 台）；网线（若干）；V35 线缆（可选）；测试计算机（若干）。

（备注 1：注意设备连接接口；可以根据现场连接情况，相应修改文档中接口名称，配置过程不受影响。）

（备注 2：限于实训环境，本任务也可以使用 4 台三层交换机实现，配置过程不受影响。）

【实施步骤】

（1）在路由器 RA 上配置地址信息。

```
Router#configure terminal
Router(config)#hostname RA
RA(config)#interface FastEthernet 0/0
RA(config-if)#ip address 192.168.30.9 255.255.255.248
RA(config-if)#exit
```

（2）在路由器 RB 上配置地址信息。

```
Router#configure terminal
Router(config)#hostname RB
RB(config)#interface FastEthernet 0/0
RB(config-if)#ip address 192.168.30.10 255.255.255.248
RB(config-if)#exit
RB(config)#interface FastEthernet 0/1
RB(config-if)#ip address 192.168.20.1 255.255.255.252
RB(config-if)#exit
```

（3）在路由器 RC 上配置地址信息。

```
Router#configure terminal
Router(config)#hostname RC
RC(config)#interface FastEthernet 0/0
RC(config-if)#ip address 192.168.20.2 255.255.255.252
RC(config-if)#exit
RC(config)#interface FastEthernet 0/1
RC(config-if)#ip address 192.168.10.1 255.255.255.224
RC(config-if)#exit
```

（4）在路由器 RD 上配置地址信息。

```
Router#configure terminal
Router(config)#hostname RD
RD(config)#interface FastEthernet 0/0
RD(config-if)#ip address 192.168.10.2 255.255.255.224
RD(config-if)#exit
RD(config)#interface Loopback 0
RD(config-if)#ip address 172.16.1.1 255.255.255.0
RD(config-if)#exit
```

（5）在所有路由器上配置 OSPF 路由信息。

```
RA(config)#router ospf 10
```

```
RA(config-router)#network 192.168.30.8 0.0.0.7 area 1
```

```
RB(config)#router ospf 10
RB(config-router)#network 192.168.20.0 0.0.0.3 area 0
RB(config-router)#network 192.168.30.8 0.0.0.7 area 1
```

```
RC(config)#router ospf 10
RC(config-router)#network 192.168.10.0 0.0.0.31 area 10
RC(config-router)#network 192.168.20.0 0.0.0.3 area 0
```

```
RD(config)#router ospf 10
RD(config-router)#network 192.168.10.0 0.0.0.31 area 10
```

（6）在 Area 1 中的所有路由器上配置 Stub 区域。

```
RA(config)#router ospf 10
RA(config-router)#area 1 stub   // 在路由器 RA 上将 Area 1 配置为 Stub 区域
RA(config-router)#end
```

```
RB(config)#router ospf 10
RB(config-router)#area 1 stub   // 在路由器 RB 上将 Area 1 配置为 Stub 区域
RB(config-router)#end
```

（7）在路由器 RD 上将直连路由重发布到 OSPF 中。

```
RD(config)#router ospf 10
RD(config-router)#redistribute connected subnets    // 将直连路由重发布到 OSPF 中
RD(config-router)#end
```

（8）查看 Stub 区域的路由表。

```
RB#show ip route
    Codes:  C-connected,S-static,  R-RIP B-BGP O-OSPF,IA-OSPF inter area
    N1-OSPF NSSA external type 1,N2-OSPF NSSA external type 2
    E1-OSPF external type 1,E2-OSPF external type 2
    i-IS-IS,L1-IS-IS level-1,L2-IS-IS level-2,ia-IS-IS inter area
    * -candidate default

    Gateway of last resort is not set
    O E2 172.16.1.0/24[110/20]via 192.168.20.2,00:01:52,FastEthernet 0/1
    O IA 192.168.10.0/27[110/2]via 192.168.20.2,00:02:12,FastEthernet 0/1
    C   192.168.20.0/30 is directly connected,FastEthernet 0/1
    C   192.168.20.1/32 is local host.
    C   192.168.30.8/29 is directly connected,FastEthernet 0/0
```

```
    C   192.168.30.10/32 is local host.
```

通过路由器 RB 的路由表可以看到，路由器 RB 学习到了外部路由 172.16.1.0/24。

```
RA#show ip route
    Codes:  C-connected,S-static,  R-RIP B-BGP O-OSPF,IA-OSPF inter area
    N1-OSPF NSSA external type 1,N2-OSPF NSSA external type 2
    E1-OSPF external type 1,E2-OSPF external type 2
    i-IS-IS,L1-IS-IS level-1,L2-IS-IS level-2,ia-IS-IS inter area
    * -candidate default

    Gateway of last resort is 192.168.30.10 to network 0.0.0.0
    O*IA 0.0.0.0/0[110/2]via 192.168.30.10,00:03:17,FastEthernet 0/0
    O IA 192.168.10.0/27[110/3]via 192.168.30.10,00:02:57,FastEthernet 0/0
    O IA 192.168.20.0/30[110/2]via 192.168.30.10,00:03:17,FastEthernet 0/0
    C   192.168.30.8/29 is directly connected,FastEthernet 0/0
    C   192.168.30.9/32 is local host.
```

通过路由器 RA 的路由表可以看到，在 Stub 区域中，路由器 RA 无法学习到 OSPF 外部路由，但是可以学习到区域间路由，因为路由器 RB 会阻止外部路由进入 Area 1。并且，路由器 RA 使用 ABR（路由器 RB）通告一条默认路由到达外部网络，实现 Stub 区域中对所有外部 AS 的路由器通信的路由。同时，LSA5 都禁止扩散到 Stub 区域内部，而用一条默认路由代替所有外部 AS 的路由，以达到减少路由表条目的目的。

（9）在路由器 RB 上配置绝对 Stub 区域。

如果配置绝对 Stub 区域，将会禁止 LSA3、LSA4 在绝对 Stub 区域扩散。在配置的过程中，只需要在绝对 Stub 区域里的 ABR 上进行配置，绝对 Stub 区域内部的路由器也需要配置成 Stub 区域。

```
RB(config)#router ospf 10
RB(config-router)#area 1 stub no-summary
//  在路由器 RB 上使用 no-summary 参数将 Area 1 配置为绝对 Stub 区域，绝对 Stub 区域不能
重发布引入外部路由，也不能接收外部路由
```

（10）在路由器 RA 上查看路由表。

```
RA#show ip route
    Codes:  C-connected,S-static,  R-RIP B-BGP O-OSPF,IA-OSPF inter area
    N1-OSPF NSSA external type 1,N2-OSPF NSSA external type 2
    E1-OSPF external type 1,E2-OSPF external type 2
    i-IS-IS,L1-IS-IS level-1,L2-IS-IS level-2,ia-IS-IS inter area
    * -candidate default

    Gateway of last resort is 192.168.30.10 to network 0.0.0.0
    O*IA 0.0.0.0/0[110/2]via 192.168.30.10,00:08:39,FastEthernet 0/0
    C    192.168.30.8/29 is directly connected,FastEthernet 0/0
```

```
C    192.168.30.9/32 is local host.
```

通过路由器 RA 的路由表可以看到，由于 Area 1 配置为绝对 Stub 区域，因此路由器 RA 无法学习到 OSPF 外部路由和区域间路由。路由器 RA 使用 ABR（路由器 RB）通告一条默认路由到达其他区域和外部网络。内部区域的路由也没有了，用一条默认路由代替，以减少路由表条目。

【注意事项】

Stub 区域中的所有路由器都要配置 area area-id stub 命令。只需要在 area area-id stub 命令后添加 no-summary 参数即可配置绝对 Stub 区域。但是，骨干区域 Area 0 不能配置为 Stub 区域。

任务16 配置 OSPF NSSA 区域，优化区域路由

【任务目标】

理解 OSPF NSSA 区域的工作原理，配置 OSPF NSSA 区域，优化区域路由。

【背景描述】

某公司全网运行多区域 OSPF，为了减少 LSA 在 OSPF 常规区域中的泛洪，降低路由器系统资源占用率，需要把常规区域配置为 OSPF Stub 区域，以减少 LSA 数量。但由于公司网络经过多次规划，有很多不同路由协议，网络管理员需要对区域路由进行优化，以在路由重发布实施时，既能减少 LSA 数量，又能引入外部路由。

【网络拓扑】

图 16-1 所示为某公司多区域 OSPF 网络场景。为减少区域内 LSA 数量，将 Area 1 配置为 Stub 区域。但 Area 1 和区域外 RIP 路由网络相连，需要将 RIP 路由重发布到 OSPF 中。由于 Area 1 是 Stub 区域，不希望接收到外部路由。为了既保证 Area 1 的 Stub 区域属性，又使其能将外部网络引入外部路由，可以将 Area 1 配置为 NSSA 区域。

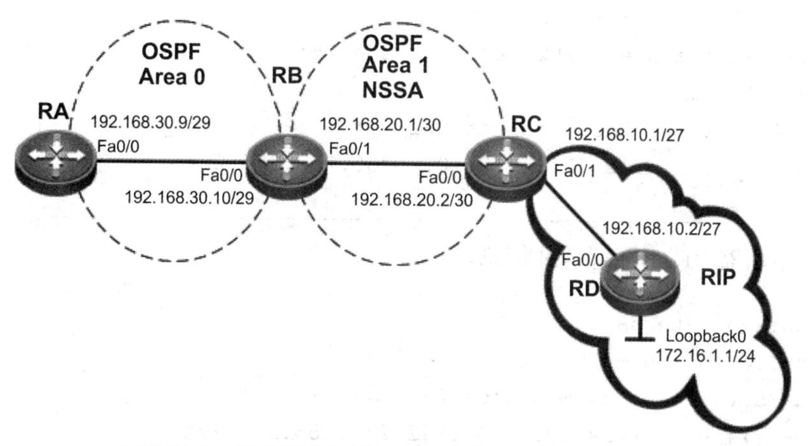

图 16-1 某公司多区域 OSPF 网络场景（任务 16）

【设备清单】

模块化路由器（4 台）；网线（若干）；V35 线缆（可选）；测试计算机（若干）。

（备注 1：注意设备连接接口；可以根据现场连接情况，相应修改文档中接口名称，配置过程不受影响。）

（备注 2：限于实训环境，本任务也可以使用 4 台三层交换机实现，配置过程不受影响。）

【实施步骤】

（1）在路由器 RA 上配置地址信息。

```
Router#configure terminal
Router(config)#hostname RA
RA(config)#interface FastEthernet 0/0
RA(config-if)#ip address 192.168.30.9 255.255.255.248
RA(config-if)#exit
```

（2）在路由器 RB 上配置地址信息。

```
Router#configure terminal
Router(config)#hostname RB
RB(config)#interface FastEthernet 0/0
RB(config-if)#ip address 192.168.30.10 255.255.255.248
RB(config-if)#exit
RB(config)#interface FastEthernet 0/1
RB(config-if)#ip address 192.168.20.1 255.255.255.252
RB(config-if)#exit
```

（3）在路由器 RC 上配置地址信息。

```
Router#configure terminal
Router(config)#hostname RC
RC(config)#interface FastEthernet 0/0
RC(config-if)#ip address 192.168.20.2 255.255.255.252
RC(config-if)#exit
RC(config)#interface FastEthernet 0/1
RC(config-if)#ip address 192.168.10.1 255.255.255.224
RC(config-if)#exit
```

（4）在路由器 RD 上配置地址信息。

```
Router#configure terminal
Router(config)#hostname RD
RD(config)#interface FastEthernet 0/0
RD(config-if)#ip address 192.168.10.2 255.255.255.224
RD(config-if)#exit
RD(config)#interface Loopback 0
RD(config-if)#ip address 172.16.1.1 255.255.255.0
RD(config-if)#exit
```

（5）配置全网的 OSPF 路由信息。

```
RA(config)#router ospf 10
RA(config-router)#network 192.168.30.8 0.0.0.7 area 0
```

```
RB(config)#router ospf 10
RB(config-router)#network 192.168.20.0 0.0.0.3 area 1
RB(config-router)#network 192.168.30.8 0.0.0.7 area 0
```

```
RC(config)#router ospf 10
RC(config-router)#network 192.168.20.0 0.0.0.3 area 1
```

（6）在路由器 RC、RD 上配置 RIP 路由信息。

```
RC(config)#router rip
RC(config-router)version 2
RC(config-router)network 192.168.10.0
RC(config-router)no auto-summary
```

```
RD(config)#router rip
RD(config-router)version 2
RD(config-router)network 192.168.10.0
RD(config-router)network 172.16.0.0
RD(config-router)no auto-summary
```

（7）在路由器 RD 上配置 RIP 路由重发布。

```
RD(config)#router ospf 10
RD(config-router)#redistribute connected subnets    //将直连路由重发布到 OSPF 中
RD(config-router)#redistribute rip metric 30 subnets
                                                    //将 RIP 路由重发布到 OSPF 中
```

（8）查看路由表信息。

```
RA#show ip route
Codes:  C-connected,S-static,  R-RIP  B-BGP  O-OSPF,IA-OSPF inter area
N1-OSPF NSSA external type 1,N2-OSPF NSSA external type 2
E1-OSPF external type 1,E2-OSPF external type 2
i-IS-IS,L1-IS-IS level-1,L2-IS-IS level-2,ia-IS-IS inter area
* -candidate default

Gateway of last resort is not set
O E2 172.16.1.0/24[110/30]via 192.168.30.10,00:04:15,FastEthernet 0/0
O IA 192.168.20.0/30[110/2]via 192.168.30.10,00:11:14,FastEthernet 0/0
C  192.168.30.8/29 is directly connected,FastEthernet 0/0
```

```
C  192.168.30.9/32 is local host.
```

```
RB#show ip route
Codes:  C-connected,S-static,  R-RIP B-BGP O-OSPF,IA-OSPF inter area
N1-OSPF NSSA external type 1,N2-OSPF NSSA external type 2
E1-OSPF external type 1,E2-OSPF external type 2
i-IS-IS,L1-IS-IS level-1,L2-IS-IS level-2,ia-IS-IS inter area
* -candidate default

Gateway of last resort is not set
O E2 172.16.1.0/24[110/30]via 192.168.20.2,00:03:41,FastEthernet 0/1
C  192.168.20.0/30 is directly connected,FastEthernet 0/1
C  192.168.20.1/32 is local host.
C  192.168.30.8/29 is directly connected,FastEthernet 0/0
C  192.168.30.10/32 is local host.
```

从路由器 RA 和路由器 RB 的路由表可以看到，在没有配置 NSSA 区域的情况下，路由器 RA 和路由器 RB 都收到了路由器 RC 重发布的外部路由。

（9）在路由器 RB、RC 上配置 NSSA 区域。

```
RB(config)#router ospf 10
RB(config-router)#area 1 nssa
//  在路由器 RB 上将 Area 1 配置为 NSSA 区域。如果使用 no-summary 参数，Area 1 将成为绝对 NSSA 区域，表示也不允许汇总路由进入该区域，这与绝对 Stub 区域一样
```

```
RC(config)#router ospf 10
RC(config-router)#area 1 nssa    //  在路由器 RC 上将 Area 1 配置为 NSSA 区域
```

（10）在路由器 RB、RA 上查看路由表。

```
RB#show ip route
   Codes:  C-connected,S-static,  R-RIP B-BGP O-OSPF,IA-OSPF inter area
   N1-OSPF NSSA external type 1,N2-OSPF NSSA external type 2
   E1-OSPF external type 1,E2-OSPF external type 2
   i-IS-IS,L1-IS-IS level-1,L2-IS-IS level-2,ia-IS-IS inter area
   * -candidate default

   Gateway of last resort is not set
   O N2 172.16.1.0/24[110/30]via 192.168.20.2,00:00:08,FastEthernet 0/1
   C   192.168.20.0/30 is directly connected,FastEthernet 0/1
   C   192.168.20.1/32 is local host.
   C   192.168.30.8/29 is directly connected,FastEthernet 0/0
   C   192.168.30.10/32 is local host.
```

通过路由器 RB 的路由表可以看到，路由器 RB 学习到了重发布的外部路由，并且其被标记为 N2，表示 NSSA 外部路由，即通过 LSA7 学习到。

```
RA#show ip route
    Codes:  C-connected,S-static,  R-RIP B-BGP O-OSPF,IA-OSPF inter area
    N1-OSPF NSSA external type 1,N2-OSPF NSSA external type 2
    E1-OSPF external type 1,E2-OSPF external type 2
    i-IS-IS,L1-IS-IS level-1,L2-IS-IS level-2,ia-IS-IS inter area
    * -candidate default

    Gateway of last resort is not set
    O E2 172.16.1.0/24[110/30]via 192.168.30.10,00:02:01,FastEthernet 0/0
    O IA 192.168.20.0/30[110/2]via 192.168.30.10,00:02:01,FastEthernet 0/0
    C   192.168.30.8/29 is directly connected,FastEthernet 0/0
    C   192.168.30.9/32 is local host.
```

通过路由器 RA 的路由表可以看到，路由器 RA 通过 LSA5 学习到了重发布的外部路由（使用 E2 表示），而不是 LSA7。这是因为路由器 RB 作为 NSSA 区域的 ABR，将 LSA7 转化成了 LSA5，并通告到网络中。

【注意事项】

NSSA 区域中的所有路由器都要使用 area area-id nssa 命令配置为 NSSA 区域。骨干区域 Area 0 不能配置为 NSSA 区域。

在运行 OSPF 时，Stub 区域会阻止外部路由进入，即在 Stub 区域中不允许出现 LSA5。为适应一些特殊网络应用需求，当希望 Stub 区域能够接收外部路由时，可将该区域配置为 NSSA 区域。

NSSA 区域具有 Stub 区域属性，不允许 LSA5 在区域内泛洪。从外部引入 NSSA 区域的外部路由，将被转化为一种特殊的 LSA7，LSA7 只被允许出现在 NSSA 区域中。当 NSSA 区域的 ABR 收到 LSA7 后，会将其转化为 LSA5 并向整个网络中扩散出去，使整个网络学习到外部路由信息。

任务 17 配置 OSPF 虚链路，实现全网联通

【任务目标】

理解 OSPF 虚链路（Virtual Link）的工作原理，配置 OSPF 虚链路，实现全网联通。

【背景描述】

某公司全网运行多区域 OSPF，随着公司业务的增长，在公司办公楼上最近又开辟了一个新办公区域，由于骨干网络已经没有接口，因此只能把该区域连接到非骨干区域上，网络管理员需要配置虚链路，以实现全网联通。

【网络拓扑】

图 17-1 所示为某公司多区域 OSPF 网络场景。其中，Area 2 没有与 Area 0 直连，需要配置 OSPF 虚链路，实现全网联通。

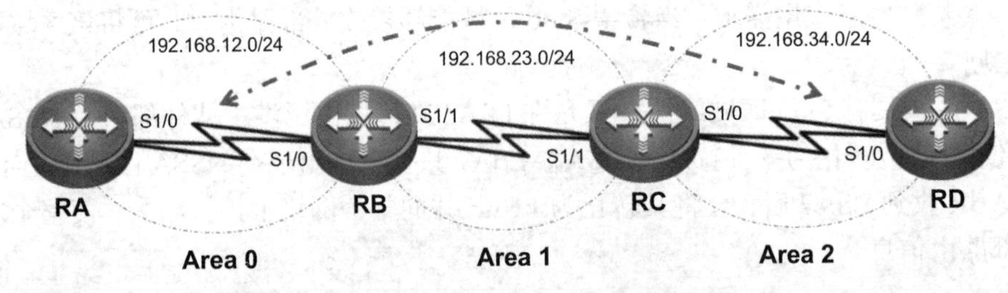

图 17-1　某公司多区域 OSPF 网络场景（任务 17）

【设备清单】

模块化路由器（4 台）；网线（若干）；V35 线缆（可选）；测试计算机（若干）。

（备注 1：注意设备连接接口；可以根据现场连接情况，相应修改文档中接口名称，配置过程不受影响。）

（备注 2：限于实训环境，本任务也可以使用多台三层交换机或路由器混合组网实现，配置过程做相应改变。）

【实施步骤】

（1）在路由器 RD 上配置地址信息。

```
Router#configure terminal
Router(config)#hostname RD
RD(config)#interface Serial 1/0
RD(config-if)#ip address 192.168.34.4 255.255.255.0
RD(config-if)#no shutdown
RD(config-if)#exit
RD(config)#interface Loopback 1
RD(config-if)#ip address 4.4.4.4 255.255.255.0
```

（2）在路由器 RC 上配置地址信息。

```
Router#configure terminal
Router(config)#hostname RC
RC(config)#interface Serial 1/0
RC(config-if)#ip address 192.168.34.3 255.255.255.0
RC(config-if)#clock rate 64000
RC(config-if)#no shutdown
RC(config)#interface Serial 1/1
RC(config-if)#ip address 192.168.23.3 255.255.255.0
RC(config-if)#no shutdown
RC(config-if)#exit
```

（3）在路由器 RB 上配置地址信息。

```
Router#configure terminal
Router(config)#hostname RB
RB(config)#interface Serial 1/1
RB(config-if)#ip address 192.168.23.2 255.255.255.0
RB(config-if)#clock 64000
RB(config-if)#no shutdown
RB(config-if)#exit
RB(config)#interface Serial 1/0
RB(config-if)#ip address 192.168.12.2 255.255.255.0
RB(config-if)#no shutdown
RB(config-if)#exit
```

（4）在路由器 RA 上配置地址信息。

```
Router#configure terminal
Router(config)#hostname RA
RA(config)#interface Serial 1/0
RA(config-if)#ip address 192.168.12.1 255.255.255.0
RA(config-if)#clock 64000
```

```
RA(config-if)#no shutdown
RA(config-if)#exit
```

（5）配置全网的 OSPF 路由信息。

```
RD(config)#router ospf 1
RD(config-router)#network 192.168.34.0 0.0.0.255 area 2
RD(config-router)#network 4.4.4.0 0.0.0.255 aera 2
RD(config-router)#exit
```

```
RC(config)#router ospf 1
RC(config-router)#network 192.168.34.0 0.0.0.255 area 2
RC(config-router)#exit
```

```
RB(config)#router ospf 1
RB(config-router)#network 192.168.23.0 0.0.0.255 area 1
RB(config-router)#network 192.168.12.0 0.0.0.255 area 0
RB(config-router)#exit
```

```
RA(config)#router ospf 1
RA(config-router)#network 192.168.12.0 0.0.0.255 area 0
RA(config-router)#end
```

（6）查看路由器 RA 的路由表信息。

```
RA#show ip route    // 查看路由器RA的路由表信息，没有收到来自Area 2的路由
   Codes:C-connected,S-static,  R-RIP   O-OSPF,IA-OSPF inter area
       E1-OSPF external type 1,E2-OSPF external type 2
   Gateway of last resort is not set
   C   192.168.12.0/24 is directly connected,Serial 1/0
   O   IA 192.168.23.0/24[110/96]via 192.168.12.2,00:00:42,Serial 1/0
```

（7）配置虚链路。

```
RB(config)#router ospf 1
RB(config-router)#area 1 virtual-link 192.168.34.3    // 配置虚链路穿越Area 1
```

```
RC(config)#router ospf 1
RC(config-router)#area 1 virtual-link 192.168.23.2    // 配置虚链路穿越Area 1
RC(config-router)#end
```

（8）查看 OSPF 虚链路以及路由表信息。

```
RC#show ip ospf virtual-links    // 查看配置的OSPF虚链路
   Virtual Link to router 192.168.23.2 is up
```

```
    Transit area 1,via interface Serial1,Cost of using 48
    Transmit Delay is 1 sec,State POINT_TO_POINT,
    Timer intervals configured,Hello 10,Dead 40,Wait 40,Retransmit 5
      Hello due in 00:00:05
   Adjacency State FULL
```

```
RA#show ip route   // 查看 RA 路由器的路由表信息，收到了来自 Area 2 的路由
Codes:C-connected,S-static,  R-RIP   O-OSPF,IA-OSPF inter area
     E1-OSPF external type 1,E2-OSPF external type 2
Gateway of last resort is not set

O IA  4.4.4.4[110/145]via 192.168.12.2,00:00:47,Serial 1/0
O IA  192.168.34.0/24[110/144]via 192.168.12.2,00:03:17,Serial 1/0
C    192.168.12.0/24 is directly connected,Serial 1/0
O IA  192.168.23.0/24[110/96]via 192.168.12.2,00:03:17,Serial 1/0
```

【注意事项】

OSPF 采用两层分层结构，因此如果网络中有多个区域，则其中一个必须为 Area 0，即骨干区域，且 Area 0 必须是连续的，其他所有区域都与 Area 0 直接相连。此外，OSPF 要求所有非骨干区域都将路由通告给骨干区域，以便骨干区域再将这些路由通告给其他区域。

通过使用虚链路，可以将不连续的 Area 0 连接起来，还可以将其他区域通过中转区域连接到 Area 0。但是不应将其作为一种主要功能进行设计，而是在网络出现故障后确保 OSPF 虚链路功能可以提供临时连接或备用连接。

注意连接骨干区域和非直连区域的中间区域的区域号；注意连接骨干区域和非直连区域的中间区域的邻居建立的 Router ID。

任务⑱ 配置 OSPF 骨干区域虚链路，实现全网联通

【任务目标】

理解 OSPF 骨干区域虚链路的工作原理，配置 OSPF 骨干区域虚链路，实现全网联通。

【背景描述】

某公司全网运行多区域 OSPF 实现全网联通。在 OSPF 路由规划中，出口路由器 RA 部署在 Area 100；交换机 SWA 和 SWB 作为 ABR，分别连接骨干区域 Area 0 和 Area 100。由于 SWA 和 SWB 之间的链路属于骨干区域 Area 0，如果该链路因故障断开，会导致骨干区域 Area 0 被分割为两个骨干区域，从而导致路由信息交换出现问题。因此，通过配置 OSPF 骨干区域虚链路技术，可以实现全网联通。

【网络拓扑】

图 18-1 所示为某公司多区域 OSPF 网络场景，配置 OSPF 骨干区域虚链路，实现全网联通。

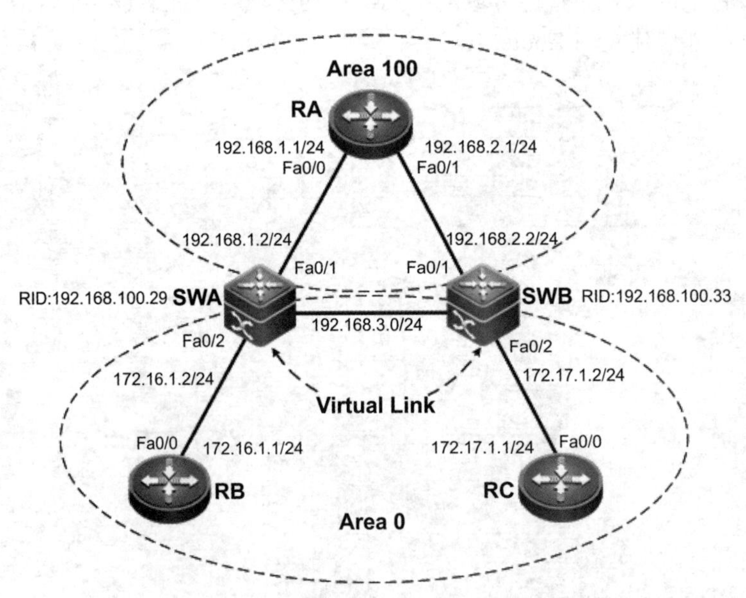

图 18-1　某公司多区域 OSPF 网络场景（任务 18）

【设备清单】

模块化路由器（3 台）；三层交换机（2 台）；网线（若干）；V35 线缆（可选）；测试计算机（若干）。

（备注 1：注意设备连接接口；可以根据现场连接情况，相应修改文档中接口名称，配置过程不受影响。）

（备注 2：限于实训环境，本任务也可以使用 4 台三层交换机、1 台路由器实现，配置过程不受影响。）

【实施步骤】

（1）在路由器 RA 上配置地址信息。

```
Router#configure terminal
Router(config)#hostname RA
RA(config)#interface FastEthernet 0/0
RA(config-if)#ip address 192.168.1.1 255.255.255.0
RA(config-if)#exit
RA(config)#interface FastEthernet 0/1
RA(config-if)#ip address 192.168.2.1 255.255.255.0
RA(config-if)#exit
```

（2）在交换机 SWA 上配置地址信息。

```
Switch#configure terminal
Switch(config)#hostname SWA
SWA(config)#interface FastEthernet 0/1
SWA(config-if)#no switchport
SWA(config-if)#ip address 192.168.1.2 255.255.255.0
SWA(config-if)#exit
SWA(config)#interface FastEthernet 0/2
SWA(config-if)#no switchport
SWA(config-if)#ip address 172.16.1.2 255.255.255.0
SWA(config-if)#exit
SWA(config)#interface FastEthernet 0/3
SWA(config-if)#no switchport
SWA(config-if)#ip address 192.168.3.1 255.255.255.0
SWA(config-if)#exit
```

（3）在交换机 SWB 上配置地址信息。

```
Switch#configure terminal
Switch(config)#hostname SWB
SWB(config)#interface FastEthernet 0/1
SWB(config-if)#no switchport
SWB(config-if)#ip address 192.168.2.2 255.255.255.0
```

```
SWB(config-if)#exit
SWB(config)#interface FastEthernet 0/2
SWB(config-if)#no switchport
SWB(config-if)#ip address 172.17.1.2 255.255.255.0
SWB(config-if)#exit
SWB(config)#interface FastEthernet 0/3
SWB(config-if)#no switchport
SWB(config-if)#ip address 192.168.3.2 255.255.255.0
SWB(config-if)#exit
```

（4）在路由器 RB 上配置地址信息。

```
Router#configure terminal
Router(config)#hostname RB
RB(config)#interface FastEthernet 0/0
RB(config-if)#ip address 172.16.1.1 255.255.255.0
RB(config-if)#exit
```

（5）在路由器 RC 上配置地址信息。

```
Router#configure terminal
Router(config)#hostname RC
RC(config)#interface FastEthernet 0/0
RC(config-if)#ip address 172.17.1.1 255.255.255.0
RC(config-if)#exit
```

（6）配置全网的 OSPF 路由信息。

```
RA(config)#router ospf 1
RA(config-router)#network 192.168.1.0 0.0.0.255 area 100
RA(config-router)#network 192.168.2.0 0.0.0.255 area 100
```

```
SWA(config)#router ospf 1
SWA(config-router)#network 172.16.1.0 0.0.0.255 area 0
SWA(config-router)#network 192.168.1.0 0.0.0.255 area 100
SWA(config-router)#network 192.168.3.0 0.0.0.255 area 0
```

```
SWB(config)#router ospf 1
SWB(config-router)#network 172.17.1.0 0.0.0.255 area 0
SWB(config-router)#network 192.168.2.0 0.0.0.255 area 100
SWB(config-router)#network 192.168.3.0 0.0.0.255 area 100
```

```
RB(config)#router ospf 1
RB(config-router)#network 172.16.1.0 0.0.0.255 area 0
```

```
RC(config)#router ospf 1
RC(config-router)#network 172.17.1.0 0.0.0.255 area 0
RC(config-router)#end
```

（7）查看路由器 RC 的路由表。

```
RC#show ip route   //  查看路由表
    Codes:  C-connected,S-static,  R-RIP B-BGP O-OSPF,IA-OSPF inter area
    N1-OSPF NSSA external type 1,N2-OSPF NSSA external type 2
    E1-OSPF external type 1,E2-OSPF external type 2
    i-IS-IS,L1-IS-IS level-1,L2-IS-IS level-2,ia-IS-IS inter area
    * -candidate default

    Gateway of last resort is not set
    O   172.16.1.0/24[110/3]via 172.17.1.2,00:08:02,FastEthernet 0/0
    C   172.17.1.0/24 is directly connected,FastEthernet 0/0
    C   172.17.1.1/32 is local host.
    O IA 192.168.1.0/24[110/3]via 172.17.1.2,00:08:02,FastEthernet 0/0
    O IA 192.168.2.0/24[110/2]via 172.17.1.2,00:08:02,FastEthernet 0/0
    O   192.168.3.0/24[110/2]via 172.17.1.2,00:08:02,FastEthernet 0/0
```

从路由器 RC 的路由表可以看到，路由器 RC 通过 OSPF 学习到了所有其他子网的信息。

（8）测试网络故障，查看出现故障后路由器 RC 的路由表。

将交换机 SWA 和 SWB 之间的链路断开，模拟网络故障带来的影响。再使用 show ip route 命令查看路由器 RC 的路由表信息。

```
RC#show ip route
    Codes:  C-connected,S-static,  R-RIP B-BGP O-OSPF,IA-OSPF inter area
    N1-OSPF NSSA external type 1,N2-OSPF NSSA external type 2
    E1-OSPF external type 1,E2-OSPF external type 2
    i-IS-IS,L1-IS-IS level-1,L2-IS-IS level-2,ia-IS-IS inter area
    * -candidate default

    Gateway of last resort is not set
    C   172.17.1.0/24 is directly connected,FastEthernet 0/0
    C   172.17.1.1/32 is local host.
    O IA 192.168.1.0/24[110/3]via 172.17.1.2,00:08:50,FastEthernet 0/0
    O IA 192.168.2.0/24[110/2]via 172.17.1.2,00:08:50,FastEthernet 0/0
```

从路由器 RC 的路由表可以看到，当交换机 SWA 和 SWB 之间的链路断开后，路由器 RC 只能学习到部分子网路由信息，无法学习到 172.16.1.0/24 的路由信息，因为该子网处于被分开的另一个骨干区域中。

（9）配置虚链路。

为了解决由于链路故障而出现的网络分段区域的问题，可以在交换机 SWA 和 SWB 之间配置 OSPF 虚链路。这样，当交换机 SWA 和 SWB 之间的链路因故障断开时，虚链路作为一个逻辑链路能够将分开的 Area 0 重新连接起来，使 Area 0 中的路由器能够通过虚链路通告和学习路由信息。

```
SWA(config)#router ospf 1
SWA(config-router)#router-id 192.168.100.29
                                    // 配置交换机 SWA 的 Router ID 为 192.168.100.29
SWA(config-router)#area 100 virtual-link 192.168.100.33
                         // 配置到 192.168.100.33（交换机 SWB 的 Router ID）的虚链路
```

```
SWB(config)#router ospf 1
SWB(config-router)#router-id 192.168.100.33
                                    // 配置交换机 SWB 的 Router ID 为 192.168.100.33
SWB(config-router)area 100 virtual-link 192.168.100.29
                         // 配置到 192.168.100.29（交换机 SWA 的 Router ID）的虚链路
```

（10）查看路由器 RC 的路由表和交换机 SWA 的邻居状态。

```
RC#show ip route
   Codes:  C-connected,S-static,  R-RIP B-BGP O-OSPF,IA-OSPF inter area
   N1-OSPF NSSA external type 1,N2-OSPF NSSA external type 2
   E1-OSPF external type 1,E2-OSPF external type 2
   i-IS-IS,L1-IS-IS level-1,L2-IS-IS level-2,ia-IS-IS inter area
   * -candidate default

   Gateway of last resort is not set
   O   172.16.1.0/24[110/4]via 172.17.1.2,00:00:09,FastEthernet 0/0
   C   172.17.1.0/24 is directly connected,FastEthernet 0/0
   C   172.17.1.1/32 is local host.
   O IA 192.168.1.0/24[110/3]via 172.17.1.2,00:03:40,FastEthernet 0/0
   O IA 192.168.2.0/24[110/2]via 172.17.1.2,00:03:42,FastEthernet 0/0
```

从路由器 RC 的路由表可以看到，配置完虚链路后，路由器 RC 能够学习到所有其他子网的路由，包括 172.16.1.0/24。需要注意的是，172.16.1.0/24 路由使用 O 标识，表示该路由是一条区域内路由，这是因为 OSPF 将虚链路看作骨干区域 Area 0 的一部分。

```
SWA#show ip ospf neighbor    // 查看邻居状态
   OSPF process 10:
   Neighbor ID Pri State   Dead Time   Address Interface
   10.1.1.1        1    Full/DR   00:00:33    172.16.1.1    FastEthernet 0/2
   192.168.2.1 1      Full/DR   00:00:30    192.168.1.1   FastEthernet 0/1
   192.168.100.33 1     Full/ -   00:00:35    192.168.2.2   VLINK0
```

从交换机 SWA 的邻居状态信息可以看到，交换机 SWA 和 SWB 通过虚链路建立了 FULL 的邻接关系。

【注意事项】

虚链路是两个 ABR 之间的虚拟逻辑链路。当骨干区域由于链路故障被分割为两个区域时，可以使用虚链路将分开的骨干区域重新连接起来，以避免路由信息交换出现问题。此外，OSPF 要求所有非骨干区域都与骨干区域相连，当某个区域没有与骨干区域相连时，将导致路由信息不能被正常通告和接收，这时也可以使用虚链路建立一条逻辑连接，使该区域与骨干区域相连。

注意：在配置虚链路时，需要指定虚链路对端的 Router ID，而不是对端的接口地址。虚链路需要配置在 ABR 之间。

任务 19 配置 OSPF 安全认证，保护路由传输安全

【任务目标】

理解 OSPF 安全认证的工作原理，配置 OSPF 安全认证，保护路由传输安全。

【背景描述】

某公司全网运行多区域 OSPF。为了确保网络中 OSPF 路由信息交换的安全性，控制网络中 OSPF 路由更新只在可信任路由器之间进行，需要配置 OSPF 安全认证。如果安全认证不通过，OSPF 路由器之间将不能建立邻接关系。

【网络拓扑】

图 19-1 所示为某公司多区域 OSPF 网络场景，配置 OSPF 安全认证，保护路由传输安全。

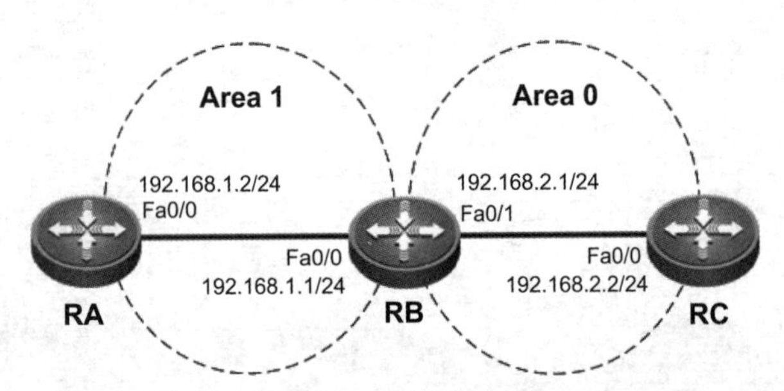

图 19-1 某公司多区域 OSPF 网络场景（任务 19）

【设备清单】

模块化路由器（3 台）；网线（若干）；V35 线缆（可选）；测试计算机（若干）。

（备注 1：注意设备连接接口；可以根据现场连接情况，相应修改文档中接口名称，配置过程不受影响。）

（备注 2：限于实训环境，本任务也可以使用多台三层交换机或路由器实现，配置过程做相应改变。）

【实施步骤】

（1）在路由器 RA 上配置地址信息。

```
Router#configure terminal
Router(config)#hostname RA
RA(config)#interface FastEthernet 0/0
RA(config-if)#ip address 192.168.1.2 255.255.255.0
RA(config-if)#exit
```

（2）在路由器 RB 上配置地址信息。

```
Router#configure terminal
Router(config)#hostname RB
RB(config)#interface FastEthernet 0/0
RB(config-if)#ip address 192.168.1.1 255.255.255.0
RB(config-if)#exit
RB(config)#interface FastEthernet 0/1
RB(config-if)#ip address 192.168.2.1 255.255.255.0
RB(config-if)#exit
```

（3）在路由器 RC 上配置地址信息。

```
Router#configure terminal
Router(config)#hostname RC
RC(config)#interface FastEthernet 0/0
RC(config-if)#ip address 192.168.2.2 255.255.255.0
RC(config-if)#exit
```

（4）在所有的路由器上配置 OSPF 路由。

```
RA(config)#router ospf 1
RA(config-router)#network 192.168.1.0 0.0.0.255 area 1
```

```
RB(config)#router ospf 1
RB(config-router)#network 192.168.1.0 0.0.0.255 area 1
RB(config-router)#network 192.168.2.0 0.0.0.255 area 0
```

```
RC(config)#router ospf 1
RC(config-router)#network 192.168.2.0 0.0.0.255 area 0
```

（5）配置路由器 RA、RB 的 OSPF 安全认证（明文安全认证）。

```
RA(config)#interface FastEthernet 0/0
RA(config-if)#ip ospf authentication          // 启用接口明文安全认证
RA(config-if)#ip ospf authentication-key 123      // 配置明文安全认证密钥
```

```
RB(config)#interface FastEthernet 0/0
RB(config-if)#ip ospf authentication     //  启用接口明文安全认证
RB(config-if)#ip ospf authentication-key 123      //  配置明文安全认证密钥
RB(config-if)#exit
```

（6）配置路由器 RB、RC 的 OSPF 安全认证（密文安全认证）。

```
RB(config)#interface FastEthernet 0/1
RB(config-if)#ip ospf authentication message-digest   // 启用接口 MD5 安全认证
RB(config-if)#ip ospf message-digest-key 1 md5 abc
                                                   // 配置 MD5 安全认证密钥 ID 和密钥
```

```
RC(config)#interface FastEthernet 0/0
RC(config-if)#ip ospf authentication message-digest  // 启用接口 MD5 安全认证
RC(config-if)#ip ospf message-digest-key 1 md5 def
                                                   // 配置 MD5 安全认证密钥 ID 和密钥
          // 这里配置与路由器 RB 不同的密钥，将导致路由器 RB 与 RC 之间不能建立邻接关系
RC(config-if)#exit
```

（7）查看邻居状态。

```
RA#show ip ospf neighbor    //  查看邻居状态
   OSPF process 1:
   Neighbor ID Pri State   Dead Time   Address      Interface
   192.168.2.1 1   Full/BDR   00:00:32    192.168.1.1 FastEthernet 0/0
```

```
RB#show ip ospf neighbor      //  查看邻居状态
   OSPF process 1:
   Neighbor ID Pri State        Dead Time   Address     Interface
   192.168.1.2 1   Full/DR 00:00:35    192.168.1.2 FastEthernet 0/0
```

```
RC#show ip ospf neighbor       //  查看邻居状态
   OSPF process 1:
   Neighbor ID Pri State   Dead Time   Address Interface
```

通过查看互联的路由器 RA、RB 和 RC 的邻居状态，可知路由器 RA 和 RB 成功地建立了 FULL 的邻接关系。但是路由器 RB 和 RC 之间没有建立邻接关系，原因是之前为路由器 RB 和 RC 相连接口配置了不同密钥。在路由器 RB 和 RC 上使用 debug ip ospf packet hello 命令，打开 Hello 报文调试功能，调试信息如下。

```
RB#debug ip ospf packet hello
   Feb  23  06:45:05  RB  %7:RECV[Hello]:  From  192.168.2.2  via  FastEthernet
   0/1:192.168.2.1(192.168.2.2->224.0.0.5)
   Feb  23  06:45:05  RB  %7:RECV[Hello]:  From  192.168.2.2  via  FastEthernet
```

```
0/1:192.168.2.1:MD5 authentication error
```

```
RC#debug ip ospf packet hello
    RC#Feb  23  06:54:52  RC  %7:SEND[Hello]:  To  224.0.0.5  via  FastEthernet
    0/0:192.168.2.2,length 60
    Feb  23  06:54:57  RC  %7:RECV[Hello]:  From  192.168.2.1  via  FastEthernet
    0/0:192.168.2.2(192.168.2.1->224.0.0.5)
    Feb  23  06:54:57  RC  %7:RECV[Hello]:  From  192.168.2.1  via  FastEthernet
    0/0:192.168.2.2:MD5 authentication error
```

通过路由器 RB 和 RC 的调试信息可以看到，由于 MD5 安全认证失败，导致不能建立邻接关系。

（8）修改路由器 RC 的安全认证密钥，重新查看邻居状态。

```
RC#configure terminal
    RC(config)#interface FastEthernet 0/0
    RC(config-if)#ip ospf message-digest-key 1 md5 abc      // 为路由器 RC 配置正
确密钥
    RC(config-if)#exit
```

```
RC#show ip ospf neighbor     //  查看邻居状态
    OSPF process 1:
    Neighbor ID     Pri  State       Dead Time   Address         Interface
    192.168.2.1     1    Full/BDR    00:00:40    192.168.2.1     FastEthernet 0/0
```

```
RB#show ip ospf neighbor    // 查看邻居状态
    OSPF process 1:
    Neighbor ID    Pri   State      Dead Time    Address         Interface
    192.168.1.2    1     Full/DR    00:00:35     192.168.1.2     FastEthernet 0/0
    192.168.2.2    1     Full/DR    00:00:36     192.168.2.2     FastEthernet 0/1
```

通过路由器 RB、RC 的邻居状态信息可以看到，由于路由器 RB 和 RC 配置了相同的密钥，因此路由器 RB 和 RC 成功地建立了 FULL 的邻接关系。

【注意事项】

当启用 OSPF 安全认证功能后，只有通过认证的路由器之间才能建立邻接关系，进而进行路由信息的交换。OSPF 安全认证包括明文安全认证和 MD5 安全认证两种方式，本任务中在路由器 RA 和路由器 RB 之间使用明文安全认证，在路由器 RB 和路由器 RC 之间使用 MD5 安全认证。

在配置 OSPF 安全认证时，需要为链路两端的路由器配置相同的密钥。在配置 MD5 安全认证时，双方的密钥 ID 和密钥都必须相同。

任务 20 配置 OSPF 和 RIP 路由之间多点双向重发布

【任务目标】

掌握在不同路由协议之间进行路由重发布的方法，实现不同路由协议之间互相联通。

【背景描述】

某学院由于招生规模增加，兼并了附近一所中专学校。该学院的校园网使用 OSPF 实现多办公区域网络的联通，但中专学校的校园网使用 RIPv2，因此需要通过路由重发布，才能实现两个校区的网络联通。

【网络拓扑】

图 20-1 所示为某学院兼并中专学校网络场景，使用路由重发布技术实现两个校区网络联通。

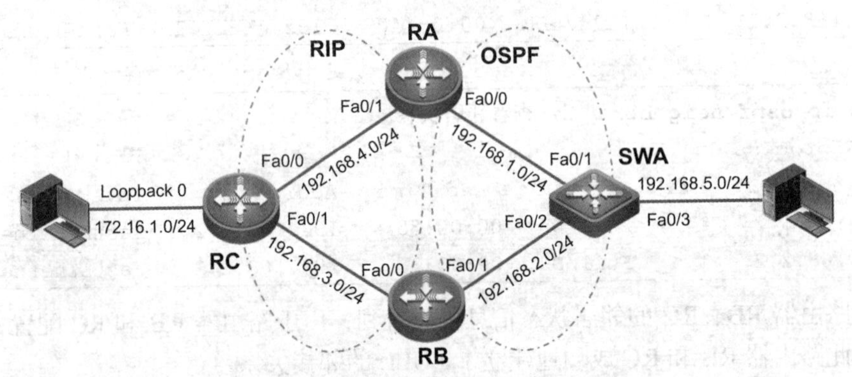

图 20-1　某学院兼并中专学校网络场景（任务 20）

【设备清单】

模块化路由器（3 台）；三层交换机（1 台）；网线（若干）；V35 线缆（可选）；测试计算机（若干）。

（备注 1：注意设备连接接口；可以根据现场连接情况，相应修改文档中接口名称，配置过程不受影响。）

（备注 2：限于实训环境，本任务也可以使用 4 台三层交换机实现，配置过程做相应改变。）

【实施步骤】

（1）在交换机 SWA 上配置地址信息。

```
Switch#configure terminal
Switch(config)#hostname SWA
SWA(config)#interface FastEthernet 0/1
SWA(config-if)#no switchport
SWA(config-if)#ip address 192.168.1.2 255.255.255.0
SWA(config-if)#exit
SWA(config)#interface FastEthernet 0/2
SWA(config-if)#no switchport
SWA(config-if)#ip address 192.168.2.1 255.255.255.0
SWA(config-if)#exit
SWA(config)#interface FastEthernet 0/3
SWA(config-if)#no switchport
SWA(config-if)#ip address 192.168.5.1 255.255.255.0
SWA(config-if)#exit
```

（2）在路由器 RA 上配置地址信息。

```
Router#configure terminal
Router(config)#hostname RA
RA(config)#interface FastEthernet 0/0
RA(config-if)#ip address 192.168.1.1 255.255.255.0
RA(config-if)#exit
RA(config)#interface FastEthernet 0/1
RA(config-if)#ip address 192.168.4.1 255.255.255.0
RA(config-if1)#exit
```

（3）在路由器 RB 上配置地址信息。

```
Router#configure terminal
Router(config)#hostname RB
RB(config)#interface FastEthernet 0/0
RB(config-if)#ip address 192.168.3.1 255.255.255.0
RB(config-if)#exit
RB(config)#interface FastEthernet 0/1
RB(config-if)#ip address 192.168.2.2 255.255.255.0
RB(config-if)#exit
```

（4）在路由器 RC 上配置地址信息。

```
Router#configure terminal
Router(config)#hostname RC
RC(config)#interface FastEthernet 0/0
RC(config-if)#ip address 192.168.4.2 255.255.255.0
```

```
RC(config-if)#exit
RC(config)#interface FastEthernet 0/1
RC(config-if)#ip address 192.168.3.2 255.255.255.0
RC(config-if)#exit
RC(config)#interface Loopback 0
RC(config-if)#ip address 172.16.1.1 255.255.255.0
RC(config-if)#exit
```

（5）配置 OSPF 域内的全部设备的 OSPF 路由信息。

```
RA(config)#router ospf 1
RA(config-router)#network 192.168.1.0 0.0.0.255 area 0
RA(config-router)#network 192.168.4.0 0.0.0.255 area 0
RA(config-router)#exit
```

```
RB(config)#route ospf 1
RB(config-router)#network 192.168.2.0 0.0.0.255 area 0
RB(config-router)#network 192.168.3.0 0.0.0.255 area 0
RB(config-router)#exit
```

```
SWA(config)#route ospf 1
SWA(config-router)#network 192.168.1.0 0.0.0.255 area 0
SWA(config-router)#network 192.168.2.0 0.0.0.255 area 0
SWA(config-router)#network 192.168.5.0 0.0.0.255 area 0
SWA(config-router)#exit
```

（6）在交换机 SWA 上查看路由表。

配置完 OSPF 路由后，在交换机 SWA 上查看路由表。图 20-2 所示为通过 OSPF 学习到的 OSPF 域内路由信息。

```
SWA#show ip route
```

```
Codes:  C - connected, S - static, R - RIP, B - BGP
        O - OSPF, IA - OSPF inter area
        N1 - OSPF NSSA external type 1, N2 - OSPF NSSA external type 2
        E1 - OSPF external type 1, E2 - OSPF external type 2
        i - IS-IS, su - IS-IS summary, L1 - IS-IS level-1, L2 - IS-IS level-2
        ia - IS-IS inter area, * - candidate default

Gateway of last resort is not set
C      192.168.1.0/24 is directly connected, FastEthernet 0/1
C      192.168.1.2/32 is local host.
C      192.168.2.0/24 is directly connected, FastEthernet 0/2
C      192.168.2.1/32 is local host.
O      192.168.3.0/24 [110/2] via 192.168.2.2, 00:00:01, FastEthernet 0/2
O      192.168.4.0/24 [110/2] via 192.168.1.1, 00:00:13, FastEthernet 0/1
C      192.168.5.0/24 is directly connected, FastEthernet 0/3
C      192.168.5.1/32 is local host.
```

图 20-2　通过 OSPF 学习到的 OSPF 域内路由信息

（7）在路由器 RA、RB、RC 上，配置 RIPv2 域内的路由信息。

```
RA(config)#route rip
```

```
RA(config-router)#version 2
RA(config-router)#no auto-summary
RA(config-router)#network 192.168.1.0
RA(config-router)#network 192.168.4.0
RA(config-router)#exit
```

```
RB(config)#route rip
RB(config-router)#version 2
RB(config-router)#no auto-summary
RB(config-router)#network 192.168.2.0
RB(config-router)#network 192.168.3.0
RB(config-router)#exit
```

```
RC(config)#route rip
RC(config-router)#version 2
RC(config-router)#no auto-summary
RC(config-router)#network 192.168.3.0
RC(config-router)#network 192.168.4.0
RC(config-router)#network 172.16.1.0
RC(config-router)#exit
```

（8）在路由器 RC 上查看路由表。

配置完 RIPv2 路由后，在路由器 RC 上查看路由表。图 20-3 所示为通过 RIPv2 学习到的 RIPv2 域内路由信息。

```
RC#show ip route
```

```
Codes:  C - connected, S - static, R - RIP, B - BGP
        O - OSPF, IA - OSPF inter area
        N1 - OSPF NSSA external type 1, N2 - OSPF NSSA external type 2
        E1 - OSPF external type 1, E2 - OSPF external type 2
        i - IS-IS, su - IS-IS summary, L1 - IS-IS level-1, L2 - IS-IS level-2
        ia - IS-IS inter area, * - candidate default

Gateway of last resort is not set
C       172.16.1.0/24 is directly connected, Loopback 0
C       172.16.1.1/32 is local host.
R       192.168.1.0/24 [120/1] via 192.168.4.1, 00:00:13, FastEthernet 0/0
R       192.168.2.0/24 [120/1] via 192.168.3.1, 00:00:17, FastEthernet 0/1
C       192.168.3.0/24 is directly connected, FastEthernet 0/1
C       192.168.3.2/32 is local host.
C       192.168.4.0/24 is directly connected, FastEthernet 0/0
C       192.168.4.2/32 is local host.
```

图 20-3 通过 RIPv2 学习到的 RIPv2 域内路由信息

（9）在 ASBR 类型的路由器 RA 和 RB 上，将 RIP 路由重发布到 OSPF。

```
RA(config)#route ospf 1
RA(config-router)#redistribute rip subnets      // 将RIP路由重发布到OSPF
RA(config-router)#exit
```

```
RB(config)#route ospf 1
```

```
RB(config-router)#redistribute rip subnets     // 将RIP路由重发布到OSPF
RB(config-router)#exit
```

（10）在 ASBR 类型的路由器 RA 和 RB 上，将 OSPF 路由重发布到 RIP。

```
RA(config)#route rip
RA(config-router)#redistribute ospf 1     // 将OSPF路由重发布到RIP
RA(config-router)#end
```

```
RB(config)#route rip
RB(config-router)#redistribute ospf 1     // 将OSPF路由重发布到RIP
RB(config-router)#end
```

（11）查看路由表。

在交换机 SWA 上查看是否学习到了重发布的路由，即路由器 RC 的 Loopback 0 地址，通过 OSPF 和 RIP 路由重发布，实现全网路由联通，如图 20-4 所示。

```
SWA#show ip route
```

```
Codes:  C - connected, S - static, R - RIP, B - BGP
        O - OSPF, IA - OSPF inter area
        N1 - OSPF NSSA external type 1, N2 - OSPF NSSA external type 2
        E1 - OSPF external type 1, E2 - OSPF external type 2
        i - IS-IS, su - IS-IS summary, L1 - IS-IS level-1, L2 - IS-IS level-2
        ia - IS-IS inter area, * - candidate default

Gateway of last resort is not set
O E2 172.16.1.0/24 [110/20] via 192.168.1.1, 00:00:40, FastEthernet 0/1
C     192.168.1.0/24 is directly connected, FastEthernet 0/1
C     192.168.1.2/32 is local host.
C     192.168.2.0/24 is directly connected, FastEthernet 0/2
C     192.168.2.1/32 is local host.
O     192.168.3.0/24 [110/2] via 192.168.2.2, 00:04:14, FastEthernet 0/2
O     192.168.4.0/24 [110/2] via 192.168.1.1, 00:04:25, FastEthernet 0/1
C     192.168.5.0/24 is directly connected, FastEthernet 0/3
C     192.168.5.1/32 is local host.
```

图 20-4　通过 OSPF 和 RIP 路由重发布，实现全网路由联通

【注意事项】

ASBR 位于 OSPF 自治系统和非 OSPF 网络之间，可以运行 OSPF 和另一种路由协议（如 RIP），把 OSPF 上的路由发布到其他路由协议上。将一种路由协议学习到的网络告知另一种路由协议，以便网络中的每台工作站都能到达其他任何一台工作站，这一过程被称为路由重发布。

任务21 配置 OSPF 路由进程之间路由重发布

【任务目标】

配置 OSPF 路由进程之间路由重发布，实现不同 OSPF 路由进程之间的路由互通。

【背景描述】

某公司办公网部署了多路由协同工作场景，但由于两个网络管理员在配置 OSPF 的过程中发布了不同的 OSPF 路由进程，需要配置 OSPF 路由进程之间的路由重发布，以实现公司网络联通。

【网络拓扑】

图 21-1 所示为某公司网络中 OSPF 路由多进程协同工作场景，配置 OSPF 路由进程之间路由重发布，实现公司网络联通。

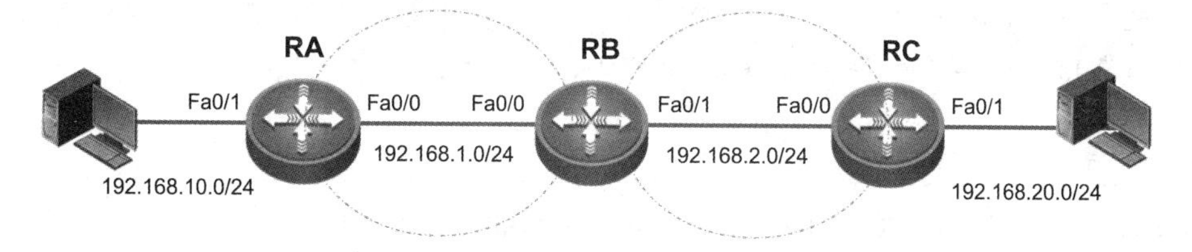

图 21-1　某公司网络中 OSPF 路由多进程协同工作场景

【设备清单】

模块化路由器（3 台）；网线（若干）；V35 线缆（可选）；测试计算机（若干）。

（备注 1：注意设备连接接口；可以根据现场连接情况，相应修改文档中接口名称，配置过程不受影响。）

（备注 2：限于实训环境，本任务也可以使用多台三层交换机和路由器混合组网实现，配置过程做相应改变。）

【实施步骤】

（1）在路由器 RA 上配置地址信息。

```
Router#configure terminal
```

```
Router(config)#hostname RA
RA(config)#interface FastEthernet 0/0
RA(config-if)#ip address 192.168.1.1 255.255.255.0
RA(config)#exit
RA(config)#interface FastEthernet 0/1
RA(config-if)#ip address 192.168.10.1 255.255.255.0
RA(config-if)#exit
```

（2）在路由器 RB 上配置地址信息。

```
Router#configure terminal
Router(config)#hostname RB
RB(config)#interface FastEthernet 0/0
RB(config-if)#ip address 192.168.1.2 255.255.255.0
RB(config-if)#exit
RB(config)#interface FastEthernet 0/1
RB(config-if)#ip address 192.168.2.1 255.255.255.0
RB(config-if)#exit
```

（3）在路由器 RC 上配置地址信息。

```
Router#configure terminal
Router(config)#hostname RC
RC(config)#interface fastEthernet 0/0
RC(config-if)#ip address 192.168.2.2 255.255.255.0
RC(config-if)#exit
RC(config)#interface fastEthernet 0/1
RC(config-if)#ip address 192.168.20.1 255.255.255.0
RC(config-if)#exit
```

（4）在路由器 RA、RB、RC 上配置全网的 OSPF 路由信息。

```
RA(config)#router ospf 1
RA(config-router)#network 192.168.1.0 0.0.0.255 area 0
RA(config-router)#network 192.168.10.0 0.0.0.255 area 0
RA(config-router)#exit
```

```
RB(config)#route ospf 1
RB(config-router)#network 192.168.1.0 0.0.0.255 area 0
RB(config-router)#exit
```

```
RB(config)#route ospf 10
RB(config-router)#network 192.168.2.0 0.0.0.255 area 0
RB(config-router)#exit
```

```
RC(config)#route ospf 10
RC(config-router)#network 192.168.2.0 0.0.0.255 area 0
RC(config-router)#network 192.168.20.0 0.0.0.255 area 0
RC(config-router)#exit
```

（5）在进程 1 中重发布进程 10 中的路由信息。

```
RB(config)#route ospf 1
RB(config-router)#redistribute ospf 10 subnets
RB(config-router)#exit
```

（6）在进程 10 中重发布进程 1 中的路由信息。

```
RB(config)#route ospf 10
RB(config-router)#redistribute ospf 1 subnets
RB(config-router)#exit
```

（7）查看路由器 RA、RC 的路由表，分别如图 21-2、图 21-3 所示，可以看到，通过路由重发布，路由器 RA、RC 都学习到了全网的路由表。

```
RA#show ip route
```

```
Codes:  C - connected, S - static, R - RIP, B - BGP
        O - OSPF, IA - OSPF inter area
        N1 - OSPF NSSA external type 1, N2 - OSPF NSSA external type 2
        E1 - OSPF external type 1, E2 - OSPF external type 2
        i - IS-IS, su - IS-IS summary, L1 - IS-IS level-1, L2 - IS-IS level
        ia - IS-IS inter area, * - candidate default

Gateway of last resort is not set
C      192.168.1.0/24 is directly connected, FastEthernet 0/0
C      192.168.1.1/32 is local host.
O E2 192.168.2.0/24 [110/20] via 192.168.1.2, 00:04:14, FastEthernet 0/0
C      192.168.10.0/24 is directly connected, FastEthernet 0/1
C      192.168.10.1/32 is local host.
O E2 192.168.20.0/24 [110/20] via 192.168.1.2, 00:01:18, FastEthernet 0/0
```

图 21-2　查看路由器 RA 的路由表

```
RC#show ip route
```

```
Codes:  C - connected, S - static, R - RIP, B - BGP
        O - OSPF, IA - OSPF inter area
        N1 - OSPF NSSA external type 1, N2 - OSPF NSSA external type 2
        E1 - OSPF external type 1, E2 - OSPF external type 2
        i - IS-IS, su - IS-IS summary, L1 - IS-IS level-1, L2 - IS-IS level
        ia - IS-IS inter area, * - candidate default

Gateway of last resort is not set
O E2 192.168.1.0/24 [110/20] via 192.168.2.1, 00:04:18, FastEthernet 0/0
C      192.168.2.0/24 is directly connected, FastEthernet 0/0
C      192.168.2.2/32 is local host.
O E2 192.168.10.0/24 [110/20] via 192.168.2.1, 00:04:18, FastEthernet 0/0
C      192.168.20.0/24 is directly connected, FastEthernet 0/1
C      192.168.20.1/32 is local host.
```

图 21-3　查看路由器 RC 的路由表

【注意事项】

在不同路由协议之间交换路由信息，需要在边界路由器上实施路由重发布技术。此外，由于不同路由协议计算度量值的方式不一样，所以实施路由重发布的时候，会丢失度量值的精度。

任务 22 配置 OSPF 路由重发布，修改路由重发布中的度量值

【任务目标】

配置 OSPF 路由重发布，通过修改路由重发布中的度量值，实现路由重发布中的路径控制。

【背景描述】

某公司办公网部署了多路由协同工作场景，依托 OSPF 和路由重发布技术，实现公司网络联通。为了把外部的路由重发布到公司内部网络，实现外部路由的最佳传输路径，在配置 OSPF 路由重发布时，需要修改路由重发布中的度量值，以实现路由重发布的路径控制。

【网络拓扑】

图 22-1 所示为某公司网络中多路由协同工作场景，配置 OSPF 路由重发布，修改路由重发布中的度量值，选择最佳传输路径。

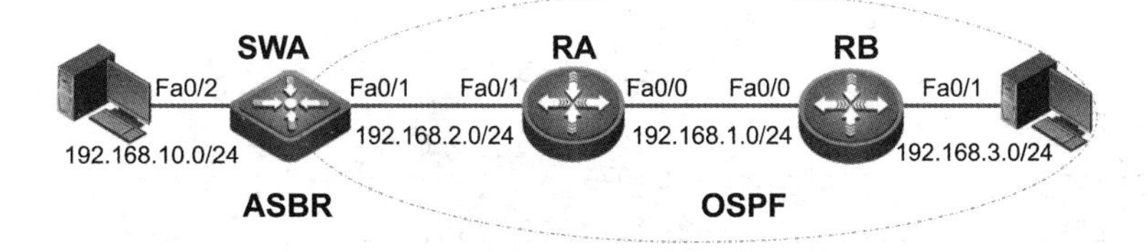

图 22-1　某公司网络中多路由协同工作场景（任务 22）

【设备清单】

模块化路由器（2 台）；三层交换机（1 台）；网线（若干）；V35 线缆（可选）；测试计算机（若干）。

（备注 1：注意设备连接接口；可以根据现场连接情况，相应修改文档中接口名称，配置过程不受影响。）

（备注 2：限于实训环境，本任务也可以使用多台三层交换机和路由器混合组网实现，配置过程做相应改变。）

【实施步骤】

（1）在交换机 SWA 上配置地址信息。

```
Switch#configure terminal
Switch(config)#hostname SWA
SWA(config)#interface FastEthernet 0/1
SWA(config-if)#no switchport
SWA(config-if)#ip address 192.168.2.2 255.255.255.0
SWA(config-if1)#exit
SWA(config)#interface FastEthernet 0/2
SWA(config-if)#no switchport
SWA(config-if)#ip address 192.168.10.1 255.255.255.0
SWA(config-if)#exit
```

（2）在路由器 RA 上配置地址信息。

```
Router#configure terminal
Router(config)#hostname RA
RA(config)#interface FastEthernet 0/0
RA(config-if)#ip address 192.168.1.1 255.255.255.0
RA(config-if)#exit
RA(config)#interface FastEthernet 0/1
RA(config-if)#ip address 192.168.2.1 255.255.255.0
RA(config-if)#exit
```

（3）在路由器 RB 上配置地址信息。

```
Router#configure terminal
Router(config)#hostname RB
RB(config)#interface FastEthernet 0/0
RB(config-if)#ip address 192.168.1.2 255.255.255.0
RB(config-if)#exit
RB(config)#interface FastEthernet 0/1
RB(config-if)#ip address 192.168.3.1 255.255.255.0
RB(config-if)#exit
```

（4）配置全网的 OSPF 路由信息。

```
RA(config)#router ospf 1
RA(config-router)#network 192.168.1.0 0.0.0.255 area 0
RA(config-router)#network 192.168.2.0 0.0.0.255 area 0
RA(config-router)#exit
```

```
RB(config)#route ospf 1
RB(config-router)#network 192.168.1.0 0.0.0.255 area 0
```

```
RB(config-router)#network 192.168.3.0 0.0.0.255 area 0
RB(config-router)#end
```

```
SWA(config)#route ospf 1
SWA(config-router)#network 192.168.2.0 0.0.0.255 area 0
```

（5）在路由器 RB 上查看路由表。

配置完 OSPF 路由后，在路由器 RB 上查看路由表。如图 22-2 所示，路由器 RB 已经通过 OSPF 学习到路由信息。

```
RB#show ip route
```

```
Codes:  C - connected, S - static, R - RIP, B - BGP
        O - OSPF, IA - OSPF inter area
        N1 - OSPF NSSA external type 1, N2 - OSPF NSSA external type 2
        E1 - OSPF external type 1, E2 - OSPF external type 2
        i - IS-IS, su - IS-IS summary, L1 - IS-IS level-1, L2 - IS-IS level-2
        ia - IS-IS inter area, * - candidate default

Gateway of last resort is not set
C     192.168.1.0/24 is directly connected, FastEthernet 0/0
C     192.168.1.2/32 is local host.
O     192.168.2.0/24 [110/2] via 192.168.1.1, 00:02:02, FastEthernet 0/0
C     192.168.3.0/24 is directly connected, FastEthernet 0/1
C     192.168.3.1/32 is local host.
```

图 22-2　通过 OSPF 学习到路由信息（任务 22）

（6）配置静态路由，实现交换机 SWA 和路由器 RA 通过静态路由互联。

```
RA(config)#ip route 192.168.10.0 255.255.255.0 192.168.2.2
```

```
SWA(config)#ip route 0.0.0.0 0.0.0.0 192.168.2.1
```

（7）在 ASBR 类型的路由器 RA 上，将静态路由重发布到 OSPF，查看重发布的路由表。

```
RA(config)#route ospf 1
RA(config-router)#redistribute static subnets
RA(config-router)#exit
```

再次在路由器 RB 上查看路由表，可以看到路由器 RB 学习到了重发布的静态路由，如图 22-3 所示。

```
RB#show ip route
```

```
Codes:  C - connected, S - static, R - RIP, B - BGP
        O - OSPF, IA - OSPF inter area
        N1 - OSPF NSSA external type 1, N2 - OSPF NSSA external type 2
        E1 - OSPF external type 1, E2 - OSPF external type 2
        i - IS-IS, su - IS-IS summary, L1 - IS-IS level-1, L2 - IS-IS level-2
        ia - IS-IS inter area, * - candidate default

Gateway of last resort is not set
C     192.168.1.0/24 is directly connected, FastEthernet 0/0
C     192.168.1.2/32 is local host.
O     192.168.2.0/24 [110/2] via 192.168.1.1, 00:04:24, FastEthernet 0/0
C     192.168.3.0/24 is directly connected, FastEthernet 0/1
C     192.168.3.1/32 is local host.
O E2  192.168.10.0/24 [110/20] via 192.168.1.1, 00:00:33, FastEthernet 0/0
```

图 22-3　外部静态路由以 OSPF E2 方式重发布

（8）修改度量值，实现静态路由重发布控制，查看路由控制效果。

```
RA(config)#router ospf 1
RA(config-router)#redistribute static metric 50   //将静态路由的度量值改为50
```

完成配置后，在路由器 RB 上查看路由表，如图 22-4 所示，可看到去往交换机 SWA 的路由度量值变为 50，路由策略配置完成。

```
RB#show ip route
```

```
Codes:  C - connected, S - static, R - RIP, B - BGP
        O - OSPF, IA - OSPF inter area
        N1 - OSPF NSSA external type 1, N2 - OSPF NSSA external type 2
        E1 - OSPF external type 1, E2 - OSPF external type 2
        i - IS-IS, su - IS-IS summary, L1 - IS-IS level-1, L2 - IS-IS level-2
        ia - IS-IS inter area, * - candidate default

Gateway of last resort is not set
C     192.168.1.0/24 is directly connected, FastEthernet 0/0
C     192.168.1.2/32 is local host.
O     192.168.2.0/24 [110/2] via 192.168.1.1, 00:23:29, FastEthernet 0/0
C     192.168.3.0/24 is directly connected, FastEthernet 0/1
C     192.168.3.1/32 is local host.
O E2 192.168.10.0/24 [110/50] via 192.168.1.1, 00:00:26, FastEthernet 0/0
```

图 22-4　修改外部静态路由重发布到 OSPF 的度量值

【注意事项】

在任何路由协议中都可以配置度量值，且不同路由协议计算度量值的方式不一样。其中，种子度量值的作用就是在向该路由协议重发布路由时可以指定默认度量值。例如，在向 RIP 重发布路由的时候，种子度量值为 10（如果不指定度量值，则按照 10 来计算），OSPF 的种子度量值为 20。同时，在向一个路由协议重发布路由的时候，也可以直接指定度量值，以选择最佳传输路径。

任务23 配置 OSPF 网络中多 ASBR 选路，选择最佳传输路径

【任务目标】

配置 OSPF 网络中多 ASBR 选路，实现外部路由重发布到 OSPF 网络，选择最佳传输路径。

【背景描述】

某公司办公网部署了多路由协同工作场景，依托 OSPF 和路由重发布技术，实现公司网络联通。为了实现外部路由重发布到 OSPF 网络，需要配置 OSPF 网络中多 ASBR 选路，选择最佳传输路径。

【网络拓扑】

图 23-1 所示为某公司网络中多路由协同工作场景，配置 OSPF 网络中多 ASBR 选路，选择最佳传输路径。

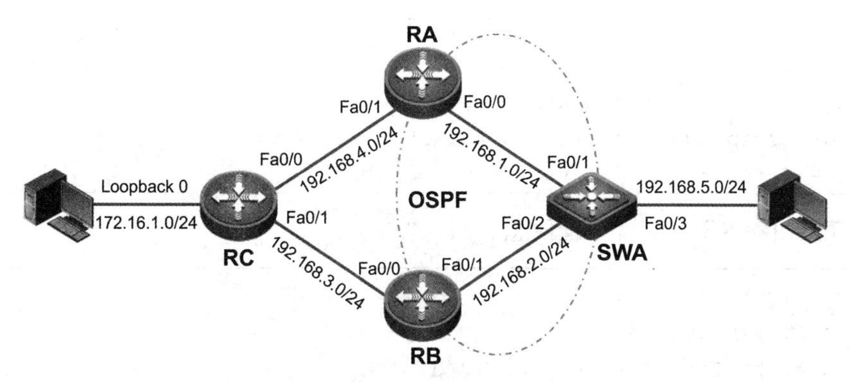

图 23-1 某公司网络中多路由协同工作场景（任务 23）

【设备清单】

模块化路由器（3 台）；三层交换机（1 台）；网线（若干）；V35 线缆（可选）；测试计算机（若干）。

（备注 1：注意设备连接接口；可以根据现场连接情况，相应修改文档中接口名称，配

置过程不受影响。）

（备注 2：限于实训环境，本任务也可以使用多台三层交换机和路由器混合组网实现，配置过程做相应改变。）

【实施步骤】

（1）在交换机 SWA 上配置地址信息。

```
Switch#configure terminal
Switch(config)#hostname SWA
SWA(config)#interface FastEthernet 0/1
SWA(config-if)#no switchport
SWA(config-if)#ip address 192.168.1.2 255.255.255.0
SWA(config-if)#exit
SWA(config)#interface FastEthernet 0/2
SWA(config-if)#no switchport
SWA(config-if)#ip address 192.168.2.1 255.255.255.0
SWA(config-if)#exit
SWA(config)#interface FastEthernet 0/3
SWA(config-if)#no switchport
SWA(config-if)#ip address 192.168.5.1 255.255.255.0
SWA(config-if)#exit
```

（2）在路由器 RA 上配置地址信息。

```
Router#configure terminal
Router(config)#hostname RA
RA(config)#interface FastEthernet 0/0
RA(config-if)#ip address 192.168.1.1 255.255.255.0
RA(config-if)#exit
RA(config)#interface FastEthernet 0/1
RA(config-if)#ip address 192.168.4.1 255.255.255.0
RA(config-if)#exit
```

（3）在路由器 RB 上配置地址信息。

```
Router#configure terminal
Router(config)#hostname RB
RB(config)#interface FastEthernet 0/0
RB(config-if)#ip address 192.168.3.1 255.255.255.0
RB(config-if)#exit
RB(config)#interface FastEthernet 0/1
RB(config-if)#ip address 192.168.2.2 255.255.255.0
RB(config-if)#exit
```

（4）在路由器 RC 上配置地址信息。

```
Router#configure terminal
Router(config)#hostname RC
RC(config)#interface FastEthernet 0/0
RC(config-if)#ip address 192.168.4.2 255.255.255.0
RC(config-if)#exit
RC(config)#interface FastEthernet 0/1
RC(config-if)#ip address 192.168.3.2 255.255.255.0
RC(config-if)#exit
RC(config)#interface Loopback 0
RC(config-if)#ip address 172.16.1.1 255.255.255.0
RC(config-if)#exit
```

（5）配置全网的 OSPF 路由信息。

```
RA(config)#route ospf 1
RA(config-router)#network 192.168.1.0 0.0.0.255 area 0
RA(config-router)#network 192.168.4.0 0.0.0.255 area 0
RA(config-router)#exit
```

```
RB(config)#route ospf 1
RB(config-router)#network 192.168.2.0 0.0.0.255 area 0
RB(config-router)#network 192.168.3.0 0.0.0.255 area 0
RB(config-router)#exit
```

```
SWA(config)#route ospf 1
SWA(config-router)#network 192.168.1.0 0.0.0.255 area 0
SWA(config-router)#network 192.168.2.0 0.0.0.255 area 0
SWA(config-router)#network 192.168.5.0 0.0.0.255 area 0
SWA(config-router)#exit
```

（6）在交换机 SWA 上查看路由表。

配置完 OSPF 路由后，在交换机 SWA 上查看路由表。如图 23-2 所示，交换机 SWA 已经通过 OSPF 学习到全网的路由条目，但是缺少指向外部终端所在的 172.16.1.0/24 网络的路由信息。

```
SWA#show ip route
```

```
Codes:  C - connected, S - static, R - RIP, B - BGP
        O - OSPF, IA - OSPF inter area
        N1 - OSPF NSSA external type 1, N2 - OSPF NSSA external type 2
        E1 - OSPF external type 1, E2 - OSPF external type 2
        i - IS-IS, su - IS-IS summary, L1 - IS-IS level-1, L2 - IS-IS level-2
        ia - IS-IS inter area, * - candidate default

Gateway of last resort is not set
C     192.168.1.0/24 is directly connected, FastEthernet 0/1
C     192.168.1.2/32 is local host.
C     192.168.2.0/24 is directly connected, FastEthernet 0/2
C     192.168.2.1/32 is local host.
O     192.168.3.0/24 [110/2] via 192.168.2.2, 00:00:31, FastEthernet 0/2
O     192.168.4.0/24 [110/2] via 192.168.1.1, 00:00:41, FastEthernet 0/1
C     192.168.5.0/24 is directly connected, FastEthernet 0/3
C     192.168.5.1/32 is local host.
```

图 23-2 交换机 SWA 通过 OSPF 学习到 OSPF 域内路由

（7）在路由器上配置指向外部网络的路由信息。

分别在互联的路由器 RA、RB、RC 上配置静态路由，实现网络互联。

```
RA(config)#ip route 172.16.1.0 255.255.255.0 192.168.4.2
```

```
RB(config)#ip route 172.16.1.0 255.255.255.0 192.168.3.2
```

```
RC(config)#ip route 192.168.5.0 255.255.255.0 192.168.4.1
RC(config)#ip route 192.168.5.0 255.255.255.0 192.168.3.1
```

（8）分别在两台 ASBR 类型的路由器上将静态路由重发布到 OSPF。

```
RA(config)#route ospf 1
RA(config-router)#redistribute static subnets
RA(config-router)#exit
```

```
RB(config)#route ospf 1
RB(config-router)#redistribute static subnets
RB(config-router)#exit
```

（9）查看是否学习到了路由信息。

配置完路由重发布后，在交换机 SWA 上，查看是否学习到了重发布的静态路由和全网的路由信息，如图 23-3 所示。

```
SWA#show ip route

Codes:  C - connected, S - static, R - RIP, B - BGP
        O - OSPF, IA - OSPF inter area
        N1 - OSPF NSSA external type 1, N2 - OSPF NSSA external type 2
        E1 - OSPF external type 1, E2 - OSPF external type 2
        i - IS-IS, su - IS-IS summary, L1 - IS-IS level-1, L2 - IS-IS level-2
        ia - IS-IS inter area, * - candidate default

Gateway of last resort is not set
O E2 172.16.1.0/24 [110/20] via 192.168.1.1, 00:00:01, FastEthernet 0/1
                   [110/20] via 192.168.2.2, 00:00:01, FastEthernet 0/2
C     192.168.1.0/24 is directly connected, FastEthernet 0/1
C     192.168.1.2/32 is local host.
C     192.168.2.0/24 is directly connected, FastEthernet 0/2
C     192.168.2.1/32 is local host.
O     192.168.3.0/24 [110/2] via 192.168.2.2, 00:05:47, FastEthernet 0/2
O     192.168.4.0/24 [110/2] via 192.168.1.1, 00:05:57, FastEthernet 0/1
C     192.168.5.0/24 is directly connected, FastEthernet 0/3
C     192.168.5.1/32 is local host.
```

图 23-3　通过路由重发布学习到全网路由

（10）修改路由重发布类型为 Type1，实现路由选径。

在路由器 RA 上，将静态路由重发布的类型修改为 Type1（默认为 Type2），使到 172.16.1.1 网络中的数据包，优先选择通过路由器 RA 传输，实现选择最佳路径。

```
RA(config)#route ospf 1
RA(config-router)#redistribute static metric-type 1
RA(config-router)#exit
```

配置完成后，在测试计算机上，对目标网络地址 172.16.1.1 进行 ping 测试，并跟踪地址。如图23-4所示，数据已通过路由器RA传输到路由器RC。

```
C:\Windows\System32>ping 172.16.1.1

正在 Ping 172.16.1.1 具有 32 字节的数据:
来自 172.16.1.1 的回复: 字节=32 时间=2ms TTL=62
来自 172.16.1.1 的回复: 字节=32 时间=1ms TTL=62
来自 172.16.1.1 的回复: 字节=32 时间=1ms TTL=62
来自 172.16.1.1 的回复: 字节=32 时间=1ms TTL=62

172.16.1.1 的 Ping 统计信息:
    数据包: 已发送 = 4，已接收 = 4，丢失 = 0 (0% 丢失)，
往返行程的估计时间(以毫秒为单位):
    最短 = 1ms，最长 = 2ms，平均 = 1ms

C:\Windows\System32>tracert 172.16.1.1

通过最多 30 个跃点跟踪到 172.16.1.1 的路由

  1     1 ms     1 ms     1 ms  192.168.5.1
  2     1 ms    <1 毫秒   <1 毫秒 192.168.1.1
  3     1 ms     1 ms     1 ms  172.16.1.1
```

图23-4 测试网络联通并跟踪地址（1）

（11）修改路由重发布类型为Type2，实现路由选径。

在路由器RA上，将静态路由重发布的类型修改为Type2，并将到达路由器RC上的路由度量值改为10(默认为20)，使到172.16.1.1网络中的数据包，强制通过路由器RB转发。

```
RA(config)#route ospf 1
RA(config-router)#no redistribute static metric-type
RA(config-router)#end
```

```
RB(config)#route ospf 1
RB(config-router)#redistribute static metric 10
RB(config-router)#end
```

配置完成后，在测试计算机上，对目标网络地址172.16.1.1进行ping测试，并跟踪地址。如图23-5所示，数据已通过路由器RB传输到路由器RC。

```
C:\Windows\System32>ping 172.16.1.1

正在 Ping 172.16.1.1 具有 32 字节的数据:
来自 172.16.1.1 的回复: 字节=32 时间=2ms TTL=62
来自 172.16.1.1 的回复: 字节=32 时间=1ms TTL=62
来自 172.16.1.1 的回复: 字节=32 时间=1ms TTL=62
来自 172.16.1.1 的回复: 字节=32 时间=1ms TTL=62

172.16.1.1 的 Ping 统计信息:
    数据包: 已发送 = 4，已接收 = 4，丢失 = 0 (0% 丢失)，
往返行程的估计时间(以毫秒为单位):
    最短 = 1ms，最长 = 2ms，平均 = 1ms

C:\Windows\System32>tracert 172.16.1.1

通过最多 30 个跃点跟踪到 172.16.1.1 的路由

  1     1 ms     1 ms     1 ms  192.168.5.1
  2     1 ms    <1 毫秒   <1 毫秒 192.168.2.2
  3     1 ms     1 ms     1 ms  172.16.1.1

跟踪完成。
```

图23-5 测试网络联通并跟踪地址（2）

【注意事项】

在 OSPF 的 ASBR 上注入外部路由时，如果在重发布的时候没有指定外部网络类型，那么外部网络类型默认是 E2，即向 OSPF 中注入的外部类型路由的度量值默认为 20（不考虑内部开销）。当然，也可以配置 OSPF 的外部网络类型在重发布的时候，指定为 E1 类型，即外部的路由在 OSPF 内部传递的时候，度量值会加上内部网络开销。

因此，当外部路由的开销远远高于内部的时候，就采用 E2 类型进行重发布；当外部路由的开销和内部路由的开销差距不是特别大的时候，就采用 E1 类型进行重发布。

任务 24 配置 OSPF 路由重发布中路由过滤，实现最优路由选择

【任务目标】

配置 OSPF 路由重发布中路由过滤，实现最优路由选择。

【背景描述】

某公司办公网部署了多路由协同工作场景，依托 OSPF 和路由重发布技术，实现公司网络联通。该公司希望配置 OSPF 路由重发布中的路由过滤，实现最优路由选择。

【网络拓扑】

图 24-1 所示为某公司网络中多路由协同工作场景，配置 OSPF 路由重发布中路由过滤，选择最佳传输路径。

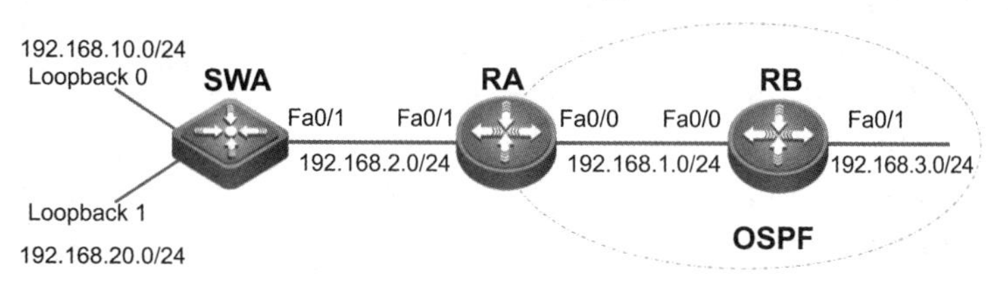

图 24-1 某公司网络中多路由协同工作场景（任务 24）

【设备清单】

模块化路由器（2 台）；三层交换机（1 台）；网线（若干）；V35 线缆（可选）；测试计算机（若干）。

（备注 1：注意设备连接接口；可以根据现场连接情况，相应修改文档中接口名称，配置过程不受影响。）

（备注 2：限于实训环境，本任务也可以使用多台三层交换机和路由器混合组网实现，配置过程做相应改变。）

【实施步骤】

（1）在交换机 SWA 上配置地址信息。

```
Switch#configure terminal
```

```
Switch(config)#hostname SWA
SWA(config)#interfaceFastEthernet 0/1
SWA(config-if)#no switchport
SWA(config-if)#ip address 192.168.2.2 255.255.255.0
SWA(config-if)#exit
SWA(config)#interface Loopback 0
SWA(config-if)#ip address 192.168.10.1 255.255.255.0
SWA(config-if)#exit
SWA(config)#interface Loopback 1
SWA(config-if-)#ip address 192.168.20.1 255.255.255.0
SWA(config-if)#exit
```

（2）在路由器 RA 上配置地址信息。

```
Router#configure terminal
Router(config)#hostname RA
RA(config)#interface FastEthernet 0/0
RA(config-if)#ip address 192.168.1.1 255.255.255.0
RA(config-if)#exit
RA(config)#interface FastEthernet 0/1
RA(config-if)#ip address 192.168.2.1 255.255.255.0
RA(config-if)#exit
```

（3）在路由器 RB 上配置地址信息。

```
Router#configure terminal
Router(config)#hostname RB
RB(config)#interface FastEthernet 0/0
RB(config-if)#ip address 192.168.1.2 255.255.255.0
RB(config-if)#exit
RB(config)#interface FastEthernet 0/1
RB(config-if)#ip address 192.168.3.1 255.255.255.0
RB(config-if)#exit
```

（4）配置全网的 OSPF 路由信息。

```
RA(config)#router ospf 1
RA(config-router)#network 192.168.1.0 0.0.0.255 area 0
RA(config-router)#exit
```

```
RB(config)#route ospf 1
RB(config-router)#network 192.168.1.0 0.0.0.255 area 0
RB(config-router)#network 192.168.3.0 0.0.0.255 area 0
RB(config-router)#exit
```

（5）在路由器 RB 上查看路由表。

配置完 OSPF 路由后，在路由器 RB 上查看路由表。如图 24-2 所示，路由器 RB 已经通过 OSPF 学习到路由信息。

```
RB#show ip route
```

```
Codes:  C - connected, S - static, R - RIP, B - BGP
        O - OSPF, IA - OSPF inter area
        N1 - OSPF NSSA external type 1, N2 - OSPF NSSA external type 2
        E1 - OSPF external type 1, E2 - OSPF external type 2
        i - IS-IS, su - IS-IS summary, L1 - IS-IS level-1, L2 - IS-IS level-2
        ia - IS-IS inter area, * - candidate default

Gateway of last resort is not set
C     192.168.1.0/24 is directly connected, FastEthernet 0/0
C     192.168.1.2/32 is local host.
O     192.168.2.0/24 [110/2] via 192.168.1.1, 00:00:10, FastEthernet 0/0
C     192.168.3.0/24 is directly connected, FastEthernet 0/1
C     192.168.3.1/32 is local host.
```

图 24-2 通过 OSPF 学习到路由信息（任务 24）

（6）在交换机 SWA 和路由器 RA 上，配置静态路由，实现部分区域网络互联。

```
RA(config)#ip route 192.168.10.0 255.255.255.0 192.168.2.2
RA(config)#ip route 192.168.20.0 255.255.255.0 192.168.2.2
SWA(config)#ip route 192.168.3.0 255.255.255.0 192.168.2.1
```

（7）在 ASBR 类型的路由器 RA 上将静态路由重发布到 OSPF。

```
RA(config)#route ospf 1
RA(config-router)#redistribute static subnets
RA(config-router)#exit
```

（8）查看路由表信息。

配置完成后，在路由器 RB 上，查看是否学习到了重发布的静态路由。如图 24-3 所示，路由器 RB 已经学习到重发布的静态路由。

```
RB#show ip route
```

```
Codes:  C - connected, S - static, R - RIP, B - BGP
        O - OSPF, IA - OSPF inter area
        N1 - OSPF NSSA external type 1, N2 - OSPF NSSA external type 2
        E1 - OSPF external type 1, E2 - OSPF external type 2
        i - IS-IS, su - IS-IS summary, L1 - IS-IS level-1, L2 - IS-IS level-2
        ia - IS-IS inter area, * - candidate default

Gateway of last resort is not set
C     192.168.1.0/24 is directly connected, FastEthernet 0/0
C     192.168.1.2/32 is local host.
O     192.168.2.0/24 [110/2] via 192.168.1.1, 00:02:36, FastEthernet 0/0
C     192.168.3.0/24 is directly connected, FastEthernet 0/1
C     192.168.3.1/32 is local host.
O E2 192.168.10.0/24 [110/20] via 192.168.1.1, 00:00:16, FastEthernet 0/0
O E2 192.168.20.0/24 [110/20] via 192.168.1.1, 00:00:16, FastEthernet 0/0
```

图 24-3 重发布的静态路由

（9）通过访问控制列表（Access Control List，ACL）匹配重发布路由，过滤路由条目。

在路由器 RA 上创建访问控制列表，只允许 IP 地址为 192.168.10.0 的网络中的路由条目存在，其余的路由条目在路由重发布中会被边界路由器过滤。

```
RA(config)#ip access-list standard 1    //  配置访问控制列表
RA(config-std-nacl)#10 permit 192.168.10.0 0.0.0.255
RA(config-std-nacl)#20 deny any
RA(config-std-nacl)#exit
```

```
RA(config)#router ospf 1
RA(config-router)#distribute-list 1 out static
        //在静态路由重发布到 OSPF 时，使用 distribute-list 调用访问控制列表过滤路由
RA(config-router)#exit
```

（10）查看过滤完成的路由表信息。

在路由器 RB 上查看路由表信息。区域内部路由器 RB 仅仅学习到了路由条目 192.168.10.0/24，其余的路由条目被 distribute-list 过滤，禁止重发布，如图 24-4 所示。

```
RB#show ip route
```

```
Codes:  C - connected, S - static, R - RIP, B - BGP
        O - OSPF, IA - OSPF inter area
        N1 - OSPF NSSA external type 1, N2 - OSPF NSSA external type 2
        E1 - OSPF external type 1, E2 - OSPF external type 2
        i - IS-IS, su - IS-IS summary, L1 - IS-IS level-1, L2 - IS-IS level-2
        ia - IS-IS inter area, * - candidate default

Gateway of last resort is not set
C    192.168.1.0/24 is directly connected, FastEthernet 0/0
C    192.168.1.2/32 is local host.
O    192.168.2.0/24 [110/2] via 192.168.1.1, 00:06:37, FastEthernet 0/0
C    192.168.3.0/24 is directly connected, FastEthernet 0/1
C    192.168.3.1/32 is local host.
O E2 192.168.10.0/24 [110/20] via 192.168.1.1, 00:04:17, FastEthernet 0/0
```

图 24-4 实施 OSPF 重发布路由过滤，控制路由传播

【注意事项】

分发列表技术是控制路由更新的一个工具，只能过滤路由信息，不能过滤 LSA。因此，分发列表技术一般在距离矢量路由协议中使用，无论是 in 或者是 out 方向，它都能正常过滤路由。但是，在链路状态路由协议中就需要特别引起注意，也就是说，distribute-list 1 out static 这条命令，对所有从外部注入 OSPF 的静态路由都生效，而不是针对 LSA。

任务 25 使用 route-map 控制 RIP 与 OSPF 路由重发布

【任务目标】

掌握在不同路由协议之间进行路由重发布的方法，使用 route-map 控制 RIP 与 OSPF 路由重发布。

【背景描述】

为满足数字化教学需要，某学院的校园网使用 OSPF 实现网络联通。由于招生规模扩大，学院把附近一所中专学校兼并过来。该中专学校的校园网运行 RIPv2 路由，需要通过路由重发布实现两个校区网络联通。但由于中专学校原有的培训中心业务独立，因此不能把培训中心子网 192.168.2.0/24 中的路由信息接入学院网络。

【网络拓扑】

图 25-1 所示为某学院兼并中专学校网络场景，使用路由重发布技术实现网络联通。为了保持培训中心子网独立，在配置重发布规则时需要注意，只有符合规则的路由才被重发布到另一个路由域中。

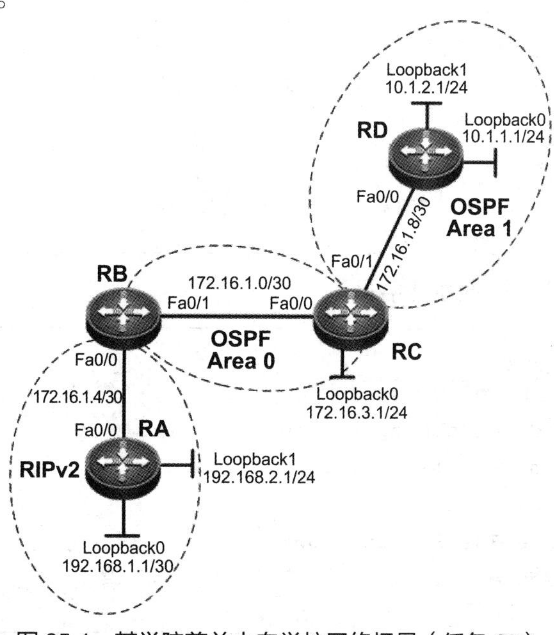

图 25-1 某学院兼并中专学校网络场景（任务 25）

【设备清单】

模块化路由器（4 台）；网线（若干）；V35 线缆（可选）。

（备注 1：注意设备连接接口；可以根据现场连接情况，相应修改文档中接口名称，配置过程不受影响。）

（备注 2：限于实训环境，本任务也可以使用 4 台三层交换机实现，配置过程做相应改变。）

【实施步骤】

（1）在路由器 RA 上配置地址信息。

```
Router#configure terminal
Router(config)#hostname RA
RA(config)#interface FastEthernet 0/0
RA(config-if)#ip address 172.16.1.5 255.255.255.252
RA(config-if)#exit
RA(config)#interface Loopback 0
RA(config-if)#ip address 192.168.1.1 255.255.255.252
RA(config-if)#exit
RA(config)#interface Loopback 1
RA(config-if)#ip address 192.168.2.1 255.255.255.0
RA(config-if)#exit
```

（2）在路由器 RB 上配置地址信息。

```
Router#configure terminal
Router(config)#hostname RB
RB(config)#interface FastEthernet 0/0
RB(config-if)#ip address 172.16.1.6 255.255.255.252
RB(config-if)#exit
RB(config)#interface FastEthernet 0/1
RB(config-if)#ip address 172.16.1.1 255.255.255.252
RB(config-if)#exit
```

（3）在路由器 RC 上配置地址信息。

```
Router#configure terminal
Router(config)#hostname RC
RC(config)#interface FastEthernet 0/0
RC(config-if)#ip address 172.16.1.2 255.255.255.252
RC(config-if)#exit
RC(config)#interface FastEthernet 0/1
RC(config-if)#ip address 172.16.1.9 255.255.255.252
RC(config-if)#exit
```

```
RC(config)#interface Loopback 0
RC(config-if)#ip address 172.16.3.1 255.255.255.0
RC(config-if)#exit
```

（4）在路由器 RD 上配置地址信息。

```
Router#configure terminal
Router(config)#hostname RD
RD(config)#interface FastEthernet 0/0
RD(config-if)#ip address 172.16.1.10 255.255.255.252
RD(config-if)#exit
RD(config)#interface Loopback 0
RD(config-if)#ip address 10.1.1.1 255.255.255.0
RD(config-if)#exit
RD(config)#interface Loopback 1
RD(config-if)#ip address 10.1.2.1 255.255.255.0
RD(config-if)#exit
```

（5）在路由器 RA 上配置 RIP 路由信息。

```
RA(config)#router rip
RA(config-router)#network 192.168.1.0
RA(config-router)#network 192.168.2.0
RA(config-router)#network 172.16.0.0
RA(config-router)#version 2
RA(config-router)#no auto-summary
```

（6）在边界路由器 RB 上配置 OSPF 路由、RIP 路由信息。

```
RB(config)#router ospf 10
RB(config-router)#network 172.16.1.0 0.0.0.3 area 0
RB(config-router)#exit
```

```
RB(config)#router rip
RB(config-router)#version 2
RB(config-router)#network 172.16.0.0
RB(config-router)#no auto-summary
```

（7）在域内路由器 RC、RD 上配置 OSPF 路由信息。

```
RC(config)#router ospf 10
RC(config-router)#network 172.16.1.0 0.0.0.3 area 0
RC(config-router)#network 172.16.1.8 0.0.0.3 area 1
RC(config-router)#network 172.16.3.0 0.0.0.255 area 0
```

```
RD(config)#router ospf 10
```

```
RD(config-router)#network 10.1.1.0 0.0.0.255 area 1
RD(config-router)#network 10.1.2.0 0.0.0.255 area 1
RD(config-router)#network 172.16.1.8 0.0.0.3 area 1
```

（8）在边界路由器 RB 上配置 OSPF 路由、RIP 路由重发布。

```
RB(config)#ip access-list standard deny_rip    // 配置访问控制列表
RB(config-std-nacl)#permit 192.168.2.0 0.0.0.255
                                              // 配置访问控制列表以匹配不被重发布的路由
RB(config-std-nacl)#exit
RB(config)#route-map rip_to_ospf deny 10
RB(config-route-map)#match ip address deny_rip
                                              // 配置拒绝重发布符合访问控制列表的路由
RB(config-route-map)#exit
RB(config)#route-map rip_to_ospf permit 20     //  配置允许重发布其他所有的路由
RB(config-route-map)#exit
RB(config)#router ospf 10
```

```
RB(config-router)#redistribute rip metric 50 subnets route-map rip_to_ospf
                        //  将 RIP 路由重发布到 OSPF 中，并使用 route-map 控制重发布的路由
RB(config-router)#redistribute connected subnets  //  将直连路由重发布到 OSPF 中
```

```
RB(config)#router rip
RB(config-router)#redistribute ospf metric 1   //  将 OSPF 路由重发布到 RIP 中
RB(config-router)#redistribute connected        //  将直连路由重发布到 RIP 中
```

（9）在路由器上查看实施路由重发布后的路由表信息。

```
RA#show ip route   //  验证路由重发布的结果
   Codes:  C-connected,S-static,  R-RIP B-BGP O-OSPF,IA-OSPF inter area
   N1-OSPF NSSA external type 1,N2-OSPF NSSA external type 2
   E1-OSPF external type 1,E2-OSPF external type 2
   i-IS-IS,L1-IS-IS level-1,L2-IS-IS level-2,ia-IS-IS inter area
   * -candidate default

   Gateway of last resort is not set
   R   10.1.1.1/32[120/1]via 172.16.1.6,00:00:13,FastEthernet 0/0
   R   10.1.2.1/32[120/1]via 172.16.1.6,00:00:13,FastEthernet 0/0
   R   172.16.1.0/30[120/1]via 172.16.1.6,00:00:13,FastEthernet 0/0
   C   172.16.1.4/30 is directly connected,FastEthernet 0/0
   C   172.16.1.5/32 is local host.
   R   172.16.1.8/30[120/1]via 172.16.1.6,00:00:13,FastEthernet 0/0
   R   172.16.3.1/32[120/1]via 172.16.1.6,00:00:13,FastEthernet 0/0
   C   192.168.1.0/30 is directly connected,Loopback 0
```

```
    C   192.168.1.1/32 is local host.
    C   192.168.2.0/24 is directly connected,Loopback 1
    C   192.168.2.1/32 is local host.
    R   200.1.1.1/24[120/1]via 172.16.1.6,00:00:13,FastEthernet 0/0
```

从路由器 RA 的路由表可以看到，路由器 RA 学习到了被重发布的 OSPF 路由。

```
RD#show ip route
    Codes:  C-connected,S-static,  R-RIP B-BGP O-OSPF,IA-OSPF inter area
    N1-OSPF NSSA external type 1,N2-OSPF NSSA external type 2
    E1-OSPF external type 1,E2-OSPF external type 2
    i-IS-IS,L1-IS-IS level-1,L2-IS-IS level-2,ia-IS-IS inter area
    * -candidate default

    Gateway of last resort is not set
    C   10.1.1.0/24 is directly connected,Loopback 0
    C   10.1.1.1/32 is local host.
    C   10.1.2.0/24 is directly connected,Loopback 1
    C   10.1.2.1/32 is local host.
    O IA 172.16.1.0/30[110/2]via 172.16.1.9,00:16:04,FastEthernet 0/0
    O E2 172.16.1.4/30[110/20]via 172.16.1.9,00:16:03,FastEthernet 0/0
    C   172.16.1.8/30 is directly connected,FastEthernet 0/0
    C   172.16.1.10/32 is local host.
    O IA 172.16.3.0/24[110/1]via 172.16.1.9,00:16:04,FastEthernet 0/0
    O E2 192.168.1.0/30[110/50]via 172.16.1.9,00:11:47,FastEthernet 0/0
    C   200.1.1.0/24 is directly connected,Loopback 2
    C   200.1.1.1/32 is local host.
```

从路由器 RD 的路由表可以看到，路由器 RD 学习到了被重发布的 RIP 路由，除了子网 192.168.2.0/24。这是因为路由器 RB 在进行重发布时，阻止该路由被重发布到 OSPF 中。

【注意事项】

在配置重发布时，如果不使用 redistribute connected 命令，则直连路由不会被重发布。

在 route-map 的最后隐藏着一个 deny any 的子句，所以本任务中创建了 route-map rip_to_ospf permit 20 规则，否则所有路由都不会被重发布。

将路由重发布到 OSPF 中时，如果不使用 subnets 参数，则只有主类网络会被重发布。

在运行着不同路由协议的网络中，通过在边界路由器上配置路由重发布，能够将从一种路由协议学习到的路由信息发布到运行另一种路由协议的网络中。例如，将通过 RIP 学习到的路由信息发布到运行 OSPF 的网络中。在进行路由重发布时，可以使用 route-map 来控制重发布的操作，只有被 route-map 允许的路由才会被重发布。

任务 26 配置 RIPv2 路由被动接口，控制路由更新

【任务目标】

配置 RIPv2 路由被动接口，使用 RIPv2 路由被动接口控制路由更新。

【背景描述】

某公司部署了两个办公区网络，对应子网分别为 172.16.2.0/24 和 172.16.3.0/24，采用 RIPv2 路由实现全网联通。为了提高出口网络链路冗余，公司使用两台出口路由器连接到因特网服务提供方（Internet Service Provider，ISP）。但网络管理员发现，在两台出口路由器上启用 RIPv2 路由后，RIPv2 路由更新会从 ISP 链路上通告出去，RIPv2 会定期发送路由更新，占用宝贵的广域网（Wide Area Network，WAN）出口链路带宽资源，还将企业内部路由发送到 ISP 外部网络中，造成内部网络信息的泄露风险。

【网络拓扑】

图 26-1 所示为某公司网络中部署两个办公区场景。为了禁止企业网出口路由器向 ISP 网络发布 RIPv2 路由更新，将出口路由器连接 ISP 的接口配置为 RIPv2 路由被动接口。

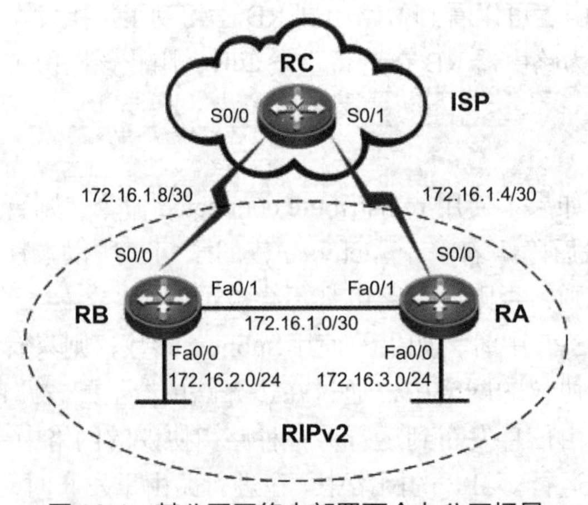

图 26-1 某公司网络中部署两个办公区场景

【设备清单】

模块化路由器（3 台，其中 1 台模拟 ISP 路由器）；网线（若干）；V35 线缆（可选）；

测试计算机（若干）。

（备注 1：注意设备连接接口；可以根据现场连接情况，相应修改文档中接口名称，配置过程不受影响。）

（备注 2：限于实训环境，本任务也可以使用多台三层交换机或路由器实现，配置过程做相应改变。）

【实施步骤】

（1）在路由器 RA 上配置地址信息。

```
Router#configure terminal
Router(config)#hostname RA
RA(config)#interface Serial 0/0
RA(config-if)#ip address 172.16.1.5 255.255.255.252
RA(config-if)#exit
RA(config)#interface FastEthernet 0/1
RA(config-if)#ip address 172.16.1.1 255.255.255.252
RA(config-if)#exit
RA(config)#interface FastEthernet 0/0
RA(config-if)#ip address 172.16.3.1 255.255.255.0
RA(config-if)#exit
```

（2）在路由器 RB 上配置地址信息。

```
Router#configure terminal
Router(config)#hostname RB
RB(config)#interface Serial 0/0
RB(config-if)#ip address 172.16.1.9 255.255.255.252
RB(config-if)#exit
RB(config)#interface FastEthernet 0/1
RB(config-if)#ip address 172.16.1.2 255.255.255.252
RB(config-if)#exit
RB(config)#interface FastEthernet 0/0
RB(config-if)#ip address 172.16.2.1 255.255.255.0
RB(config-if)#exit
```

（3）在路由器 RC 上配置地址信息。

```
Router#configure terminal
Router(config)#hostname RC
RC(config)#interface Serial 0/0
RC(config-if)#ip address 172.16.1.10 255.255.255.252
RC(config-if)#exit
RC(config)#interface Serial 0/1
RC(config-if)#ip address 172.16.1.6 255.255.255.252
RC(config-if)#exit
```

（4）在路由器 RA 上配置 RIPv2 路由信息。

```
RA(config)#router rip
RA(config-router)#version 2
RA(config-router)#network 172.16.0.0
RA(config-router)#no auto-summary
```

（5）在路由器 RB 上配置 RIPv2 路由信息。

```
RB(config)#router rip
RB(config-router)#version 2
RB(config-router)#network 172.16.0.0
RB(config-router)#no auto-summary
```

（6）在路由器 RC 上配置静态路由信息。

```
RC(config)#ip route 172.16.2.0 255.255.255.0 Serial 0/0
RC(config)#ip route 172.16.3.0 255.255.255.0 Serial 0/1
                    // 由于路由器 RC 上不运行 RIP，因此需要配置到达企业网络的静态路由
```

（7）在路由器 RA 和 RB 上进行验证测试。

在路由器 RA 和 RB 上，使用 debug ip rip packet send 命令，查看 RIPv2 更新发送情况。

```
RA#debug ip rip packet send
   Mar  2 04:49:33 RA%7: [RIP]Prepare to send MULTICAST response...Mar  2
04:49:33 RA%7: [RIP]Building update entries on FastEthernet 0/0
   Mar  2 04:49:33 RA%7: [RIP]Send packet to 224.0.0.9 Port 520 on FastEthernet
0/0
   Mar  2 04:49:33 RA%7: [RIP]Prepare to send MULTICAST response...Mar  2
04:49:33 RA%7: [RIP]Building update entries on FastEthernet 0/1
   Mar  2 04:49:33 RA%7: [RIP]Send packet to 224.0.0.9 Port 520 on FastEthernet
0/1
   Mar  2 04:49:33 RA%7: [RIP]Prepare to send MULTICAST response...Mar  2
04:49:33 RA%7: [RIP]Building update entries on Serial 0/1
   Mar  2 04:49:33 RA%7: [RIP]Send packet to 224.0.0.9 Port 520 on Serial 0/0
```

```
RB#debug ip rip packet send
   Mar  2 04:52:28 RB%7: [RIP]Prepare to send MULTICAST response...Mar  2
04:52:28 RB%7: [RIP]Building update entries on FastEthernet 0/0
   Mar  2 04:52:28 RB%7: [RIP]Send packet to 224.0.0.9 Port 520 on FastEthernet
0/0
   Mar  2 04:52:28 RB%7: [RIP]Prepare to send MULTICAST response...Mar  2
04:52:28 RB%7: [RIP]Building update entries on FastEthernet 0/1
```

```
   Mar   2 04:52:28 RB%7: [RIP]Send packet to 224.0.0.9 Port 520 on FastEthernet
0/1
   Mar   2 04:52:28 RB 0%7: [RIP]Prepare to send MULTICAST response...Mar   2
04:52:28 RB%7: [RIP]Building update entries on Serial 0/1
   Mar   2 04:52:28 RB%7: [RIP]Send packet to 224.0.0.9 Port 520 on Serial 0/0
```

从路由器 RA 和 RB 的调试信息可以看到，路由器 RA 和 RB 会从 WAN 链路接口 Serial 0/0 发送 RIPv2 路由更新到 ISP。

（8）在路由器 RA 和 RB 上，配置 RIPv2 路由被动接口，控制路由更新。

```
RA(config)#router rip
RA(config-router)#version 2
RA(config-router)#passive-interface  Serial 0/0
                                        // 将路由器 RA 的 Serial 0/0 接口配置为被动接口
```

```
RB(config)#router rip
RB(config-router)#version 2
RB(config-router)#passive-interface  Serial 0/0
                                        // 将路由器 RB 的 Serial 0/0 接口配置为被动接口
```

（9）在路由器 RA 和 RB 上进行验证测试。

在路由器 RA 和 RB 上，使用 debug ip rip packet send 命令，查看 RIPv2 更新发送情况。

```
RA#debug ip rip packet send
   Mar   2 06:12:17 RA%7: [RIP]Prepare to send MULTICAST response...Mar   2
06:12:17 RA%7: [RIP]Building update entries on FastEthernet 0/0
   Mar   2 06:12:17 RA%7: [RIP]Send packet to 224.0.0.9 Port 520 on FastEthernet
0/0
   Mar   2 06:12:17 RA%7: [RIP]Prepare to send MULTICAST response...Mar   2
06:12:17 RA%7: [RIP]Building update entries on FastEthernet 0/1
   Mar   2 06:12:17 RA%7: [RIP]Send packet to 224.0.0.9 Port 520 on FastEthernet
0/1
```

```
RB#debug ip rip packet send
   Mar   2 07:02:07 RB%7: [RIP]Prepare to send MULTICAST response...Mar   2
07:02:07 RB%7: [RIP]Building update entries on FastEthernet 0/0
   Mar   2 07:02:07 RB%7: [RIP]Send packet to 224.0.0.9 Port 520 on FastEthernet
0/0
   Mar   2 07:02:07 RB%7: [RIP]Prepare to send MULTICAST response...Mar   2
07:02:07 RB%7: [RIP]Building update entries on FastEthernet 0/1
   Mar   2 07:02:07 RB%7: [RIP]Send packet to 224.0.0.9 Port 520 on FastEthernet
0/1
```

从调试信息可以看到，将路由器 RA 和 RB 的 Serial 0/0 接口配置为 RIPv2 路由被动接口后，路由器 RA 和 RB 不再从 Serial 0/0 接口向外发送 RIPv2 路由更新。

【注意事项】

RIPv2 路由被动接口不会发送路由更新，但是该接口的子网信息仍然会从其他接口通告出去。当接口被配置为 RIPv2 路由被动接口后，此接口将不会向外发送 RIPv2 路由更新，但是会接收 RIPv2 路由更新。

任务27 配置 OSPF 路由被动接口，控制路由更新

【任务目标】

配置 OSPF 路由被动接口，使用 OSPF 路由被动接口控制路由更新。

【背景描述】

某公司网络部署了多子网工作场景，通过使用 OSPF 路由实现全网联通。网络管理员可以在全网三层设备的所有接口上都启用 OSPF，但是对于路由器连接的服务器子网接口，如果启用 OSPF，将导致所有服务器都会收到路由器发送的 Hello 报文和 LSA。但服务器不需要接收这些 OSPF 报文，因此需要禁止连接服务器的子网接口发送 OSPF 报文。

【网络拓扑】

图 27-1 所示为某公司网络中部署多子网场景。为了禁止 OSPF 路由器接口向服务器子网发送 OSPF 报文，需要将连接服务器的子网接口配置为 OSPF 路由被动接口，以控制路由更新。

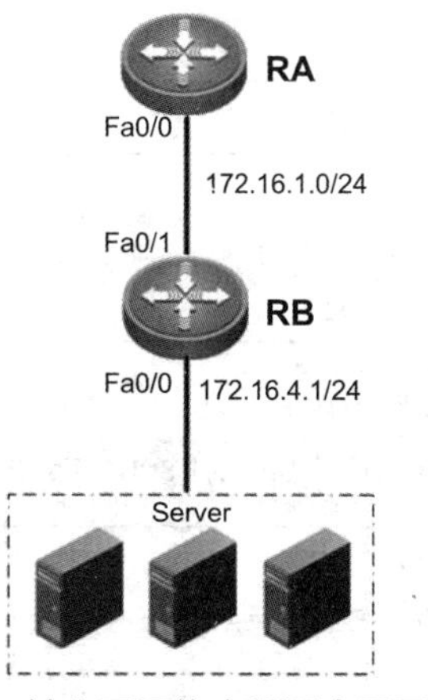

图 27-1 某公司网络中部署多子网场景

【设备清单】

模块化路由器（2 台）；网线（若干）；V35 线缆（可选）；测试计算机（若干）。

（备注 1：注意设备连接接口；可以根据现场连接情况，相应修改文档中接口名称，配

置过程不受影响。）

（备注 2：限于实训环境，本任务也可以使用 2 台三层交换机组网实现，配置过程做相应改变。）

（备注 3：限于实训环境，服务器一般使用测试计算机搭建和替代。）

【实施步骤】

（1）在路由器 RA 上配置地址信息。

```
Router#configure terminal
Router(config)#hostname RA
RA(config)#interface FastEthernet 0/0
RA(config-if)#ip address 172.16.1.1 255.255.255.0
RA(config-if)#exit
```

（2）在路由器 RB 上配置地址信息。

```
Router#configure terminal
Router(config)#hostname RB
RB(config)#interface FastEthernet 0/0
RB(config-if)#ip address 172.16.4.1 255.255.255.0
RB(config-if)#exit
RB(config)#interface FastEthernet 0/1
RB(config-if)#ip address 172.16.1.2 255.255.255.0
RB(config-if)#exit
```

（3）在路由器 RA 和路由器 RB 上配置 OSPF 路由信息。

```
RA(config)#router ospf 10
RA(config-router)#network 172.16.1.0 0.0.0.255 area 0
```

```
RB(config)#router ospf 10
RB(config-router)#network 172.16.1.0 0.0.0.255 area 0
RB(config-router)#network 172.16.4.0 0.0.0.255 area 0
```

（4）在路由器 RB 上进行验证测试。

在路由器 RB 上使用 debug ip ospf packet send 命令，查看 OSPF 报文的发送情况。

```
RC#debug ip ospf packet send
    Sep 7  01:56:21  RB  %7:SEND[Hello]:  To  224.0.0.5  via  FastEthernet
    0/1:172.16.1.2,length 48
    Sep 7  01:56:26  RB  %7:SEND[Hello]:  To  224.0.0.5  via  FastEthernet
    0/0:172.16.4.1,length 44
    Sep 7  01:56:31  RB  %7:SEND[Hello]:  To  224.0.0.5 via  FastEthernet
0/1:172.16.1.2,length 48
    Sep 7  01:56:36  RB  %7:SEND[Hello]:  To  224.0.0.5 via  FastEthernet
0/0:172.16.4.1,length 44
```

从调试信息可以看到，路由器 RB 会从接口 FastEthernet 0/0 和 FastEthernet 0/1 上发送 Hello 报文。

（5）在路由器 RB 上配置被动接口。

```
RB(config)#router ospf 10
RB(config-router)#passive-interface  FastEthernet 0/0
                                // 将路由器 RB 的 FastEthernet 0/0 接口配置为被动接口
```

（6）在路由器 RB 上进行验证测试。

在路由器 RB 上使用 debug ip ospf packet send 命令，查看 OSPF 报文的发送情况。

```
RB#debug ip ospf packet send
   Sep  7  01:58:16   RB%7:SEND[LS-Upd]:1 LSAs to destination 224.0.0.5
   Sep  7  01:58:16   RB%7:SEND[LS-Upd]: To  224.0.0.5  via FastEthernet
0/1:172.16.1.2,length 76
   Sep  7  01:58:21   RB%7:SEND[Hello]:  To  224.0.0.5  via FastEthernet
0/1:172.16.1.2,length 48
   Sep  7  01:58:31   RB%7:SEND[Hello]:  To  224.0.0.5  via FastEthernet
0/1:172.16.1.2, length 48
   Sep  7  01:58:40   RB%7:SEND[Hello]:  To  224.0.0.5  via FastEthernet
0/1:172.16.1.2,length 48
   Sep  7  01:58:50   RB%7:SEND[Hello]:  To  224.0.0.5  via FastEthernet
0/1:172.16.1.2, length 48
```

从调试信息可以看到，将路由器 RB 的 FastEthernet 0/0 接口配置为被动接口后，路由器 RB 只从 FastEthernet 0/1 接口发送链路状态更新报文和 Hello 报文。

【注意事项】

由于 OSPF 路由被动接口禁止发送 Hello 报文，因此被动接口无法与其他路由器建立邻居关系。OSPF 路由被动接口不会发送 OSPF 报文，但是该接口的子网信息仍然会从其他接口通过 LSA 通告出去。将接口配置为 OSPF 路由被动接口后，该接口将不会发送 OSPF 报文，包括 Hello 报文和 LSA。

任务 28 配置分发列表，控制路由更新

【任务目标】

配置分发列表，控制路由更新。

【背景描述】

两家企业因业务需要成为合作伙伴，因此需要实现两家企业的网络通信。其中，企业 1 网络采用 OSPF，企业 2 网络采用 RIP。在企业 1 中，子网 192.168.2.0/24 为财务部子网，不能发布给企业 2 网络。对此，可以在进行路由重发布的路由器上配置分发列表，禁止将子网 192.168.2.0/24 的路由信息通告到 RIP 路由域中。

【网络拓扑】

图 28-1 所示为两家企业网络场景，配置分发列表，控制路由更新。

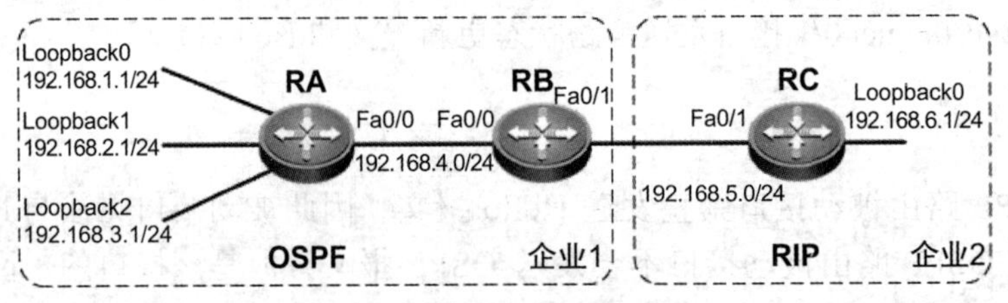

图 28-1　两家企业网络场景

【设备清单】

模块化路由器（3 台）；网线（若干）；V35 线缆（可选）；测试计算机（若干）。

（备注 1：注意设备连接接口；可以根据现场连接情况，相应修改文档中接口名称，配置过程不受影响。）

（备注 2：限于实训环境，本任务也可以使用 3 台三层交换机组网实现，配置过程做相应改变。）

【实施步骤】

（1）在路由器 RA 上配置地址信息。

```
Router#configure terminal
```

```
Router(config)#hostname RA
RA(config)#interface FastEthernet 0/0
RA(config-if)#ip address 192.168.4.1 255.255.255.0
RA(config-if)#exit
RA(config)#interface Loopback 0
RA(config-if)#ip address 192.168.1.1 255.255.255.0
RA(config-if)#exit
RA(config)#interface Loopback 1
RA(config-if)#ip address 192.168.2.1 255.255.255.0
RA(config-if)#exit
RA(config)#interface Loopback 2
RA(config-if)#ip address 192.168.3.1 255.255.255.0
RA(config-if)#exit
```

（2）在路由器 RB 上配置地址信息。

```
Router#configure terminal
Router(config)#hostname RB
RB(config)#interface FastEthernet 0/0
RB(config-if)#ip address 192.168.4.2 255.255.255.0
RB(config-if)#exit
RB(config)#interface FastEthernet 0/1
RB(config-if)#ip address 192.168.5.1 255.255.255.0
RB(config-if)#exit
```

（3）在路由器 RC 上配置地址信息。

```
Router#configure terminal
Router(config)#hostname RC
RC(config)#interface FastEthernet 0/1
RC(config-if)#ip address 192.168.5.2 255.255.255.0
RC(config-if)#exit
RC(config)#interface Loopback 0
RC(config-if)#ip address 192.168.6.1 255.255.255.0
RC(config-if)#exit
```

（4）在路由器 RA 上配置 OSPF 路由信息。

```
RA(config)#router ospf 10
RA(config-router)#network 192.168.4.0 0.0.0.255 area 0
RA(config-router)#network 192.168.1.0 0.0.0.255 area 0
RA(config-router)#network 192.168.2.0 0.0.0.255 area 0
RA(config-router)#network 192.168.3.0 0.0.0.255 area 0
```

（5）在路由器 RB 上配置 OSPF 和 RIP 路由信息。

```
RB(config)#router ospf 10
```

```
RB(config-router)#network 192.168.4.0 0.0.0.255 area 0
RB(config-router)#exit
```

```
RB(config)#router rip
RB(config-router)#version 2
RB(config-router)#network 192.168.5.0
RB(config-router)#no auto-summary
```

（6）在路由器 RC 上配置 RIP 路由信息。

```
RC(config)#router rip
RC(config-router)#version 2
RC(config-router)#network 192.168.5.0
RC(config-router)#network 192.168.6.0
RC(config-router)#no auto-summary
```

（7）在路由器 RB 上配置路由重发布。

```
RB(config)#router ospf 10
RB(config-router)#redistribute connected subnets  //  将直连路由重发布到OSPF中
RB(config-router)#redistribute rip metric 50 subnets
                                                  //  将RIPv2路由重发布到OSPF中
```

```
RB(config-router)#router rip
RB(config-router)#version 2
RB(config-router)#redistribute connected     // 将直连路由重发布到RIPv2中
RB(config-router)#redistribute ospf metric    //将OSPF路由重发布到RIPv2中
```

（8）在路由器 RC 上进行验证测试。

```
RC#show ip route  //  查看路由表信息
    Codes:   C-connected,S-static,   R-RIP B-BGP O-OSPF,IA-OSPF inter area
    N1-OSPF NSSA external type 1,N2-OSPF NSSA external type 2
    E1-OSPF external type 1,E2-OSPF external type 2
    i-IS-IS,L1-IS-IS level-1,L2-IS-IS level-2,ia-IS-IS inter area
    * -candidate default

    Gateway of last resort is not set
    R   192.168.1.1/32[120/1]via 192.168.5.1,00:00:05,FastEthernet 0/1
    R   192.168.2.1/32[120/1]via 192.168.5.1,00:00:05,FastEthernet 0/1
    R   192.168.3.1/32[120/1]via 192.168.5.1,00:00:05,FastEthernet 0/1
    R   192.168.4.0/24[120/1]via 192.168.5.1,00:00:05,FastEthernet 0/1
    C   192.168.5.0/24 is directly connected,FastEthernet 0/1
    C   192.168.5.2/32 is local host.
    C   192.168.6.0/24 is directly connected,Loopback 0
```

```
    C   192.168.6.1/32 is local host.
```

从路由器 RC 的路由表可以看到，路由器 RC 通过路由重发布学习到了企业 1 网络中的所有路由信息。

（9）在路由器 RB 上配置访问控制列表和分发列表。

```
RB(config)#access-list 12 deny 192.168.2.0 0.0.0.255
RB(config)#access-list 12 permit any      // 配置访问控制列表，对路由进行匹配
```

```
RB(config)#router rip
RB(config-router)#version 2
RB(config-router)#distribute-list  12 out FastEthernet 0/1
                        //  配置分发列表，不允许发布 192.168.2.0/24 的路由信息到其他 RIP
```

（10）在路由器 RC 上进行验证测试。

```
RC#show ip route   //  查看路由表信息
    Codes:  C-connected,S-static,  R-RIP B-BGP O-OSPF,IA-OSPF inter area
    N1-OSPF NSSA external type 1,N2-OSPF NSSA external type 2
    E1-OSPF external type 1,E2-OSPF external type 2
    i-IS-IS,L1-IS-IS level-1,L2-IS-IS level-2,ia-IS-IS inter area
    * -candidate default

    Gateway of last resort is not set
    R   192.168.1.1/32[120/1]via 192.168.5.1,00:00:12,FastEthernet 0/1
    R   192.168.3.1/32[120/1]via 192.168.5.1,00:00:12,FastEthernet 0/1
    R   192.168.4.0/24[120/1]via 192.168.5.1,00:00:12,FastEthernet 0/1
    C   192.168.5.0/24 is directly connected,FastEthernet 0/1
    C   192.168.5.2/32 is local host.
    C   192.168.6.0/24 is directly connected,Loopback 0
    C   192.168.6.1/32 is local host.
```

从输出结果可以看到，在配置了分发列表后，路由器 RC 无法学到企业 1 财务部子网的路由信息。

【注意事项】

在配置完分发列表后，需要在路由器上使用命令 clear ip route* 清除路由信息并等待一段时间后，才可以查看到分发列表的配置效果。

对于链路状态路由协议（如 OSPF），当配置了 in 方向的分发列表后，相应的路由信息不会被加入路由表，但是 LSA 会被通告出去，其他路由器仍可以学习到该路由，因为这些协议通告的是链路状态信息，而不是路由条目。

对于链路状态路由协议（如 OSPF），out 方向的分发列表只有在进行路由重发布时才有意义。当将路由重发布到链路状态路由协议中时，out 方向的分发列表的作用是阻止特定

协议的路由信息被重发布到链路状态路由协议中。

配置完分发列表后，路由器会按照分发列表的规则通告和接收路由信息，只有分发列表允许的路由信息才会被通告和接收。

任务29 配置路由的 AD 值，避免次优路径选择

【任务目标】

通过配置路由的 AD 值影响路由选择，避免次优路径选择。

【背景描述】

某公司部署了多办公区工作场景，公司网络同时运行 RIPv2 和 OSPF 路由协议。为了让两个路由域共享路由信息，网络管理员在路由器 RB 上进行了 RIPv2 和 OSPF 双向重发布，路由器 RC 作为内部网络出口，向 RIPv2 路由和 OSPF 路由中都生成并通告了一条默认路由。在路由器 RB 完成双向重发布后，会产生一个路由选择问题，即路由器 RC 同时通过 RIPv2 和 OSPF 路由协议，获得了到达 RIPv2 路由域的路由，下一跳分别为路由器 RA 和路由器 RD。由于 OSPF 的 AD 值小于 RIPv2 的 AD 值，所以路由器 RC 将优选 OSPF 路由作为下一跳，即通过路由器 RD 到达部署 RIPv2 的网络，选择了次优路径。

【网络拓扑】

图 29-1 所示为某公司多办公区场景。由于 OSPF 的 AD 值小于 RIPv2 的 AD 值，因此路由器 RC 会选择通过路由器 RD 的路径。要避免选择次优路径，可以在路由器 RC 上调整 OSPF 外部路由的 AD 值，使其大于 RIPv2 的 AD 值，这样路由器 RC 将选择通过路由器 RA 到达 RIPv2 网络。

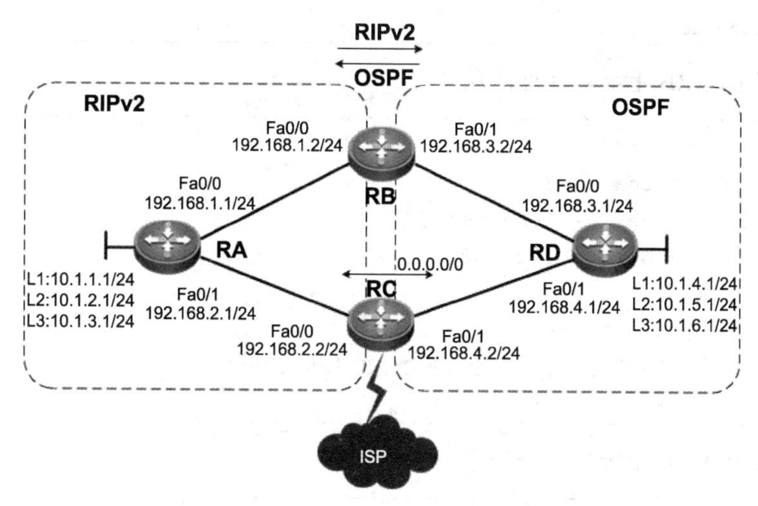

图 29-1　某公司多办公区场景

【设备清单】

模块化路由器（4 台）；网线（若干）；V35 线缆（可选）；测试计算机（若干）。

（备注 1：注意设备连接接口；可以根据现场连接情况，相应修改文档中接口名称，配置过程不受影响。）

（备注 2：限于实训环境，本任务也可以使用多台三层交换机组网实现，配置过程做相应改变。）

【实施步骤】

（1）在路由器 RA 上配置地址信息。

```
Router#configure terminal
Router(config)#hostname RA
RA(config)#interface FastEthernet 0/0
RA(config-if)#ip address 192.168.1.1 255.255.255.0
RA(config-if)#exit
RA(config)#interface FastEthernet 0/1
RA(config-if)#ip address 192.168.2.1 255.255.255.0
RA(config-if)#exit
```

```
RA(config)#interface Loopback 1
RA(config-if)#ip address 10.1.1.1 255.255.255.0
RA(config-if)#exit
RA(config)interface Loopback 2
RA(config-if)#ip address 10.1.2.1 255.255.255.0
RA(config-if)#exit
RA(config)#interface Loopback 3
RA(config-if)#ip address 10.1.3.1 255.255.255.0
RA(config-if)#exit
```

（2）在路由器 RB 上配置地址信息。

```
Router#configure terminal
Router(config)#hostname RB
RB(config)#interface FastEthernet 0/0
RB(config-if)#ip address 192.168.1.2 255.255.255.0
RB(config-if)#exit
RB(config)#interface FastEthernet 0/1
RB(config-if)#ip address 192.168.3.2 255.255.255.0
RB(config-if)#exit
```

（3）在路由器 RC 上配置地址信息。

```
Router#configure terminal
```

```
Router(config)#hostname RC
RC(config)#interface FastEthernet 0/0
RC(config-if)#ip address 192.168.2.2 255.255.255.0
RC(config-if)#exit
RC(config)#interface FastEthernet 0/1
RC(config-if)#ip address 192.168.4.2 255.255.255.0
RC(config-if)#exit
```

（4）在路由器 RD 上配置地址信息。

```
Router#configure terminal
Router(config)#hostname RD
RD(config)#interface FastEthernet 0/0
RD(config-if)#ip address 192.168.3.1 255.255.255.0
RD(config-if)#exit
RD(config)#interface FastEthernet 0/1
RD(config-if)#ip address 192.168.4.1 255.255.255.0
RD(config-if)#exit
```

```
RD(config)interface Loopback 1
RD(config-if)#ip address 10.1.4.1 255.255.255.0
RD(config-if)#exit
RD(config)interface Loopback 2
RD(config-if)#ip address 10.1.5.1 255.255.255.0
RD(config-if)#exit
RD(config)#interface Loopback 3
RD(config-if)#ip address 10.1.6.1 255.255.255.0
RD(config-if)#exit
```

（5）在路由器 RA 上配置 RIPv2 路由信息。

```
RA(config)#router rip
RA(config-router)#version 2
RA(config-router)#network 10.0.0.0
RA(config-router)#network 192.168.1.0
RA(config-router)#network 192.168.2.0
RA(config-router)#no auto-summary
RA(config-router)#exit
```

（6）在路由器 RB 上配置 RIPv2 和 OSPF 路由信息。

```
RB(config)#router rip
RB(config-router)#version 2
RB(config-router)#network 192.168.1.0
RB(config-router)#no auto-summary
RB(config-router)#exit
```

```
RB(config)#router ospf 1
RB(config-router)#network 192.168.3.0 0.0.0.255 area 0
```

（7）在路由器 RC 上配置 RIPv2 和 OSPF 路由信息。

```
RC(config)#router rip
RC(config-router)#version 2
RC(config-router)#network 192.168.2.0
RC(config-router)#default-information  originate
                                          //向 RIPv2 网络中通告一条默认路由
RC(config-router)#no auto-summary
RC(config-router)#exit
```

```
RC(config)#router ospf 1
RC(config-router)#network 192.168.4.0 0.0.0.255 area 0
RC(config-router)#default-information originate always
//向 OSPF 网络中通告一条默认路由。always 参数表示任何时候都生成一条默认路由通告到 OSPF 中，
即使本地不存在默认路由
RC(config-router)#exit
```

（8）在路由器 RD 上配置 OSPF 路由信息。

```
RD(config)#router ospf 1
RD(config-router)#network 10.1.4.0 0.0.0.255 area 0
RD(config-router)#network 10.1.5.0 0.0.0.255 area 0
RD(config-router)#network 10.1.6.0 0.0.0.255 area 0
RD(config-router)#network 192.168.3.0 0.0.0.255 area 0
RD(config-router)#network 192.168.4.0 0.0.0.255 area 0
RD(config-router)#exit
```

（9）在路由器 RB 上配置路由重发布。

```
RB(config)#router ospf 1
RB(config-router)#redistribute  connected metric-type 1 subnets
                                          // 将直连路由重发布到 OSPF 中
RB(config-router)#redistribute rip metric 30 metric-type 1 subnets
                                          // 将 RIPv2 路由重发布到 OSPF 中
RB(config-router)#exit
```

```
RB(config)#router rip
RB(config-router)#version 2
RB(config-router)#redistribute connected         // 将直连路由重发布到 RIPv2 中
RB(config-router)#redistribute ospf metric 2     // 将 OSPF 路由重发布到 RIPv2 中
RB(config-router)#exit
```

（10）在路由器RA、RD和RC上查看路由表信息。

```
RA#show ip route
   Codes:  C-connected,S-static,  R-RIP B-BGP O-OSPF,IA-OSPF inter area
   N1-OSPF NSSA external type 1,N2-OSPF NSSA external type 2
   E1-OSPF external type 1,E2-OSPF external type 2
   i-IS-IS,L1-IS-IS level-1,L2-IS-IS level-2,ia-IS-IS inter area
   * -candidate default

   Gateway of last resort is 192.168.2.2 to network 0.0.0.0
   R*  0.0.0.0/0[120/1]via 192.168.2.2,00:00:11,FastEthernet 0/1
   C   10.1.1.0/24 is directly connected,Loopback 1
   C   10.1.1.1/32 is local host.
   C   10.1.2.0/24 is directly connected,Loopback 2
   C   10.1.2.1/32 is local host.
   C   10.1.3.0/24 is directly connected,Loopback 3
   C   10.1.3.1/32 is local host.
   R   10.1.4.1/32[120/2]via 192.168.1.2,00:00:11,FastEthernet 0/0
   R   10.1.5.1/32[120/2]via 192.168.1.2,00:00:11,FastEthernet 0/0
   R   10.1.6.1/32[120/2]via 192.168.1.2,00:00:11,FastEthernet 0/0
   C   192.168.1.0/24 is directly connected,FastEthernet 0/0
   C   192.168.1.1/32 is local host.
   C   192.168.2.0/24 is directly connected,FastEthernet 0/1
   C   192.168.2.1/32 is local host.
   R   192.168.3.0/24[120/1]via 192.168.1.2,00:00:11,FastEthernet 0/0
   R   192.168.4.0/24[120/2]via 192.168.1.2,00:00:11,FastEthernet 0/0
```

```
RD#show ip route
   Codes:  C-connected,S-static,  R-RIP B-BGP O-OSPF,IA-OSPF inter area
   N1-OSPF NSSA external type 1,N2-OSPF NSSA external type 2
   E1-OSPF external type 1,E2-OSPF external type 2
   i-IS-IS,L1-IS-IS level-1,L2-IS-IS level-2,ia-IS-IS inter area
   * -candidate default

   Gateway of last resort is 192.168.4.2 to network 0.0.0.0
   O*E2 0.0.0.0/0[110/1]via 192.168.4.2,00:05:40,FastEthernet 0/1
   O E1 10.1.1.0/24[110/31]via 192.168.3.2,00:05:40,FastEthernet 0/0
   O E1 10.1.2.0/24[110/31]via 192.168.3.2,00:05:40,FastEthernet 0/0
   O E1 10.1.3.0/24[110/31]via 192.168.3.2,00:05:40,FastEthernet 0/0
   C   10.1.4.0/24 is directly connected,Loopback 1
   C   10.1.4.1/32 is local host.
   C   10.1.5.0/24 is directly connected,Loopback 2
   C   10.1.5.1/32 is local host.
```

```
C   10.1.6.0/24 is directly connected,Loopback 3
C   10.1.6.1/32 is local host.
O E1 192.168.1.0/24[110/21]via 192.168.3.2,00:05:40,FastEthernet 0/0
O E1 192.168.2.0/24[110/31]via 192.168.3.2,00:05:40,FastEthernet 0/0
C   192.168.3.0/24 is directly connected,FastEthernet 0/0
C   192.168.3.1/32 is local host.
C   192.168.4.0/24 is directly connected,FastEthernet 0/1
C   192.168.4.1/32 is local host.
```

从路由器 RA 和 RD 的路由表可以看到，路由器 RA 和路由器 RD 都学习到了重发布的路由信息。

```
RC#show ip route
  Codes:  C-connected,S-static,  R-RIP B-BGP O-OSPF,IA-OSPF inter area
  N1-OSPF NSSA external type 1,N2-OSPF NSSA external type 2
  E1-OSPF external type 1,E2-OSPF external type 2
  i-IS-IS,L1-IS-IS level-1,L2-IS-IS level-2,ia-IS-IS inter area
  * -candidate default

  Gateway of last resort is not set
  O E1 10.1.1.0/24[110/32]via 192.168.4.1,00:06:46,FastEthernet 0/1
  O E1 10.1.2.0/24[110/32]via 192.168.4.1,00:06:46,FastEthernet 0/1
  O E1 10.1.3.0/24[110/32]via 192.168.4.1,00:06:46,FastEthernet 0/1
  O   10.1.4.1/32[110/1]via 192.168.4.1,00:06:57,FastEthernet 0/1
  O   10.1.5.1/32[110/1]via 192.168.4.1,00:06:57,FastEthernet 0/1
  O   10.1.6.1/32[110/1]via 192.168.4.1,00:06:57,FastEthernet 0/1
  O E1 192.168.1.0/24[110/22]via 192.168.4.1,00:06:46,FastEthernet 0/1
  C   192.168.2.0/24 is directly connected,FastEthernet 0/0
  C   192.168.2.2/32 is local host.
  O   192.168.3.0/24[110/2]via 192.168.4.1,00:06:57,FastEthernet 0/1
  C   192.168.4.0/24 is directly connected,FastEthernet 0/1
  C   192.168.4.2/32 is local host.
```

现在问题出现了，通过路由器 RC 的路由表可以看到，要到达 RIPv2 网络中的子网，路由器 RC 使用的都是 OSPF 的外部路由（E1），下一跳是路由器 RD。但事实上，路由器 RC 到达这些网络的最佳路径是通过路由器 RA，即使用 RIPv2 路由。为了更正这个选路问题，需要在路由器 RC 上调整 OSPF 外部路由的 AD 值。

（11）在路由器 RC 上修改 AD 值。

由于路由器 RC 通过 OSPF 外部路由到达 RIPv2 网络，因此需要调整 OSPF 外部路由的 AD 值，使其 AD 值大于 RIPv2 的 AD 值 120。

```
RC(config)#router ospf 1
RC(config-router)#distance ospf  ?
  external   External type 5 and type 7 routes  // 调整 OSPF 外部路由的 AD 值
```

```
  inter-area  Inter-area routes                  // 调整OSPF区域间路由的AD值
  intra-area  Intra-area routes                  // 调整OSPF区域内路由的AD值
```

```
RC(config-router)#distance ospf external 140
                     //  将OSPF外部路由的AD值调整为140，使其大于RIPv2的AD值120
RC(config-router)#end
```

（12）在路由器RC上进行验证测试。

```
RC#show ip route    //  查看路由器RC的路由表信息
   Codes:  C-connected,S-static,  R-RIP B-BGP O-OSPF,IA-OSPF inter area
   N1-OSPF NSSA external type 1,N2-OSPF NSSA external type 2
   E1-OSPF external type 1,E2-OSPF external type 2
   i-IS-IS,L1-IS-IS level-1,L2-IS-IS level-2,ia-IS-IS inter area
   * -candidate default

   Gateway of last resort is not set
   R   10.1.1.0/24[120/1]via 192.168.2.1,00:00:08,FastEthernet 0/0
   R   10.1.2.0/24[120/1]via 192.168.2.1,00:00:08,FastEthernet 0/0
   R   10.1.3.0/24[120/1]via 192.168.2.1,00:00:08,FastEthernet 0/0
   O   10.1.4.1/32[110/1]via 192.168.4.1,00:12:24,FastEthernet 0/1
   O   10.1.5.1/32[110/1]via 192.168.4.1,00:12:24,FastEthernet 0/1
   O   10.1.6.1/32[110/1]via 192.168.4.1,00:12:24,FastEthernet 0/1
   R   192.168.1.0/24[120/1]via 192.168.2.1,00:00:08,FastEthernet 0/0
   C   192.168.2.0/24 is directly connected,FastEthernet 0/0
   C   192.168.2.2/32 is local host.
   O   192.168.3.0/24[110/2]via 192.168.4.1,00:12:24,FastEthernet 0/1
   C   192.168.4.0/24 is directly connected,FastEthernet 0/1
   C   192.168.4.2/32 is local host.
```

调整OSPF外部路由的AD值后，通过路由器RC的路由表可以看出，路由器RC优先选择了通过路由器RA，即使用RIPv2路由到达RIPv2网络。

【注意事项】

将路由重发布到外部路由，当到达OSPF部署的网络中时，如果在配置过程中不使用subnets参数，那么路由表中只有主类网络会被重发布。默认情况下，OSPF区域内路由、区域间路由和外部路由的AD值都为110。

每个路由协议都有一个AD值，用来表示其优先级。当路由器通过不同的路由协议获得到达相同目的地的路由时，路由器将通过比较路由协议的AD值来选择最优路由，AD值越小的路由协议具有越高的优先级。因此，可通过调整路由协议的AD值来影响路由选择结果。

任务 30 使用 passive-interface 防止指定路由更新

【任务目标】

通过在指定的接口上配置 passive-interface 命令，防止指定的路由器进行路由更新。

【背景描述】

某公司因业务拓展收购了另一家公司，但新收购公司的网络尚未完成交割。因此，总公司决定仅允许新收购公司的网络发送路由更新，总公司网络中的路由信息不发送给新收购公司。

【网络拓扑】

图 30-1 所示为某公司收购另一家公司的网络场景。其中，路由器 RC 代表总公司接入路由器，路由器 RA 代表新收购公司接入路由器，路由器 RB 代表原有子公司接入路由器。

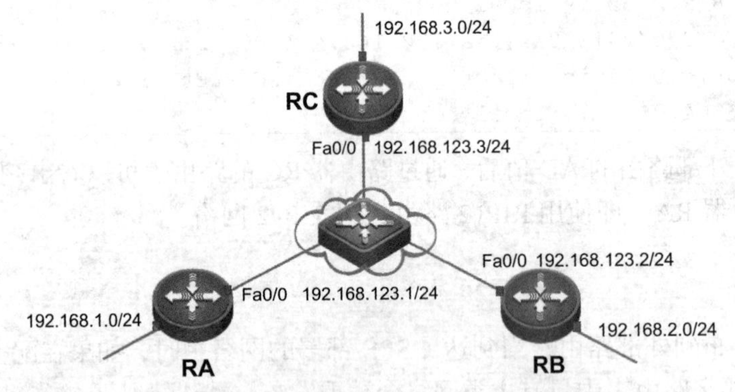

图 30-1 某公司收购另一家公司的网络场景

【设备清单】

模块化路由器（3 台）；交换机（1 台）；网线（若干）；V35 线缆（可选）；测试计算机（若干）。

（备注 1：注意设备连接接口；可以根据现场连接情况，相应修改文档中接口名称，配置过程不受影响。）

（备注 2：限于实训环境，本任务也可以使用多台三层交换机组网实现，配置过程做相应改变。）

【实施步骤】

（1）在路由器 RA 上配置地址信息。

```
Router#configure terminal
Router(config)#hostname RA
RA(config)#interface FastEthernet 0/0
RA(config-if)#ip address 192.168.123.1 255.255.255.0
RA(config-if)#no shutdown
RA(config-if)#interface Loopback 0
RA(config-if)#ip address 192.168.1.1 255.255.255.0
RA(config-if)#end
```

（2）在路由器 RB 上配置地址信息。

```
Router#configure terminal
Router(config)#hostname RB
RB(config)#interface FastEthernet 0/0
RB(config-if)#ip address 192.168.123.2 255.255.255.0
RB(config-if)#no shutdown
RB(config-if)#interface Loopback 0
RB(config-if)#ip address 192.168.2.1 255.255.255.0
RB(config-if)#end
```

（3）在路由器 RC 上配置地址信息。

```
Router#configure terminal
Router(config)#hostname RC
RC(config)#interface FastEthernet 0/0
RC(config-if)#ip address 192.168.123.3 255.255.255.0
RC(config-if)#no shutdown
RC(config-if)#interface Loopback 0
RC(config-if)#ip address 192.168.3.1 255.255.255.0
RC(config-if)#end
```

（4）在路由器 RA、RB、RC 上配置路由协议，并对指定路由器进行控制。

```
RA(config)#router rip
RA(config-router)#version 2
RA(config-router)#network 192.168.123.0
RA(config-router)#network 192.168.1.0
RA(config-router)#end
```

```
RB(config)#router rip
RB(config-router)#version 2
RB(config-router)#network 192.168.123.0
```

```
RB(config-router)#network 192.168.2.0
RB(config-router)#end
```

```
RC(config)#router rip
RC(config-router)#version 2
RC(config-router)#network 192.168.123.0
RC(config-router)#network 192.168.3.0
RC(config-router)#passive-interface FastEthernet 0/0
                                // FastEthernet 0/0 接口只接收路由更新，不发送路由更新
RC(config-router)#neighbor 192.168.123.2    // 可以与邻居 192.168.123.2 交互路由
信息
RC(config-router)#end
```

（5）在路由器 RA、RB、RC 上进行验证测试。

```
RA#show ip route
   Codes:C-connected,S-static,R-RIP
        O-OSPF,IA-OSPF inter area
        E1-OSPF external type 1,E2-OSPF external type 2
   Gateway of last resort is not set
   C    192.168.123.0/24 is directly connected,FastEthernet 0
   C    192.168.1.0/24 is directly connected,Loopback 0
   R    192.168.2.0/24[120/1]via 192.168.123.2,00:00:05,FastEthernet 0
```

通过路由器 RA 路由表看到，由于在路由器 RC 的互联接口上配置了被动接口命令，路由器 RA 接收不到路由器 RC 的路由更新信息，没有到达路由器 RC 的路由条目。

```
RB#show ip route
   Codes:C-connected,S-static,R-RIP
        O-OSPF,IA-OSPF inter area
        E1-OSPF external type 1,E2-OSPF external type 2
   Gateway of last resort is not set
   C    192.168.123.0/24 is directly connected,FastEthernet 0
   R    192.168.1.0/24[120/1]via 192.168.123.1,00:00:02,FastEthernet 0
   C    192.168.2.0/24 is directly connected,Loopback 0
   R    192.168.3.0/24[120/1]via 192.168.123.3,00:00:02,FastEthernet 0
```

```
RC#show ip route
   Codes:C-connected,S-static,R-RIP
        O-OSPF,IA-OSPF inter area
        E1-OSPF external type 1,E2-OSPF external type 2
   Gateway of last resort is not set
   C    192.168.123.0/24 is directly connected,FastEthernet 0
   R    192.168.1.0/24[120/1]via 192.168.123.1,00:00:13,FastEthernet 0
```

```
R    192.168.2.0/24[120/1]via 192.168.123.2,00:00:13,FastEthernet 0
C    192.168.3.0/24 is directly connected,Loopback 0
```

通过路由器 RB、RC 的路由表可以看到，虽然和路由器 RB、RC 互联的接口配置了被动接口命令，但通过 neighbor 命令可以实现路由交互，因此有双向路由条目。

【注意事项】

在路由器上配置协议时，如果不想让某个端口参与该协议，可以在路由配置模式下使用 passive-interface 命令。这个命令的作用是，防止路由更新通过被指定的接口发送出去，让该接口在不通告任何路由更新的同时仍能接收到所有的路由更新。

任务 31 配置 distribute-list 技术，控制路由更新

【任务目标】

通过配置 distribute-list 技术，控制路由更新。

【背景描述】

某公司因业务拓展在其他城市创建了两家分公司。由于总公司的 192.168.3.0 子网段上安装了公司的服务器，因此总公司决定不向分公司宣告该网段信息。但为了公司以后扩展方便，需要将该路由声明到 RIPv2 中。

【网络拓扑】

图 31-1 所示为某公司与两家分公司的网络场景。其中，路由器 RC 代表总公司接入路由器，路由器 RA 和路由器 RB 代表新开设的分公司接入路由器，需要配置 distribute-list 技术，控制路由更新。

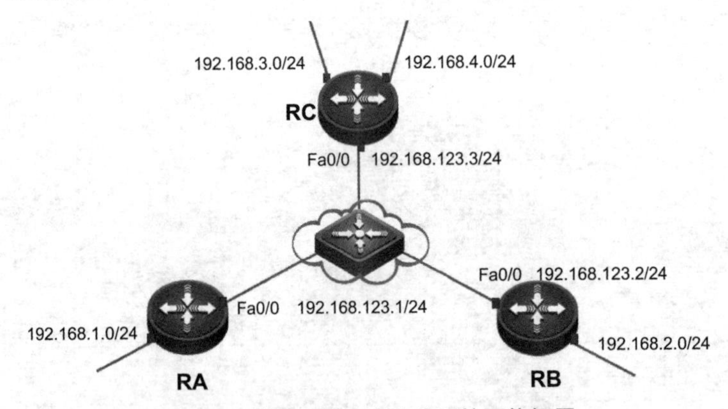

图 31-1 某公司与两家分公司的网络场景

【设备清单】

模块化路由器（3 台）；交换机（1 台）；网线（若干）；V35 线缆（可选）；测试计算机（若干）。

（备注 1：注意设备连接接口；可以根据现场连接情况，相应修改文档中接口名称，配置过程不受影响。）

（备注 2：限于实训环境，本任务也可以使用多台三层交换机组网实现，配置过程做相应改变。）

【实施步骤】

（1）在路由器 RA 上配置地址信息。

```
Router#configure terminal
Router(config)#hostname RA
RA(config)#interface FastEthernet 0/0
RA(config-if)#ip address 192.168.123.1 255.255.255.0
RA(config-if)#no shutdown
RA(config-if)#interface Loopback 0
RA(config-if)#ip address 192.168.1.1 255.255.255.0
RA(config-if)#end
```

（2）在路由器 RB 上配置地址信息。

```
Router#configure terminal
Router(config)#hostname RB
RB(config)#interface FastEthernet 0/0
RB(config-if)#ip address 192.168.123.2 255.255.255.0
RB(config-if)#no shutdown
RB(config-if)#interface Loopback 0
RB(config-if)#ip address 192.168.2.1 255.255.255.0
RB(config-if)#end
```

（3）在路由器 RC 上配置地址信息。

```
Router#configure terminal
Router(config)#hostname RC
RC(config)#interface FastEthernet 0/0
RC(config-if)#ip address 192.168.123.3 255.255.255.0
RC(config-if)#no shutdown
RC(config-if)#interface Loopback 0
RC(config-if)#ip address 192.168.3.1 255.255.255.0
RC(config-if)#interface Loopback 1
RC(config-if)#ip address 192.168.4.1 255.255.255.0
RC(config-if)#end
```

（4）在路由器 RA、RB、RC 上配置路由协议，并对指定路由器进行控制。

```
RA(config)#router rip
RA(config-router)#version 2
RA(config-router)#network 192.168.123.0
RA(config-router)#network 192.168.3.0
RA(config-router)#end
```

```
RB(config)#router rip
RB(config-router)#version 2
RB(config-router)#network 192.168.123.0
RB(config-router)#network 192.168.2.0
RB(config-router)#end
```

```
RC(config)#router rip
RC(config-router)#version 2
RC(config-router)#network 192.168.123.0
RC(config-router)#network 192.168.3.0
RC(config-router)#network 192.168.4.0
RC(config-router)#distribute-list 1 out FastEthernet 0/0
                                         // 通过调用访问控制列表决定路由更新的方向
RC(config-router)#exit
RC(config)#access-list 1 deny 192.168.3.0 0.0.0.255
                                                  // 禁止 192.168.3.0 网段通过
RC(config)#access-list 1 permit any               // 允许其他任意网段通过
```

（5）在路由器上进行验证测试。

```
RA#show ip route
   Codes:C-connected,S-static,R-RIP
   O-OSPF,IA-OSPF inter area
   E1-OSPF external type 1,E2-OSPF external type 2

   Gateway of last resort is not set
   C    192.168.123.0/24 is directly connected,FastEthernet 0
   C    192.168.1.0/24 is directly connected,Loopback 0
   R    192.168.2.0/24[120/1]via 192.168.123.2,00:00:05,FastEthernet 0
   R    192.168.4.0/24[120/1]via 192.168.123.3,00:00:09,FastEthernet 0
```

```
RB#show ip route
   Codes:C-connected,S-static,R-RIP
        O-OSPF,IA-OSPF inter area
        E1-OSPF external type 1,E2-OSPF external type 2

   Gateway of last resort is not set
   C    192.168.123.0/24 is directly connected,FastEthernet 0
   R    192.168.1.0/24[120/1]via 192.168.123.1,00:00:02,FastEthernet 0
   C    192.168.2.0/24 is directly connected,Loopback 0
   R    192.168.4.0/24[120/1]via 192.168.123.3,00:00:09,FastEthernet 0
```

```
RC#show ip route
   Codes:C-connected,S-static,R-RIP
         O-OSPF,IA-OSPF inter area
         E1-OSPF external type 1,E2-OSPF external type 2

   Gateway of last resort is not set
   C     192.168.123.0/24 is directly connected,FastEthernet 0
   R     192.168.1.0/24[120/1]via 192.168.123.1,00:00:12,FastEthernet 0
   R     192.168.2.0/24[120/1]via 192.168.123.2,00:00:04,FastEthernet 0
   C     192.168.3.0/24 is directly connected,Loopback 0
   C     192.168.4.0/24 is directly connected,Loopback 1
```

通过路由器 RA、RB 和 RC 的路由表可以看到，由于在互联的 RC 路由器接口上配置了 distribute-list 技术，拒绝指定的网络路由更新，因此路由器 RA 和路由器 RB 学习不到来自 192.168.3.0 网络中的路由条目。

【注意事项】

在 OSFP 路由器之间传递的消息，不是路由信息，而是 LSA。因为 distribute-list 技术无法对 LSA 进行过滤，所以需要结合访问控制列表技术使用，用来允许或拒绝路由更新。

任务32 配置策略路由，实现对数据流向的控制

【任务目标】

配置策略路由，通过策略实现对数据流向的控制。

【背景描述】

某公司出口网络通过两个ISP实现和公网的连接。其中，出口路由器RC的Serial 1/0连接中国电信的专线线路，该线路速度最快且通信最稳定。因此，公司希望把对外服务的服务器都连接到这条出口线路上，其他区域的外部连接可以通过速度较慢的线路进行传输。

【网络拓扑】

图32-1所示为某公司出口网络到两个ISP的连接场景。需要通过策略路由技术，实现网络中数据流向的精准控制。

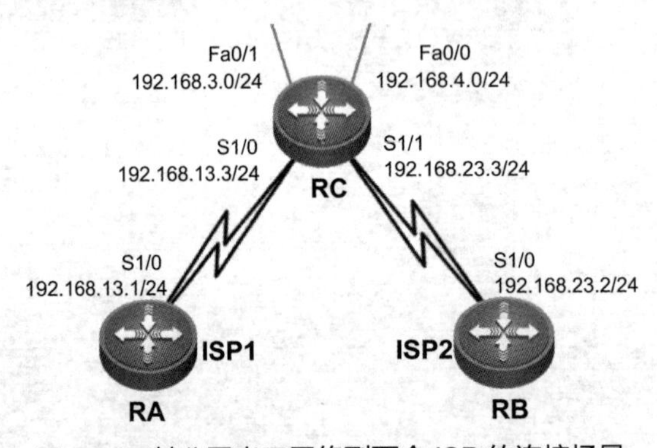

图32-1　某公司出口网络到两个ISP的连接场景

【设备清单】

模块化路由器（3台）；网线（若干）；V35线缆（可选）；测试计算机（若干）。

（备注1：注意设备连接接口；可以根据现场连接情况，相应修改文档中接口名称，配置过程不受影响。）

（备注2：限于实训环境，本任务也可以使用多台三层交换机组网实现，配置过程做相应改变。）

【实施步骤】

（1）在路由器 RA 上配置地址信息。

```
Router#configure terminal
Router(config)#hostname RA
RA(config)#interface Serial 1/0
RA(config-if)#ip address 192.168.13.1 255.255.255.0
RA(config-if)#no shutdown
RA(config-if)#end
```

（2）在路由器 RB 上配置地址信息。

```
Router#configure terminal
Router(config)#hostname RB
RB(config)#interface Serial 1/0
RB(config-if)#ip address 192.168.23.2 255.255.255.0
RB(config-if)#no shutdown
RB(config-if)#end
```

（3）在路由器 RC 上配置地址信息。

```
Router#configure terminal
Router(config)#hostname RC
RC(config)#interface Serial 1/0
RC(config-if)#ip address 192.168.13.3 255.255.255.0
RC(config-if)#clock rate 64000
RC(config-if)#no shutdown
RC(config-if)#interface Serial 1/1
RC(config-if)#ip address 192.168.23.3 255.255.255.0
RC(config-if)#clock rate 64000
RC(config-if)#no shutdown
RC(config-if)#interface FastEthernet 0/0
RC(config-if)#ip address 192.168.4.1 255.255.255.0
RC(config-if)#no shutdown
RC(config-if)#interface FastEthernet 0/1
RC(config-if)#ip address 192.168.3.1 255.255.255.0
RC(config-if)#no shutdown
RC(config-if)#end
```

（4）在路由器 RC 上配置策略路由信息。

```
RC(config)#access-list 1 permit 192.168.4.0 0.0.0.255
RC(config)#access-list 2 permit 192.168.3.0 0.0.0.255
```

```
RC(config)#route-map to-fast permit 10      // 定义 route-map 允许的流量
```

```
RC(config-route-map)#match ip address 1        //  定义该 route-map 中调用的访问控
制列表
RC(config-route-map)#set ip next-hop 192.168.13.1        // 定义特定网段的流向
RC(config-route-map)#exit
```

```
RC(config)#route-map to-slow permit 10
RC(config-route-map)#match ip address 2
RC(config-route-map)#set ip next-hop 192.168.23.2
```

（5）在路由器 RC 上进行验证测试。

```
RC#show route-map
    route-map to-slow,permit,sequence 10
     Match clauses:
       ip address(access-lists):2
     Set clauses:
       ip next-hop 192.168.23.2
     Policy routing matches:0 packets,0 bytes
    route-map to-fast,permit,sequence 10
     Match clauses:
       ip address(access-lists):1
     Set clauses:
       ip next-hop 192.168.13.1
     Policy routing matches:0 packets,0 bytes
```

通过 route-map 可以看到，通过策略路由 10 中指定下一跳的规则，允许指定的网络中的流量通过指定的出口。

（6）在路由器 RC 的接口下应用策略。

```
RC(config)#interface Serial 1/0
RC(config-if)#ip policy route-map to-fast        //  在接口下应用 route-map
RC(config-if)#exit
RC(config)#interface Serial 1/1
RC(config-if)#ip policy route-map to-slow      //  在接口下应用 route-map
RC(config-if)#exit
```

（7）在路由器 RC 上进行验证测试。

```
RC#show ip interface Serial 1/0
    Serial 1/0 is up,line protocol is up
     Internet address is 192.168.13.3/24
     Broadcast address is 255.255.255.255
     Address determined by setup command
     MTU is 1500 bytes
     Helper address is not set
```

```
    Directed broadcast forwarding is disabled
    Outgoing access list is not set
    Inbound  access list is not set
    Proxy ARP is enabled
    Security level is default
    Split horizon is enabled
    ICMP redirects are always sent
    ICMP unreachables are always sent
    ICMP mask replies are never sent
    IP fast switching is enabled
    IP fast switching on the same interface is enabled
    IP multicast fast switching is enabled
    Router Discovery is disabled
    IP output packet accounting is disabled
    IP access violation accounting is disabled
    TCP/IP header compression is disabled
    Policy routing is enabled,using route map to-fast
```

通过配置路由器 RC 的 Serial 1/0 接口，观察到接口状态为“up”，在接口下应用了 to-fast 策略。

【注意事项】

在接口下应用访问控制列表技术时，需要描述准确。如果整个语句中都只应用了 deny 操作，则在末尾必须使用 permit any 子句，来放行部分允许通过的数据流量。

任务33 配置基于源地址的策略路由，控制数据流向

【任务目标】

配置基于源地址的策略路由，通过策略实现对网络中数据流向的精准控制。

【背景描述】

某公司为了保障出口网络的稳定性，通过两台出口路由器连接到外部 ISP 网络中。为了优化网络传输，公司要求源地址为 192.168.1.1～192.168.1.127 的主机，访问外部网络时通过出口路由器 RB 转发；源地址为 192.168.1.128～192.168.1.254 的主机，访问外部网络时通过出口路由器 RC 转发。为了实现该要求，网络管理员需要配置基于源地址的策略路由，以控制数据流向。

【网络拓扑】

图 33-1 所示为某公司内部网络连接外部 ISP 网络的拓扑。网络管理员通过在出口路由器 RA 上配置基于源地址的策略路由，实现将源地址为 192.168.1.1～192.168.1.127 中的报文通过出口路由器 RB 的 Serial 4/0 接口转发，将源地址为 192.168.1.128～192.168.1.254 中的报文通过出口路由器 RC 的 FastEthernet 0/0 接口转发。

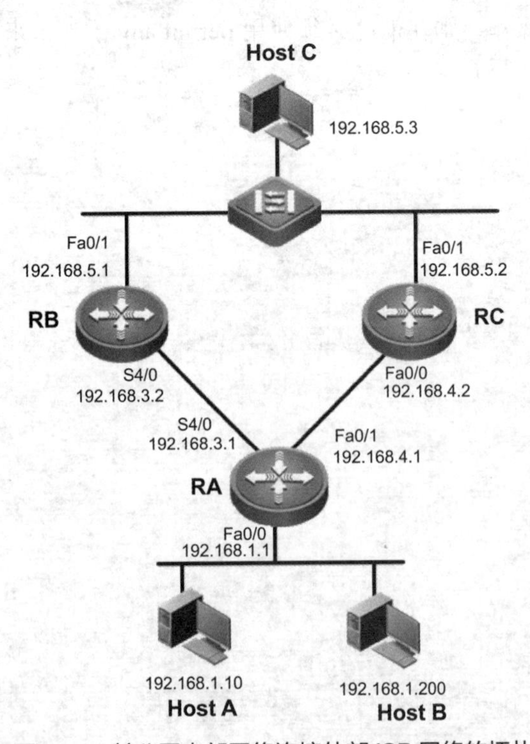

图 33-1　某公司内部网络连接外部 ISP 网络的拓扑

【设备清单】

模块化路由器（3 台）；交换机（1 台）；网线（若干）；V35 线缆（可选）；测试计算机（若干）。

（备注 1：实际的出口网络中都通过 WAN 口连接，本任务限于条件，使用部分局域网（Local Area Network，LAN）口。）

（备注 2：注意设备连接接口；可以根据现场连接情况，相应修改文档中接口名称，配置过程不受影响。）

（备注3：限于实训环境，本任务也可以使用多台三层交换机和路由器混合组网实现，配置过程做相应改变。）

【实施步骤】

（1）在路由器RA上配置地址信息。

```
Router#configure terminal
Router(config)#hostname RA
RA(config)#interface Serial 4/0
RA(config-if)#ip address 192.168.3.1 255.255.255.0
RA(config-if)#exit
RA(config)#interface FastEthernet 0/0
RA(config-if)#ip address 192.168.1.1 255.255.255.0
RA(config-if)#exit
RA(config)#interface FastEthernet 0/1
RA(config-if)#ip address 192.168.4.1 255.255.255.0
RA(config-if)#exit
```

（2）在路由器RB上配置地址信息。

```
Router#configure terminal
Router(config)#hostname RB
RB(config)#interface Serial 4/0
RB(config-if)#ip address 192.168.3.2 255.255.255.0
RB(config-if)#exit
RB(config)#interface FastEthernet 0/1
RB(config-if)#ip address 192.168.5.1 255.255.255.0
RB(config-if)#exit
```

（3）在路由器RC上配置地址信息。

```
Router#configure terminal
Router(config)#hostname RC
RC(config)#interface FastEthernet 0/0
RC(config-if)#ip address 192.168.4.2 255.255.255.0
RC(config-if)#exit
RC(config)#interface FastEthernet 0/1
RC(config-if)#ip address 192.168.5.2 255.255.255.0
RC(config-if)#exit
```

（4）在路由器RA、RB、RC上配置RIP路由信息。

```
RA(config)#router rip
RA(config-router)#version 2
RA(config-router)#network 192.168.1.0
```

```
RA(config-router)#network 192.168.3.0
RA(config-router)#network 192.168.4.0
RA(config-router)#no auto-summary
```

```
RB(config)#router rip
RB(config-router)#version 2
RB(config-router)#network 192.168.3.0
RB(config-router)#network 192.168.5.0
RB(config-router)#no auto-summary
```

```
RC(config)#router rip
RC(config-router)#version 2
RC(config-router)#network 192.168.4.0
RC(config-router)#network 192.168.5.0
RC(config-router)#no auto-summary
```

（5）在路由器 RA 上配置策略路由信息。

```
RA(config)#access-list 10 permit 192.168.1.0 0.0.0.127
RA(config)#access-list 11 permit 192.168.1.128 0.0.0.127
RA(config)#route-map netbig permit 10          // 配置名为 netbig 的 route-map
RA(config-route-map)#match ip address 10    // 匹配 access-list 10 数据执行动作
RA(config-route-map)#set ip next-hop 192.168.3.2
                                             // 设置下一跳地址为 192.168.3.2
RA(config-route-map)#exit
```

```
RA(config)#route-map netbig permit 20
RA(config-route-map)#match ip address 11   // 匹配 access-list 11 数据执行动作
RA(config-route-map)#set ip next-hop 192.168.4.2   // 设置下一跳地址为 192.168.4.2
RA(config-route-map)#exit
```

（6）在路由器 RA 的入站接口上应用 route-map。

```
RA(config)#interface FastEthernet 0/0
RA(config-if)#ip policy route-map netbig
```

（7）在主机上进行验证测试。

在主机 Host A 上，使用 tracert 命令测试数据包发送路径，如图 33-2 所示。从结果可以看到，主机 Host A 发送的数据包，通过路由器 RB 进行转发。

```
G:\Documents and Settings\Administrator>tracert 192.168.5.3 -d

Tracing route to 192.168.5.3 over a maximum of 30 hops

  1    <1 ms    <1 ms     1 ms  192.168.1.1
  2    29 ms    30 ms    29 ms  192.168.3.2
  3    27 ms    26 ms    27 ms  192.168.5.3
```

图 33-2　验证测试（1）

在主机 Host B 上，使用 tracert 命令测试数据包发送路径，如图 33-3 所示。从结果可以看到，主机 Host B 发送的数据包，通过路由器 RC 进行转发。

```
G:\Documents and Settings\Administrator>tracert 192.168.5.3 -d

Tracing route to 192.168.5.3 over a maximum of 30 hops

  1     1 ms    <1 ms    <1 ms  192.168.1.1
  2     1 ms    <1 ms     1 ms  192.168.4.2
  3    14 ms    14 ms    13 ms  192.168.5.3
```

图 33-3　验证测试（2）

【注意事项】

需要将 route-map 应用在报文的入站接口上，这样策略路由才会生效。

任务34 配置基于目的地址的策略路由，控制数据流向

【任务目标】

配置基于目的地址的策略路由，控制数据流向。

【背景描述】

某企业为了保障出口网络的稳定性，通过两台出口路由器连接到外部 ISP 网络中。为了优化网络传输，当企业网络中的主机需要访问目标网络 192.168.5.1～192.168.5.127 时，通过出口路由器 RB 转发；当企业网络中的主机需要访问目标网络 192.168.5.128～192.168.5.254 时，通过出口路由器 RC 转发。网络管理员需要配置基于目的地址的策略路由，以控制数据流向。

【网络拓扑】

图 34-1 所示为某企业网络拓扑。网络管理员通过在出口路由器 RA 上配置基于目的地址的策略路由，实现将企业网络中需要访问目标网络 192.168.5.1/24～192.168.5.127/24 主机的 IP 数据包，通过出口路由器 RB 的 Serial 4/0 接口进行转发。将企业网络中需要访问目标网络 192.168.5.128/24～192.168.5.254/ 24 主机的 IP 数据包，通过出口路由器 RC 的 FastEthernet 0/0 接口进行转发。

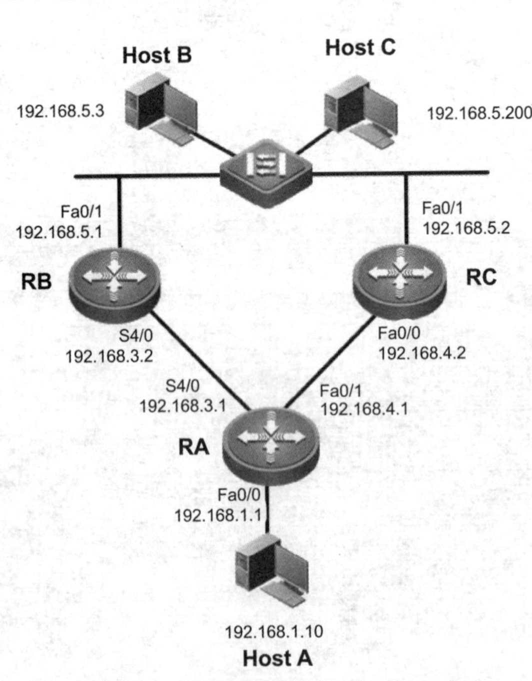

图 34-1 某企业网络拓扑（任务 34）

【设备清单】

模块化路由器（3 台）；交换机（1 台）；网线（若干）；V35 线缆（可选）；测试计算机（若干）。

（备注 1：实际的出口网络中都通过 WAN 口连接，本任务限于条件，使用部分 LAN 口。）

（备注 2：注意设备连接接口；可以根

据现场连接情况，相应修改文档中接口名称，配置过程不受影响。）

（备注3：限于实训环境，本任务也可以使用多台三层交换机和路由器混合组网实现，配置过程做相应改变。）

【实施步骤】

（1）在路由器RA上配置地址信息。

```
Router#configure terminal
Router(config)#hostname RA
RA(config)#interface Serial 4/0
RA(config-if)#ip address 192.168.3.1 255.255.255.0
RA(config-if)#exit
RA(config)#interface FastEthernet 0/0
RA(config-if)#ip address 192.168.1.1 255.255.255.0
RA(config-if)#exit
RA(config)#interface FastEthernet 0/1
RA(config-if)#ip address 192.168.4.1 255.255.255.0
RA(config-if)#exit
```

（2）在路由器RB上配置地址信息。

```
Router#configure terminal
Router(config)#hostname RB
RB(config)#interface Serial 4/0
RB(config-if)#ip address 192.168.3.2 255.255.255.0
RB(config-if)#exit
RB(config)#interface FastEthernet 0/1
RB(config-if)#ip address 192.168.5.1 255.255.255.0
RB(config-if)#exit
```

（3）在路由器RC上配置地址信息。

```
Router#configure terminal
Router(config)#hostname RC
RC(config)#interface FastEthernet 0/0
RC(config-if)#ip address 192.168.4.2 255.255.255.0
RC(config-if)#exit
RC(config)#interface FastEthernet 0/1
RC(config-if)#ip address 192.168.5.2 255.255.255.0
RC(config-if)#exit
```

（4）在路由器RA、RB、RC上配置RIP路由信息。

```
RA(config)#router rip
RA(config-router)#version 2
RA(config-router)#network 192.168.1.0
```

```
RA(config-router)#network 192.168.3.0
RA(config-router)#network 192.168.4.0
RA(config-router)#no auto-summary
```

```
RB(config)#router rip
RB(config-router)#version 2
RB(config-router)#network 192.168.3.0
RB(config-router)#network 192.168.5.0
RB(config-router)#no auto-summary
```

```
RC(config)#router rip
RC(config-router)#version 2
RC(config-router)#network 192.168.4.0
RC(config-router)#network 192.168.5.0
RC(config-router)#no auto-summary
```

（5）在路由器 RA 上配置策略路由信息。

```
RA(config)#access-list 100 permit ip any 192.168.5.0 0.0.0.127
RA(config)#access-list 101 permit ip any 192.168.5.128 0.0.0.127
```

```
RA(config)#route-map netbig permit 10    // 配置名为 netbig 的 route-map
RA(config-route-map)#match ip address 100   // 配置符合 access-list 100 的匹配
规则
RA(config-route-map)#set next-hop 192.168.3.2
                    // 设置符合 access-list 100 报文的下一跳地址为 192.168.3.2
RA(config-route-map)#exit
```

```
RA(config)#route-map netbig permit 20
RA(config-route-map)#match ip address 101   // 配置符合 access-list 101 的匹配
规则
RA(config-route-map)#set next-hop 192.168.4.2
                    // 设置符合 access-list 100 报文的下一跳地址为 192.168.4.2
RA(config-route-map)#exit
```

（6）在路由器 RA 的入站接口上应用 route-map。

```
RA(config)#interface FastEthernet 0/0
RA(config-if)#ip policy route-map netbig
RA(config-if)#exit
```

（7）在主机上进行验证测试。

在主机 Host A 上使用 tracert 命令进行路由跟踪（目的地址为 192.168.5.3），如图 34-2

所示。从结果可以看到，当数据包的目的地址为 192.168.5.1～192.168.5.127 时，数据包通过出口路由器 RB 转发。

```
G:\Documents and Settings\Administrator>tracert 192.168.5.3

Tracing route to 192.168.5.3 over a maximum of 30 hops

  1    <1 ms    <1 ms    <1 ms  192.168.1.1
  2    29 ms    29 ms    29 ms  192.168.3.2
  3    26 ms    26 ms    26 ms  192.168.5.3

Trace complete.
```

图 34-2　使用 tracert 命令进行路由跟踪（1）

在主机 Host A 上使用 tracert 命令进行路由跟踪（目的地址为 192.168.5.200），如图 34-3 所示。从结果可以看到，当数据包的目的地址为 192.168.5.128～192.168.5.254 时，数据包通过出口路由器 RC 转发。

```
G:\Documents and Settings\Administrator>tracert 192.168.5.200 -d

Tracing route to 192.168.5.200 over a maximum of 30 hops

  1    <1 ms    <1 ms    <1 ms  192.168.1.1
  2    <1 ms    <1 ms    <1 ms  192.168.4.2
  3    14 ms    13 ms    13 ms  192.168.5.200

Trace complete.
```

图 34-3　使用 tracert 命令进行路由跟踪（2）

【注意事项】

route-map 语句对于数据包没有找到任何匹配情况的处理方式和访问控制列表相同，即末尾规定了默认的拒绝操作。如果在策略路由中匹配失败，则 IP 数据包将按正常方式转发；如果是用于路由重发布时匹配失败，则路由将不会被重发布；如果 route map 的陈述中没有 match 语句，则默认的操作是匹配所有的数据包和路由。

任务35 配置基于报文长度的策略路由，控制数据流向

【任务目标】

配置基于报文长度的策略路由，控制数据流向。

【背景描述】

某企业为了保障出口网络的稳定性，通过两台出口路由器连接到外部ISP网络中。为了优化网络传输，网络管理员设置了企业网络中的主机访问外网时的两种情况。如果IP数据报文长度为150～1500字节，则通过出口路由器RB转发；如果IP数据报文长度小于150字节，则通过出口路由器RC转发。为了实现以上优化，网络管理员需要配置基于报文长度的策略路由，以控制数据流向。

【网络拓扑】

图35-1所示为某企业网络拓扑。在内网的路由器RA上配置基于报文长度的策略路由，为内网中传输的不同长度的报文选择不同的转发路径，优化网络传输。

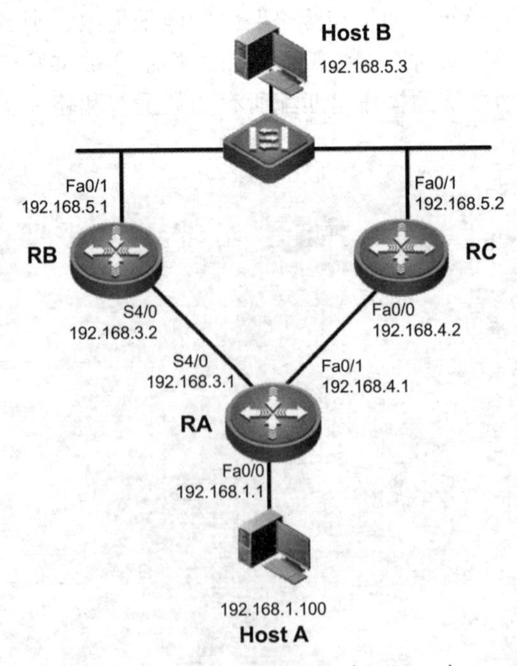

图35-1 某企业网络拓扑（任务35）

【设备清单】

模块化路由器（3 台）；交换机（1 台）；网线（若干）；V35 线缆（可选）；测试计算机（若干）。

（备注 1：实际的出口网络中都通过 WAN 口连接，本任务限于条件，使用部分 LAN 口。）

（备注 2：注意设备连接接口；可以根据现场连接情况，相应修改文档中接口名称，配置过程不受影响。）

（备注 3：限于实训环境，本任务也可以使用多台三层交换机和路由器混合组网实现，配置过程做相应改变。）

【实施步骤】

（1）在路由器 RA 上配置地址信息。

```
Router#configure terminal
Router(config)#hostname RA
RA(config)#interface Serial 4/0
RA(config-if)#ip address 192.168.3.1 255.255.255.0
RA(config-if)#exit
RA(config)#interface FastEthernet 0/0
RA(config-if)#ip address 192.168.1.1 255.255.255.0
RA(config-if)#exit
RA(config)#interface FastEthernet 0/1
RA(config-if)#ip address 192.168.4.1 255.255.255.0
RA(config-if)#exit
```

（2）在路由器 RB 上配置地址信息。

```
Router#configure terminal
Router(config)#hostname RB
RB(config)#interface Serial 4/0
RB(config-if)#ip address 192.168.3.2 255.255.255.0
RB(config-if)#exit
RB(config)#interface FastEthernet 0/1
RB(config-if)#ip address 192.168.5.1 255.255.255.0
RB(config-if)#exit
```

（3）在路由器 RC 上配置地址信息。

```
Router#configure terminal
Router(config)#hostname RC
RC(config)#interface FastEthernet 0/0
RC(config-if)#ip address 192.168.4.2 255.255.255.0
RC(config-if)#exit
RC(config)#interface FastEthernet 0/1
RC(config-if)#ip address 192.168.5.2 255.255.255.0
```

```
RC(config-if)#exit
```

（4）在路由器 RA、RB、RC 上配置 RIP 路由信息。

```
RA(config)#router rip
RA(config-router)#version 2
RA(config-router)#network 192.168.1.0
RA(config-router)#network 192.168.3.0
RA(config-router)#network 192.168.4.0
RA(config-router)#no auto-summary
```

```
RB(config)#router rip
RB(config-router)#version 2
RB(config-router)#network 192.168.3.0
RB(config-router)#network 192.168.5.0
RB(config-router)#no auto-summary
```

```
RC(config)#router rip
RC(config-router)#version 2
RC(config-router)#network 192.168.4.0
RC(config-router)#network 192.168.5.0
RC(config-router)#no auto-summary
```

（5）在路由器 RA 上配置策略路由信息。

```
RA(config)#route-map netbig permit 10      // 创建名为 netbig 的 route-map
RA(config-route-map)#match length 0 150    // 配置报文长度小于 150 字节的匹配规则
RA(config-route-map)#set ip next-hop 192.168.3.2
                    // 设置报文长度小于 150 字节的报文的下一跳地址为 192.168.3.2
RA(config-route-map)#exit
```

```
RA(config)#route-map netbig permit 20
RA(config-route-map)#match length 150 1500  // 配置报文长度为 150～1500 字节的匹
配规则
RA(config-route-map)#set ip next-hop 192.168.4.2
                 // 设置报文长度为 150～1500 字节的报文的下一跳地址为 192.168.4.2
RA(config-route-map)#exit
```

（6）在路由器 RA 的入站接口上应用 route-map。

```
RA(config)#interface FastEthernet 0/0
RA(config-if)#ip policy route-map netbig
RA(config-if)#exit
```

（7）验证测试。

在出口路由器 RB 和 RC 上，使用 show interface 命令，查看路由器接口的 MAC 地址。

```
RB#show interface FastEthernet 0/1
    Index(dec):4(hex):4
    FastEthernet 0/1 is UP  ,line protocol is UP
    Hardware is PQ3 TSEC FAST ETHERNET CONTROLLER FastEthernet,address is
    00d0.f8a5.e0cc(bia 00d0.f8a5.e0cc)
    Interface address is:192.168.5.1/24
    ARP type:ARPA,ARP Timeout:3600 seconds
    MTU 1500 bytes,BW 1000000 Kbit
    Encapsulation protocol is Ethernet-II,loopback not set
    Keepalive interval is 10 sec,set
    Carrier delay is 2 sec
    RXload is 1,Txload is 1
    Queueing strategy:FIFO Output queue 0/40,0 drops;Input queue 0/75,0 drops
    Link Mode:100M/Full-Duplex,media-type is twisted-pair.Output flowcontrol
is off;Input flowcontrol is off.
    5 minutes input rate 122 bits/sec,0 packets/sec
    5 minutes output rate 137 bits/sec,0 packets/sec
    1038 packets input,427242 bytes,0 no buffer,0 dropped
    Received 138 broadcasts,0 runts,0 giants
    0 input errors,0 CRC,0 frame,0 overrun,0 abort
    317 packets output,39521 bytes,0 underruns,0 dropped
    0 output errors,0 collisions,6 interface resets
```

```
RC#show interface FastEthernet 0/1
    Index(dec):2(hex):2
    FastEthernet 0/1 is UP  ,line protocol is UP
    Hardware is MPC8248 FCC FAST  ETHERNET CONTROLLER FastEthernet, address is
00d0.f86b.38b1(bia 00d0.f86b.38b1)
    Interface address is:192.168.5.2/24
    ARP type:ARPA,ARP Timeout:3600 seconds
    MTU 1500 bytes,BW 100000 Kbit
    Encapsulation protocol is Ethernet-II,loopback not set
    Keepalive interval is 10 sec,set
    Carrier delay is 2 sec
    RXload is 1,Txload is 1
    Queueing strategy:FIFO Output queue 0/40,0 drops;Input queue 0/75,0 drops
    Link Mode:100M/Full-Duplex
    5 minutes input rate 41 bits/sec,0 packets/sec
    5 minutes output rate 316 bits/sec,0 packets/sec
    278 packets input,33291 bytes,0 no buffer,0 dropped
```

```
Received 265 broadcasts,0 runts,0 giants
0 input errors,0 CRC,0 frame,0 overrun,0 abort
755 packets output,400202 bytes,0 underruns,0 dropped
0 output errors,0 collisions,2 interface resets
```

从输出结果可以看到，出口路由器 RB 的 FastEthernet 0/1 接口的 MAC 地址为 00d0.f8a5.e0cc，出口路由器 RC 的 FastEthernet 0/1 接口的 MAC 地址为 00d0.f86b.38b1。

在企业内部网络中的主机 Host A 上，使用 ping 192.168.5.3 -l 100 命令，测试小数据包的发送路径。同时，在企业内部网络中的主机 Host B 上，开启 Ethereal 进行抓包，抓包结果如图 35-2 所示。

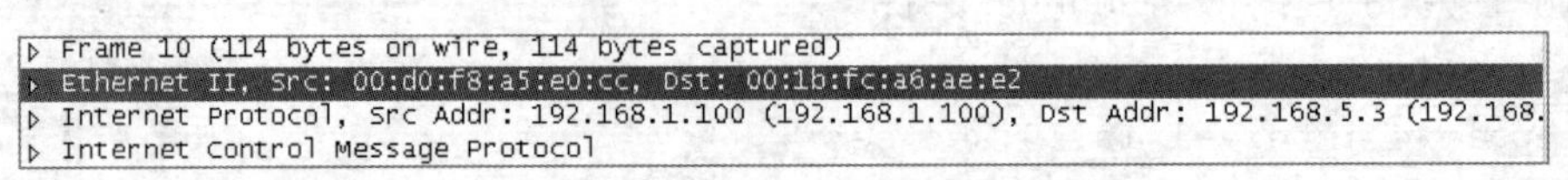

```
▷ Frame 10 (114 bytes on wire, 114 bytes captured)
▷ Ethernet II, Src: 00:d0:f8:a5:e0:cc, Dst: 00:1b:fc:a6:ae:e2
▷ Internet Protocol, Src Addr: 192.168.1.100 (192.168.1.100), Dst Addr: 192.168.5.3 (192.168.
▷ Internet Control Message Protocol
```

图 35-2　使用 Ethereal 进行抓包分析（1）

从捕获到的数据包可以看到，当发出的报文大小为 114 字节时，主机 Host B 上收到的数据帧的源 MAC 地址为 00d0.f8a5.e0cc，说明此数据帧通过出口路由器 RB 发送给主机 Host B。

在企业内部网络中的主机 Host A 上，使用 ping 192.168.5.3 -l 1000 命令，测试大数据包的发送路径。同时，在企业内部网络中的主机 Host B 上，开启 Ethereal 进行抓包，抓包结果如图 35-3 所示。

```
▷ Frame 1 (1014 bytes on wire, 1014 bytes captured)
▷ Ethernet II, Src: 00:d0:f8:6b:38:b1, Dst: 00:1b:fc:a6:ae:e2
▷ Internet Protocol, Src Addr: 192.168.1.100 (192.168.1.100), Dst Addr: 192.168.5.3 (192.168.
▷ Internet Control Message Protocol
```

图 35-3　使用 Ethereal 进行抓包分析（2）

从捕获到的数据包可以看到，当发出的报文大小为 1014 字节时，主机 Host B 上收到的数据帧的源 MAC 地址为 00d0.f86b.38b1，说明此数据帧通过出口路由器 RC 发送给主机 Host B。

【注意事项】

route-map 经常被用于策略路由中，策略路由实际上是更复杂的静态路由。在使用基于报文长度的策略路由时，所指的报文长度是三层报文长度，即包括 IP 报头的长度。

任务 36 配置 BGP 邻居关系，实现网络联通

【任务目标】

掌握 BGP（Border Gateway Protocol，边界网关协议）路由的基本配置方法，配置 BGP 路由，实现网络联通。

【背景描述】

某公司的网络出口通过多宿主连接到两个不同的 ISP，为保障出口网络的稳健性，公司希望从不同的 ISP 学习来自 Internet 中的路由条目。当公司内部网络要从 ISP 接收来自 Internet 的路由时，希望使用 BGP 以增加网络路由可信度。BGP 是一种动态路由协议，可以在不同 AS 之间交换网络中的路由信息，并优化来自 Internet 中的路由条目。

【网络拓扑】

图 36-1 所示为某公司的多宿主连接到两个不同 ISP 的网络拓扑，通过配置 BGP 邻居关系，不同的 AS 之间能够互相发布和更新路由条目，从而实现不同的 AS 网络之间的联通。

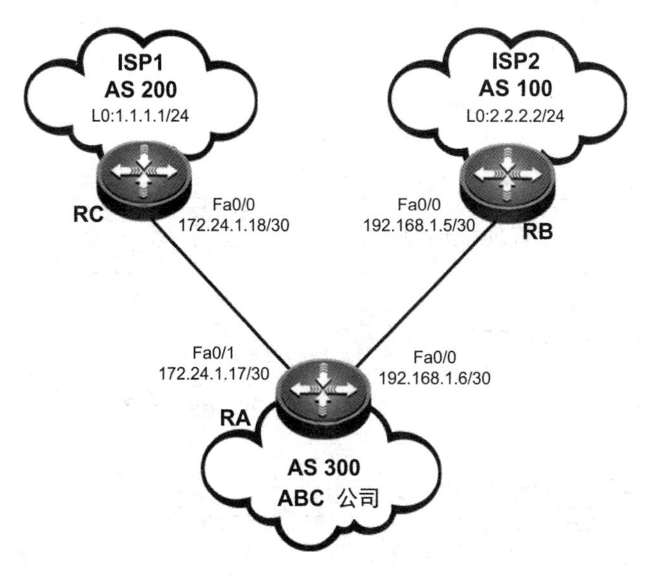

图 36-1 某公司的多宿主连接到两个不同 ISP 的网络拓扑

【设备清单】

模块化路由器（3 台）；网线（若干）；V35 线缆（可选）；测试计算机（若干）。

（备注 1：实际的出口网络中都通过 WAN 口连接，本任务限于条件，使用部分 LAN 口。）

（备注 2：注意设备连接接口；可以根据现场连接情况，相应修改文档中接口名称，配置过程不受影响。）

（备注 3：限于实训环境，本任务也可以使用多台三层交换机和路由器混合组网实现，配置过程做相应改变。）

【实施步骤】

（1）在路由器 RA 上配置地址信息。

```
Router#configure terminal
Router(config)#hostname RA
RA(config)#interface FastEthernet 0/0
RA(config-if)#ip address 192.168.1.6 255.255.255.252
RA(config-if)#exit
RA(config)#interface FastEthernet 0/1
RA(config-if)#ip address 172.24.1.17 255.255.255.252
RA(config-if)#exit
```

（2）在路由器 RB 上配置地址信息。

```
Router#configure terminal
Router(config)#hostname RB
RB(config)#interface FastEthernet 0/0
RB(config-if)#ip address 192.168.1.5 255.255.255.252
RB(config-if)#exit
RB(config)#interface Loopback 0
RB(config-if)#ip address 2.2.2.2 255.255.255.0
RB(config-if)#exit
```

（3）在路由器 RC 上配置地址信息。

```
Router#configure terminal
Router(config)#hostname RC
RC(config)#interface FastEthernet 0/0
RC(config-if)#ip address 172.24.1.18 255.255.255.252
RC(config-if)#exit
RC(config)#interface Loopback 0
RC(config-if)#ip address 1.1.1.1 255.255.255.0
RC(config-if)#exit
```

（4）在路由器RA、RB、RC上配置BGP邻居关系，并配置通告网络。

```
RA(config)#router bgp 300   // 配置本地路由器处于AS 300中
RA(config-router)#neighbor 172.24.1.18 remote-as 200   // 配置与RC的邻居关系
RA(config-router)#neighbor 192.168.1.5 remote-as 100  // 配置与RB的邻居关系
```

```
RB(config)#router bgp 100     // 配置本地路由器处于AS 100中
RB(config-router)#neighbor 192.168.1.6 remote-as 300    //  配置与RA的邻居关系
RB(config-router)#network 2.2.2.0 mask 255.255.255.0  // 配置通告网络2.2.2.0/24
```

```
RC(config)#router bgp 200     // 配置本地路由器处于AS 200中
RC(config-router)#neighbor 172.24.1.17 remote-as 300   // 配置与RA的邻居关系
RC(config-router)#network 1.1.1.0 mask 255.255.255.0  // 配置通告网络1.1.1.0/24
```

（5）查看BGP邻居关系状态。

使用show ip bgp neighbors命令查看BGP邻居关系状态。

```
RA#show ip bgp neighbors
    BGP neighbor is 172.24.1.18,remote AS 200,local AS 300,external link
    BGP version 4,remote router ID 1.1.1.1
    BGP state=Established,up for 00:02:03
    Last read 00:02:03,hold time is 180,keepalive interval is 60 seconds
    Neighbor capabilities:
    Route refresh:advertised and received(old and new)Address family IPv4
Unicast:advertised and received
    Received 5 messages,0 notifications,0 in queue
    open message:1 update message:1 keepalive message:3 refresh message:0
dynamic cap:0 notifications:0
    Sent 5 messages,0 notifications,0 in queue
    open message:1 update message:1 keepalive message:3 refresh message:0
dynamic cap:0 notifications:0

    Route refresh request:received 0,sent 0
    Minimum time between advertisement runs is 30 seconds
    For address family:IPv4 Unicast
    BGP table version 5,neighbor version 5
    Index 1,Offset 0,Mask 0x2
    1 accepted prefixes
    1 announced prefixes

    Connections established 1;dropped 0
    Local host:172.24.1.17,Local port:179
    Foreign host:172.24.1.18,Foreign port:1025
    Nexthop:172.24.1.17
```

```
  Nexthop global: ::Nexthop local: ::
  BGP connection:non shared network

  BGP neighbor is 192.168.1.5,remote AS 100,local AS 300,external link
  BGP version 4,remote router ID 2.2.2.2
  BGP state=Established,up for 00:03:03
  Last read 00:03:03,hold time is 180,keepalive interval is 60 seconds
  Neighbor capabilities:
  Route refresh:advertised and received(old and new)Address family IPv4
Unicast:advertised and received
  Received 5 messages,0 notifications,0 in queue
  open message:1 update message:1 keepalive message:3 refresh message:0
dynamic cap:0 notifications:0
  Sent 5 messages,0 notifications,0 in queue
  open message:1 update message:1 keepalive message:3 refresh message:0
dynamic cap:0 notifications:0
  Route refresh request:received 0,sent 0
  Minimum time between advertisement runs is 30 seconds

  For address family:IPv4 Unicast
  BGP table version 5,neighbor version 4
  Index 2,Offset 0,Mask 0x4
  1 accepted prefixes
  1 announced prefixes

  Connections established 1;dropped 0
  Local host:192.168.1.6,Local port:179
  Foreign host:192.168.1.5,Foreign port:1025
  Nexthop:192.168.1.6
  Nexthop global: ::Nexthop local: ::
  BGP connection:non shared network
```

通过路由器 RA 的 BGP 邻居关系状态可以看出，路由器 RA 与路由器 RB 和路由器 RC 建立了 EBGP（External Border Gateway Protocol，外部边界网关协议）邻居关系，且关系状态为 Established，表示邻居关系建立成功。

```
RB#show ip bgp neighbors
……
```

通过路由器 RB 的 BGP 邻居关系状态可以看出，路由器 RB 与路由器 RA 建立了 EBGP 邻居关系，且关系状态为 Established，表示邻居关系建立成功。

```
RC#show ip bgp neighbors
……
```

通过路由器 RC 的 BGP 邻居关系状态可以看出，路由器 RC 与路由器 RA 建立了 EBGP 邻居关系，且关系状态为 Established，表示邻居关系建立成功。

（6）验证测试 BGP 路由信息。

```
RA#show ip bgp
    BGP table version is 10,local router ID is 192.168.1.6
    Status codes:s suppressed,d damped,h history, *valid, >best,i-internal,S
Stale
    Origin codes:i-IGP,e-EGP, ? -incomplete

    Network          Next Hop       Metric    LocPrf  Path
    *>1.1.1.0/24     172.24.1.18 0         200     i
    *>2.2.2.0/24     192.168.1.5 0         100     i
    Total number of prefixes 2
```

通过输出结果可以看出，路由器 RA 通过 BGP 从 AS 200 和 AS 100 两个不同 ISP 处，收到了来自 1.1.1.0/24 和 2.2.2.0/24 网络中的路由信息。

【注意事项】

BGP 被设计用于在 AS 之间交换路由信息，并且可以处理大量的路由条目，如 Internet 路由。使用 BGP 的前提是要在需要交换路由信息的路由器之间建立 BGP 邻居关系。

在配置 BGP 邻居关系时，双方配置的对端邻居地址必须相互匹配，否则无法正常建立邻居关系。在使用 network 命令通告网络时，本地 IP 路由表中必须存在精确匹配的路由。

任务37 配置 EBGP 路由，实现外部 BGP 网络联通

【任务目标】

配置 EBGP 路由，实现外部 BGP 网络联通。

【背景描述】

某公司通过出口网络连接 ISP，使用 BGP 从 ISP 处学习来自 Internet 的路由。BGP 是一种动态路由协议，其中的 EBGP 可实现在不同的 AS 之间交换路由信息，并优化路由条目。

【网络拓扑】

图 37-1 所示为某公司出口网络连接 ISP 的网络场景，配置 EBGP 路由，实现网络联通，优化路由条目。

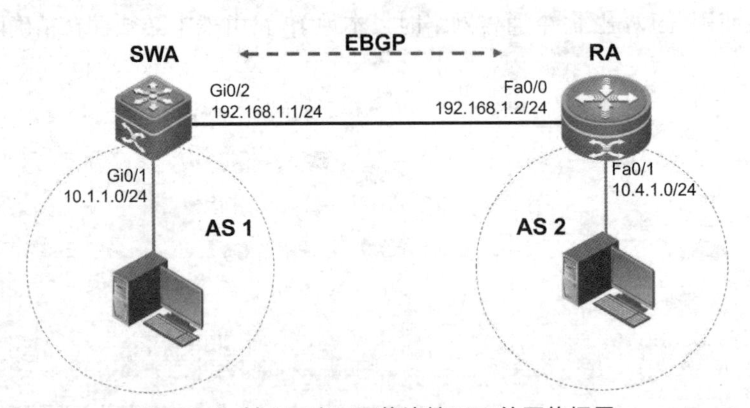

图 37-1 某公司出口网络连接 ISP 的网络场景

【设备清单】

模块化路由器（1 台）；三层交换机（1 台）；网线（若干）；V35 线缆（可选）；测试计算机（若干）。

（备注 1：实际的出口网络中都通过 WAN 口连接，本任务限于条件，使用部分 LAN 口。）

（备注 2：注意设备连接接口；可以根据现场连接情况，相应修改文档中接口名称，配置过程不受影响。）

（备注 3：限于实训环境，本任务也可以使用多台三层交换机和路由器混合组网实现，配置过程做相应改变。）

【实施步骤】

（1）在交换机 SWA 上配置地址信息。

```
Switch#configure terminal
Switch(config)#hostname SWA
SWA(config)#interface GigabitEthernet 0/2
SWA(config-if)#no switchport
SWA(config-if)#ip address 192.168.1.1 255.255.255.0
SWA(config-if)#exit
SWA(config)#interface GigabitEthernet 0/1
SWA(config-if)#no switchport
SWA(config-if)#ip address 10.1.1.1 255.255.255.0
SWA(config-if)#exit
```

（2）在路由器 RA 上配置地址信息。

```
Router#configure terminal
Ruijie(config)#hostname RA
RA(config)#interface FastEthernet 0/0
RA(config-if)#ip address 192.168.1.2 255.255.255.0
RA(config-if)#exit
RA(config)#interface FastEthernet 0/1
RA(config-if)#ip address 10.4.1.1 255.255.255.0
RA(config-if)#exit
```

（3）配置交换机 SWA 和互联的路由器 RA 之间的 EBGP 邻居关系。

需要注意的是，若 BGP 邻居的 AS 号与自己的 AS 号一致，则建立的是 IBGP（Internal Border Gateway Protocol，内部边界网关协议）邻居关系；若 BGP 邻居的 AS 号与自己的 AS 号不一致，则建立的是 EBGP 邻居关系。

```
SWA(config)#router bgp 1          // 配置本地设备处于 AS 1 中
SWA(config-router)#neighbor 192.168.1.2 remote-as 2      // 配置邻居关系
SWA(config-router)#exit
```

```
RA(config)#router bgp 2          // 配置本地路由器处于 AS 2 中
RA(config-router)#neighbor 192.168.1.1 remote-as 1     // 配置邻居关系
RA(config-router)#exit
```

（4）将路由通告到 BGP 域。

```
SWA(config)#router bgp 1
SWA(config-router)#network 10.1.1.0 mask 255.255.255.0        // 配置通告网络
SWA(config-router)#exit
```

```
RA(config)#router bgp 2
RA(config-router)#network 10.4.1.0 mask 255.255.255.0        // 配置通告网络
RA(config-router)#exit
```

需要注意的是，通过 network 命令通告的路由，在本地存在，且子网掩码必须一致，只有这样的路由才能被通告到 BGP 域。

（5）EBGP 配置验证测试。

① 查看路由器之间是否建立了 BGP 邻居关系。如图 37-2 所示，若邻居关系正常建立且状态为 Established，则 EBGP 通信运行正常。

```
RA#show ip bgp summary
```

```
BGP router identifier 2.2.2.2, local AS number 2
BGP table version is 3
2 BGP AS-PATH entries
0 BGP Community entries
2 BGP Prefix entries (Maximum-prefix:4294967295)

Neighbor        V    AS MsgRcvd MsgSent   TblVer  InQ OutQ Up/Down  State/PfxRcd
192.168.1.1     4    1     12      12        3     0    0 00:08:46       1
邻居的更新源地址     邻居的AS号                          邻居建立的时间   收到邻居的路由前缀数
Total number of neighbors 1
```

图 37-2　EBGP 通信运行正常

② 查看 EBGP 邻居路由器的路由表，若能学习到对方通告的路由，则 EBGP 配置正确，如图 37-3 所示。

```
RA#show ip route
```

```
Codes:  C - connected, S - static, R - RIP, B - BGP
        O - OSPF, IA - OSPF inter area
        N1 - OSPF NSSA external type 1, N2 - OSPF NSSA external type 2
        E1 - OSPF external type 1, E2 - OSPF external type 2
        i - IS-IS, su - IS-IS summary, L1 - IS-IS level-1, L2 - IS-IS level-2
        ia - IS-IS inter area, * - candidate default

Gateway of last resort is not set
C     2.2.2.2/32 is local host.
B     10.1.1.0/24 [20/0] via 192.168.1.1, 00:09:34
C     10.4.1.0/24 is directly connected, FastEthernet 0/1
C     10.4.1.1/32 is local host.
C     192.168.1.0/24 is directly connected, FastEthernet 0/0
C     192.168.1.2/32 is local host.
```

图 37-3　EBGP 学习到路由表

【注意事项】

BGP 是一种用于在不同 AS 的路由设备间通信的外部网关协议（Exterior Gateway Protocol，EGP），其主要功能是在不同的 AS 之间交换网络可达信息，并通过协议自身机制来消除路由环路。BGP 使用传输控制协议（Transmission Control Protocol，TCP）进行数据传输，TCP 的可靠传输机制保证了 BGP 数据传输的可靠性。运行 BGP 的路由器称为 BGP 发言者，而建立了 BGP 会话连接的 BGP 发言者则互相称为对等体。

任务 37　配置 EBGP 路由，实现外部 BGP 网络联通

BGP 发言者之间建立对等体的模式有两种：IBGP 和 EBGP。IBGP 是指在相同 AS 内建立的 BGP 连接，EBGP 是指在不同 AS 之间建立的 BGP 连接。简言之，EBGP 主要完成不同 AS 之间路由信息的交换，IBGP 主要完成 AS 内部的路由信息传递。

BGP 主要应用于大型网络中，针对大量内部网关协议（Interior Gateway Protocol，IGP）路由进行传递。同时，BGP 利用其自身的一些属性，方便地控制路由选路，主要应用场景包括电信运营商，二、三级服务提供商的自建网络，金融行业的省级骨干网，各地市的电子政务外网等。在这些场景中，BGP 通常不是独立部署的，而是与多协议标记交换（Multi-Protocol Label Switching，MPLS）配合，构建 BGP+MPLS 虚拟专用网络组网方式。

任务 38 配置 IBGP 路由，实现外部 BGP 网络联通

【任务目标】

配置 IBGP 路由，实现外部 BGP 网络联通。

【背景描述】

某公司内部建设了两个不同的园区网络，希望通过使用 BGP 路由实现这两个园区网络之间的联通。动态路由协议 BGP 中的 IBGP 可实现同一 AS 内的路由联通，并且可以优化公司内部网络的路由条目。

【网络拓扑】

图 38-1 所示为某公司内部建设的两个不同的园区网络场景。网络管理员计划通过配置 IBGP 路由，实现公司内部网络联通，同时优化路由条目。其中，交换机 SWA、路由器 RA、交换机 SWB 处于 AS 123，交换机 SWA 和路由器 RA 之间建立了 IBGP 邻居关系，路由器 RA 和交换机 SWB 之间建立了 IBGP 邻居关系，通过 IBGP 把路由通告给邻居，实现同一 AS 内的路由联通。

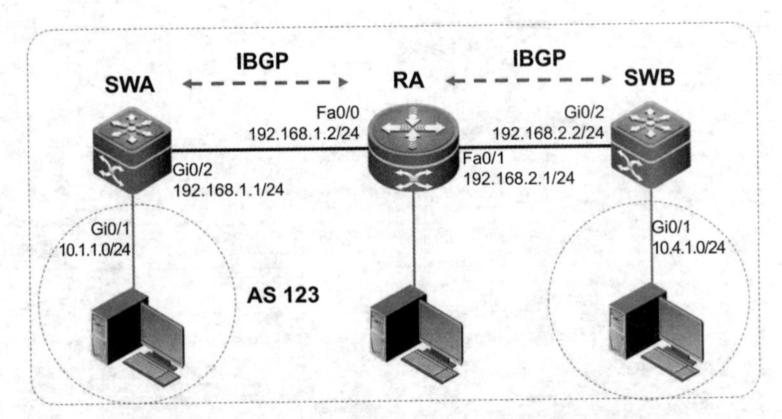

图 38-1 某公司内部建设的两个不同的园区网络场景

【设备清单】

模块化路由器（1 台）；三层交换机（2 台）；网线（若干）；V35 线缆（可选）；测试计算机（若干）。

（备注 1：注意设备连接接口；可以根据现场连接情况，相应修改文档中接口名称，配置过程不受影响。）

（备注 2：限于实训环境，本任务也可以使用 3 台三层交换机或 3 台路由器组网实现，配置过程做相应改变。）

【实施步骤】

（1）在交换机 SWA 上配置地址信息。

```
Switch#configure terminal
Switch(config)#hostname SWA
SWA(config)#interface GigabitEthernet 0/2
SWA(config-if)#no switchport
SWA(config-if)#ip address 192.168.1.1 255.255.255.0
SWA(config-if)#exit
SWA(config)#interface GigabitEthernet 0/1
SWA(config-if)#no switchport
SWA(config-if)#ip address 10.1.1.1 255.255.255.0
SWA(config-if)#exit
SWA(config)#interface Loopback 0   // 配置 Loopback 0 接口地址作为 BGP 更新源地址
SWA(config-if)#ip address 1.1.1.1 255.255.255.255
SWA(config-if)#exit
```

（2）在路由器 RA 上配置地址信息。

```
Router#configure terminal
Router(config)#hostname RA
RA(config)#interface FastEthernet 0/0
RA(config-if)#ip address 192.168.1.2 255.255.255.0
RA(config-if)#exit
RA(config)#interface FastEthernet 0/1
RA(config-if)#ip address 192.168.2.1 255.255.255.0
RA(config-if)#exit
RA(config)#interface Loopback 0
RA(config-if)#ip address 2.2.2.2 255.255.255.255
RA(config-if)#exit
```

（3）在交换机 SWB 上配置地址信息。

```
Switch#configure terminal
Switch(config)#hostname SWB
SWB(config)#interface GigabitEthernet 0/1
SWB(config-if)#no switchport
SWB(config-if)#ip address 10.4.1.1 255.255.255.0
SWB(config-if)#exit
SWB(config)#interface GigabitEthernet 0/2
```

```
SWB(config-if)#no switchport
SWB(config-if)#ip address 192.168.2.2 255.255.255.0
SWB(config-if)#exit
SWB(config)#interface Loopback 0    // 配置 Loopback 0 接口地址作为 BGP 更新源地址
SWB(config-if)#ip address 3.3.3.3 255.255.255.255
SWB(config-if)#exit
```

（4）全网启用 OSPF 路由，使全网的 Loopback 接口可达。

```
SWA(config)#router ospf 1
SWA(config-router)#network 192.168.1.1 0.0.0.0 area 0
SWA(config-router)#network 1.1.1.1 0.0.0.0 area 0
SWA(config-router)#exit
```

```
RA(config)#router ospf 1
RA(config-router)#network 192.168.1.2 0.0.0.0 area 0
RA(config-router)#network 192.168.2.1 0.0.0.0 area 0
RA(config-router)#network 2.2.2.2 0.0.0.0 area 0
RA(config-router)#exit
```

```
SWB(config)#router ospf 1
SWB(config-router)#network 192.168.2.2 0.0.0.0 area 0
SWB(config-router)#network 3.3.3.3 0.0.0.0 area 0
SWB(config-router)#exit
```

（5）配置互联设备之间的 IBGP 邻居关系。

```
SWA(config)#router bgp 123       //  启用 BGP 进程，AS 号为 123
SWA(config-router)#neighbor 2.2.2.2 remote-as 123
                                             // 指定 BGP 邻居地址及邻居的 AS 号
SWA(config-router)#neighbor 2.2.2.2 update-source Loopback 0
                                                   // 配置 BGP 的更新源地址
SWA(config-router)#exit
```

```
RA(config)#router bgp 123
RA(config-router)#neighbor 1.1.1.1 remote-as 123
RA(config-router)#neighbor 1.1.1.1 update-source Loopback 0
                                                   // 配置 BGP 的更新源地址
RA(config-router)#neighbor 3.3.3.3 remote-as 123
RA(config-router)#neighbor 3.3.3.3 update-source Loopback 0
                                                   // 配置 BGP 的更新源地址
RA(config-router)#exit
```

```
SWB(config)#router bgp 123
SWB(config-router)#neighbor 2.2.2.2 remote-as 123
SWB(config-router)#neighbor 2.2.2.2 update-source Loopback 0
SWB(config-router)#exit
```

（6）将路由通告到 BGP 域。

```
SWA(config)#router bgp 123
SWA(config-router)#network 10.1.1.0 mask 255.255.255.0
SWA(config-router)#exit
```

```
SWB(config)#router bgp 123
SWB(config-router)#network 10.4.1.0 mask 255.255.255.0
SWB(config-router)#exit
```

（7）验证测试。

① 查看路由器之间是否建立了 BGP 邻居关系。如图 38-2 所示，若邻居关系正常建立，且状态为 Established，则 IBGP 通信运行正常。

```
RA#show ip bgp summary
```

```
BGP router identifier 2.2.2.2, local AS number 123
BGP table version is 3
1 BGP AS-PATH entries
0 BGP Community entries
2 BGP Prefix entries (Maximum-prefix:4294967295)

Neighbor        V    AS MsgRcvd MsgSent   TblVer  InQ OutQ Up/Down  State/PfxRcd
1.1.1.1         4   123      15      14        3    0    0 00:11:20        1
3.3.3.3         4   123      11      11        3    0    0 00:08:37        1
 邻居的更新源地址     邻居的AS号                          邻居建立的时间   收到邻居的路由前缀数
Total number of neighbors 2
```

图 38-2 IBGP 通信运行正常

② 查看 IBGP 邻居路由器的路由表，若能学习到对方通告的路由，则 IBGP 配置正确，如图 38-3 所示。

```
RA#show ip route
```

```
Codes:  C - connected, S - static, R - RIP, B - BGP
        O - OSPF, IA - OSPF inter area
        N1 - OSPF NSSA external type 1, N2 - OSPF NSSA external type 2
        E1 - OSPF external type 1, E2 - OSPF external type 2
        i - IS-IS, su - IS-IS summary, L1 - IS-IS level-1, L2 - IS-IS level-2
        ia - IS-IS inter area, * - candidate default

Gateway of last resort is not set
O      1.1.1.1/32 [110/1] via 192.168.1.1, 16:07:50, FastEthernet 0/0
C      2.2.2.2/32 is local host.
O      3.3.3.3/32 [110/1] via 192.168.2.2, 00:29:04, FastEthernet 0/1
B      10.1.1.0/24 [200/0] via 1.1.1.1, 00:10:12
B      10.4.1.0/24 [200/0] via 3.3.3.3, 00:08:44
C      192.168.1.0/24 is directly connected, FastEthernet 0/0
C      192.168.1.2/32 is local host.
C      192.168.2.0/24 is directly connected, FastEthernet 0/1
C      192.168.2.1/32 is local host.
```

图 38-3 IBGP 学习到路由表

【注意事项】

在 BGP 邻居更新源地址的选择上，IBGP 和 EBGP 存在一些差别。IBGP 邻居在 AS 内部，建议采用 Loopback 接口地址作为更新源地址，Loopback 接口地址可靠（不会因物理线路故障而导致 BGP 邻居动荡），AS 内部一般都有 IGP 打通更新源地址的路由。EBGP 邻居在 AS 边界，建议采用直连接口地址作为更新源地址，直连可达，无须再通过 IGP 打通更新源地址之间的路由。

此外，IBGP 存在水平分割，即从 IBGP 邻居学习到的路由，不会再传递给其他 IBGP 邻居，但会传递给 EBGP 邻居。

任务 39 配置 BGP 路由下一跳属性，实现网络联通

【任务目标】

配置 BGP 路由下一跳属性，实现网络联通。

【背景描述】

某企业使用 BGP 路由从 ISP 处接收 Internet 中的路由。当 ISP 的接入路由器 RB 将来自 Internet 的路由通过 BGP 通告给企业网络中的出口路由器 RA 时，路由器 RA 可以收到路由器 RB 通告的 BGP 路由，且下一跳地址为路由器 RB 的地址；但在路由器 RC 上查看路由表，会发现没有 BGP 路由。因此，需要配置 BGP 路由下一跳属性，获得完整路由表。

【网络拓扑】

图 39-1 所示为某企业网络连接到一个 ISP 的网络场景，需要配置 BGP 路由下一跳属性，实现网络联通。

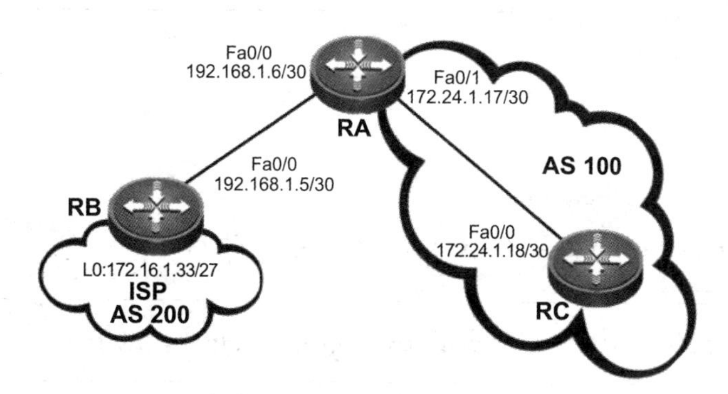

图 39-1 某企业网络连接到一个 ISP 的网络场景

【设备清单】

模块化路由器（3 台）；网线（若干）；V35 线缆（可选）；测试计算机（若干）。

（备注 1：实际的出口网络中都通过 WAN 口连接，本任务限于条件，使用部分 LAN 口。）

（备注 2：注意设备连接接口；可以根据现场连接情况，相应修改文档中接口名称，配置过程不受影响。）

（备注 3：限于实训环境，本任务也可以使用多台三层交换机和路由器混合组网实现，配置过程做相应改变。）

【实施步骤】

（1）在路由器 RA 上配置地址信息。

```
Router#configure terminal
Router(config)#hostname RA
RA(config)#interface FastEthernet 0/0
RA(config-if)#ip address 192.168.1.6 255.255.255.252
RA(config-if)#exit
RA(config)#interface FastEthernet 0/1
RA(config-if)#ip address 172.24.1.17 255.255.255.0
RA(config-if)#exit
```

（2）在路由器 RB 上配置地址信息。

```
Router#configure terminal
Router(config)#hostname RB
RB(config)#interface FastEthernet 0/0
RB(config-if)#ip address 192.168.1.5 255.255.255.252
RB(config-if)#exit
RB(config)#interface Loopback 0
RB(config-if)#ip address 172.16.1.33 255.255.255.224
RB(config-if)#exit
```

（3）在路由器 RC 上配置地址信息。

```
Router#configure terminal
Router(config)#hostname RC
RC(config)#interface FastEthernet 0/0
RC(config-if)#ip address 172.24.1.18 255.255.255.0
RC(config-if)#exit
```

（4）在路由器 RA、RB、RC 上配置 BGP 邻居关系并通告网络。

```
RA(config)#router bgp 100
RA(config-router)#neighbor 172.24.1.18 remote-as 100
RA(config-router)#neighbor 192.168.1.5 remote-as 200
```

```
RB(config)#router bgp 200
RB(config-router)#neighbor 192.168.1.6 remote-as 100
RB(config-router)#network 172.16.1.32 mask 255.255.255.224
```

```
RC(config)#router bgp 100
RC(config-router)#neighbor 172.24.1.17 remote-as 100
```

（5）验证测试 BGP 路由信息。

在路由器 RA 上使用命令 show ip bgp 和 show ip route 查看路由表信息。

```
RA#show ip bgp
    BGP table version is 2,local router ID is 192.168.1.6
    Status codes:s suppressed,d damped,h history, *valid, >best,i-internal,S
Stale
    Origin codes:i-IGP,e-EGP, ? -incomplete
    Network            Next Hop         Metric  LocPrf  Path
    *>172.16.1.32/27   192.168.1.5      0       200     i

    Total number of prefixes 1
```

```
RA#show ip route
    Codes:  C-connected,S-static,   R-RIP B-BGP O-OSPF,IA-OSPF inter area
    N1-OSPF NSSA external type 1,N2-OSPF NSSA external type 2
    E1-OSPF external type 1,E2-OSPF external type 2
    i-IS-IS,L1-IS-IS level-1,L2-IS-IS level-2,ia-IS-IS inter area
    * -candidate default

    Gateway of last resort is not set
    B   172.16.1.32/27[20/0]via 192.168.1.5,00:01:40
    C   172.24.1.16/30 is directly connected,FastEthernet 0/1
    C   172.24.1.17/32 is local host.
    C   192.168.1.4/30 is directly connected,FastEthernet 0/0
    C   192.168.1.6/32 is local host.
```

从路由器 RA 的 BGP 路由表和 IP 路由表可以看到，路由器 RA 已经从路由器 RB 学习到了 172.16.1.32/27 的路由，并且下一跳地址为路由器 RB 的地址 192.168.1.5。

（6）验证测试 BGP 路由信息。

在路由器 RC 上使用命令 show ip route 和 show ip bgp 查看路由表信息。

```
RC#show ip route
    Codes:  C-connected,S-static,   R-RIP B-BGP O-OSPF,IA-OSPF inter area
    N1-OSPF NSSA external type 1,N2-OSPF NSSA external type 2
    E1-OSPF external type 1,E2-OSPF external type 2
    i-IS-IS,L1-IS-IS level-1,L2-IS-IS level-2,ia-IS-IS inter area
    * -candidate default

    Gateway of last resort is not set
    C   172.24.1.16/30 is directly connected,FastEthernet 0/0
    C   172.24.1.18/32 is local host.
```

从路由器 RC 的 IP 路由表可以看到，路由表中并没有相应的 BGP 路由条目。

```
RC#show ip bgp
   BGP table version is 5,local router ID is 172.24.1.18
   Status codes:s suppressed,d damped,h history, *valid, >best,i-internal,S
Stale
   Origin codes:i-IGP,e-EGP, ? -incomplete

   Network            Next Hop         Metric  LocPrf      Path

   *i172.16.1.32/27   192.168.1.5      0       100 200     i
   Total number of prefixes 1
```

从路由器 RC 的 BGP 路由表可以看到，虽然路由器 RC 从路由器 RA 学习到了 172.16.1.32/27 的路由，但下一跳地址为路由器 RB 的地址 192.168.1.5，而不是路由器 RA 的地址。同时该路由并未使用>标识，这表示该路由不是最优路由且没有被加入 IP 路由表。通过查看 BGP 路由的详细信息，可以看到如下结果。

```
RC#show ip bgp 172.16.1.33 255.255.255.224
   BGP routing table entry for 172.16.1.32/27
   Paths: (1 available,no best path)Not advertised to any peer
   200
   192.168.1.5(inaccessible)from 172.24.1.17(192.168.1.6)Origin IGP metric
0,localpref 100,distance 200,valid,internal Last update:Sat Mar  7 05:11:19
2009
```

从输出结果可以看到，该路由的下一跳地址 192.168.1.5 被标记为 inaccessible（不可访问），表示路由器 RC 没有到达该下一跳地址的路由，这就是该路由没有被选为最优路由的原因。

（7）修改 BGP 路由的下一跳属性。

```
RA(config)#router bgp 100
RA(config-router)#neighbor 172.24.1.18 next-hop-self
                    //  在路由器 RA 上将通告给路由器 RC 的路由的下一跳地址设置为自身的地址
```

（8）验证测试 BGP 路由信息。

再次查看路由器 RC 的 BGP 路由表和 IP 路由表信息。

```
RC#show ip bgp
   BGP table version is 13,local router ID is 172.24.1.18
   Status codes:s suppressed,d damped,h history, *valid, >best,i-internal,S
Stale
   Origin codes:i-IGP,e-EGP, ? -incomplete
```

```
    Network             Next Hop        Metric  LocPrf       Path
    *>i172.16.1.32/27   172.24.1.17     0       100 200      i

    Total number of prefixes 1
```

通过路由器 RC 的 BGP 路由表可以看出，该路由已经被标记为最优路由，下一跳地址为路由器 RA 的地址 172.24.1.17。

```
RC#show ip route
    Codes:  C-connected,S-static,  R-RIP B-BGP O-OSPF,IA-OSPF inter area
    N1-OSPF NSSA external type 1,N2-OSPF NSSA external type 2
    E1-OSPF external type 1,E2-OSPF external type 2
    i-IS-IS,L1-IS-IS level-1,L2-IS-IS level-2,ia-IS-IS inter area
    * -candidate default

    Gateway of last resort is not set
    B   172.16.1.32/27[200/0]via 172.24.1.17,00:01:25
    C   172.24.1.16/30 is directly connected,FastEthernet 0/0
    C   172.24.1.18/32 is local host.
```

从路由器 RC 的 IP 路由表可以看到，由于路由的下一跳地址可达，因此该路由已经被加入 IP 路由表。

【注意事项】

BGP 在进行路由决策时，只会考虑合法的路由，即下一跳可达的路由。根据 BGP 通告下一跳属性的规则，当 BGP 发言者将通过 EBGP 学习到的路由通告给 IBGP 邻居时，不会改变路由的下一跳属性。因此，路由器 RC 看到的 BGP 路由的下一跳地址仍为路由器 RB 的地址。由于路由器 RC 没有到达路由器 RB 地址的路由，从路由器 RA 收到的路由将被视为下一跳不可达，因此不会将其加入 IP 路由表。

为了解决这个问题，可以在路由器 RA 上进行配置，使其在将路由通告给路由器 RC 时将下一跳地址设置为自身的地址，这样对于路由器 RC 来说，看到的路由的下一跳地址是可达的（直连网络）。默认情况下，当 BGP 发言者将通过 EBGP 学习到的路由通告给 IBGP 邻居时，不会改变路由的下一跳属性。可以通过配置修改 BGP 的默认操作，使 BGP 发言者在通告路由时使用自身的地址作为下一跳地址。

neighbor next-hop-self 命令会将下一跳地址修改为本地与对等体建立邻居关系时使用的地址，如果本地与对等体使用 Loopback 接口建立邻居关系，那么下一跳地址将被修改为 Loopback 接口的地址。

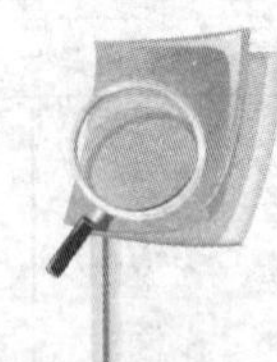

任务 40 配置 BGP 更新源地址和 EBGP 多跳路由

【任务目标】

掌握 BGP 更新源地址的配置方法，了解 BGP 更新源作用，掌握 EBGP 多跳路由的配置方法。

【背景描述】

某 ISP 网络中连接了两个不同的 AS，为了实现链路冗余效果，在两个不同的 AS 之间使用了两条链路。网络管理员在两个 BGP 发言者之间，使用物理接口地址建立了两个 EBGP 邻居关系，即两个 TCP 连接（每条链路上一个）。但是网络运行一段时间后，网络管理员发现由于存在两个 EBGP 邻居关系，BGP 发言者在发送路由更新时需要发送两遍路由通过消息，造成路由更新的冗余，浪费了带宽资源。此外，当某条链路（物理接口）出现故障后，BGP 需要重新计算路径才能收敛，给网络带来了不稳定性。因此，需要通过配置 BGP 更新源地址和 EBGP 多跳路由，实现不同的 AS 网络之间的联通。

【网络拓扑】

图 40-1 所示为某 ISP 网络中两个不同的 AS 网络场景，通过配置 BGP 更新源地址和 EBGP 多跳路由，实现不同的 AS 网络之间的联通。

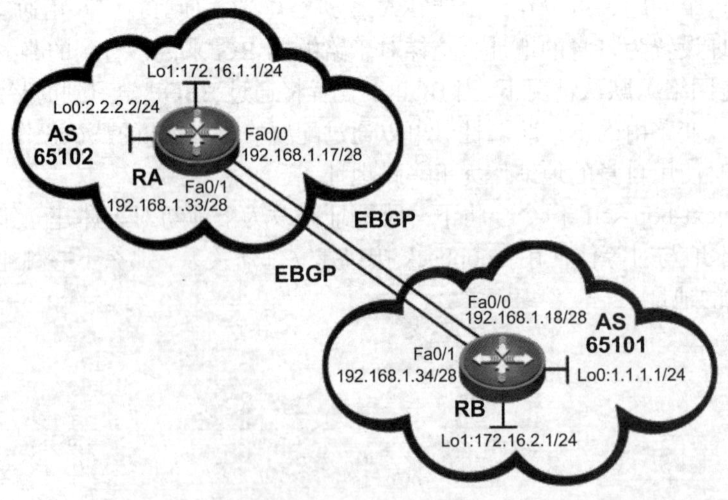

图 40-1 某 ISP 网络中两个不同的 AS 网络场景

【设备清单】

模块化路由器（2台）；网线（若干）；V35线缆（可选）；测试计算机（若干）。

（备注1：实际的出口网络中都通过WAN口连接，本任务限于条件，使用部分LAN口。）

（备注2：注意设备连接接口；可以根据现场连接情况，相应修改文档中接口名称，配置过程不受影响。）

（备注3：限于实训环境，本任务也可以使用多台三层交换机和路由器混合组网实现，配置过程做相应改变。）

【实施步骤】

（1）在路由器RA上配置地址信息。

```
Router#configure terminal
Router(config)#hostname RA
RA(config)#interface FastEthernet 0/0
RA(config)#ip address 192.168.1.17 255.255.255.240
RA(config-if)#exit
RA(config)#interface FastEthernet 0/1
RA(config-if)#ip address 192.168.1.33 255.255.255.240
RA(config-if)#exit
RA(config)#interface Loopback 0
RA(config-if)#ip address 2.2.2.2 255.255.255.0
RA(config-if)#exit
RA(config)#interface Loopback 1
RA(config-if)#ip address 172.16.1.1 255.255.255.0
RA(config-if)#exit
```

（2）在路由器RB上配置地址信息。

```
Router#configure terminal
Router(config)#hostname RB
RB(config)#interface FastEthernet 0/0
RB(config-if)#ip address 192.168.1.18 255.255.255.240
RB(config-if)#exit
RB(config)#interface FastEthernet 0/1
RB(config-if)#ip address 192.168.1.34 255.255.255.240
RB(config-if)#exit
RB(config)#interface Loopback 0
RB(config-if)#ip address 1.1.1.1 255.255.255.0
RB(config-if)#exit
RB(config)#interface Loopback 1
RB(config-if)#ip address 172.16.2.1 255.255.255.0
RB(config-if)#exit
```

（3）在路由器 RA 和 RB 上配置 BGP 邻居关系并通告网络。

```
RA(config)#router bgp 65102
RA(config-router)#neighbor 1.1.1.1 remote-as 65101
RA(config-router)#neighbor 1.1.1.1 ebgp-multihop 2
                              // 配置与路由器 RB 之间建立 EBGP 邻居关系的最大跳数为 2
RA(config-router)#neighbor 1.1.1.1 update-source Loopback 0
                              // 配置本地使用 Loopback 0 接口的地址与对端建立邻居关系
RA(config-router)#network 172.16.1.0 mask 255.255.255.0
                              // 通告本地 Loopback 1 接口的路由
```

```
RB(config)#router bgp 65101
RB(config-router)#neighbor 2.2.2.2 remote-as 65102
RB(config-router)#neighbor 2.2.2.2 ebgp-multihop 2
                              // 配置与路由器 RA 之间建立 EBGP 邻居关系的最大跳数为 2
RB(config-router)#neighbor 2.2.2.2 update-source Loopback 0
                              // 配置本地使用 Loopback 0 接口的地址与对端建立邻居关系
RB(config-router)#network 172.16.2.0 mask 255.255.255.0
                              // 通告本地 Loopback 1 接口的路由
```

（4）在路由器 RA 和 RB 上配置静态路由。

```
RA(config)#ip route 1.1.1.0 255.255.255.0 192.168.1.18
RA(config)#ip route 1.1.1.0 255.255.255.0 192.168.1.34
                              // 配置到达路由器 RB 的 Loopback 0 接口地址的两条静态路由
```

```
RB(config)#ip route 2.2.2.0 255.255.255.0 192.168.1.17
RB(config)#ip route 2.2.2.0 255.255.255.0 192.168.1.33
                              // 配置到达路由器 RA 的 Loopback 0 接口地址的两条静态路由
```

（5）验证测试 BGP 路由信息。

使用 show ip bgp neighbors 命令查看 BGP 邻居关系状态。

```
RA#show ip bgp neighbors
   BGP neighbor is 1.1.1.1,remote AS 65101,local AS 65102,external link
   BGP version 4,remote router ID 172.16.2.1
   BGP state=Established,up for 00:04:01
   Last read 00:04:01,hold time is 180,keepalive interval is 60 seconds
   Neighbor capabilities:
   Route refresh:advertised and received(old and new)Address family IPv4
Unicast:advertised and received
   Received 6 messages,0 notifications,0 in queue
   open message:1 update message:1 keepalive message:4 refresh message:0
dynamic cap:0 notifications:0
```

```
    Sent 7 messages,0 notifications,0 in queue

    open message:1 update message:1 keepalive message:5 refresh message:0
dynamic cap:0 notifications:0
    Route refresh request:received 0,sent 0
    Minimum time between advertisement runs is 30 seconds
    Update source is Loopback 0

    For address family:IPv4 Unicast
    BGP table version 6,neighbor version 6
    Index 1,Offset 0,Mask 0x2
    1 accepted prefixes
    1 announced prefixes

    Connections established 1;dropped 0
    External BGP neighbor may be up to 2 hops away.
    Local host:2.2.2.2,Local port:1028
    Foreign host:1.1.1.1,Foreign port:179
    Nexthop:2.2.2.2
    Nexthop global: ::Nexthop local: ::
    BGP connection:non shared network
```

```
RB#show ip bgp neighbors
    BGP neighbor is 2.2.2.2,remote AS 65102,local AS 65101,external link
    BGP version 4,remote router ID 172.16.1.1
    BGP state=Established,up for 00:08:14
    Last read 00:08:14,hold time is 180,keepalive interval is 60 seconds
    Neighbor capabilities:
    Route refresh:advertised and received(old and new)Address family IPv4
Unicast:advertised and received
    Received 12 messages,0 notifications,0 in queue
    open message:1 update message:1 keepalive message:10 refresh message:0
dynamic cap:0 notifications:0
    Sent 12 messages,0 notifications,0 in queue
    open message:1 update message:1 keepalive message:10 refresh message:0
dynamic cap:0 notifications:0
    Route refresh request:received 0,sent 0
    Minimum time between advertisement runs is 30 seconds
    Update source is Loopback 0

    For address family:IPv4 Unicast
    BGP table version 10,neighbor version 10
    Index 1,Offset 0,Mask 0x2
```

```
  1 accepted prefixes
  1 announced prefixes

  Connections established 1;dropped 0
  External BGP neighbor may be up to 2 hops away.
  Local host:1.1.1.1,Local port:1025
  Foreign host:2.2.2.2,Foreign port:179
  Nexthop:1.1.1.1
  Nexthop global: ::Nexthop local: ::
  BGP connection:non shared network
```

通过路由器 RA 和路由器 RB 的 BGP 邻居关系状态可以看出，路由器 RA 和路由器 RB 之间使用 Loopback 0 接口成功建立了邻居关系。

（6）验证测试 BGP 路由信息。

使用 show ip bgp 命令查看 BGP 路由表信息。

```
RA#show ip bgp
  BGP table version is 12,local router ID is 172.16.1.1
  Status codes:s suppressed,d damped,h history, *valid, >best,i-internal,S
Stale
  Origin codes:i-IGP,e-EGP, ? -incomplete

  Network            Next Hop      Metric  LocPrf  Path
  *>172.16.1.0/24    0.0.0.0       0       i
  *>172.16.2.0/24    1.1.1.1       0       65101   i

  Total number of prefixes 2
```

```
RB#show ip bgp
  BGP table version is 6,local router ID is 172.16.2.1
  Status codes:s suppressed,d damped,h history, *valid, >best,i-internal,S
Stale
  Origin codes:i-IGP,e-EGP, ? -incomplete

  Network            Next Hop      Metric  LocPrf  Path
  *>172.16.1.0/24    2.2.2.2       0       65102   i
  *>172.16.2.0/24    0.0.0.0       0               i

  Total number of prefixes 2
```

通过路由器 RA 和路由器 RB 的 BGP 路由表可以看到，双方学习到了对端通告的 BGP 路由，并且下一跳地址为对端的 Loopback 0 接口的地址，即双方建立邻居关系时使用的地址。

【注意事项】

手动配置 BGP 的更新源地址时，需要保证双方所配置的对端地址相互匹配。也就是说，如果本地使用 Loopback 0 接口地址建立邻居关系，那么在对端配置邻居地址时也要使用本地 Loopback 0 接口地址。否则，双方不能成功建立邻居关系。

为了避免因物理接口故障而导致路由重新收敛的情况，可以使用 Loopback 接口建立邻居关系。这样，两个 BGP 对等体只需要建立一个邻居关系，即一条 TCP 连接，该连接可以在两条物理链路上复用。由于两个 BGP 发言者的 Loopback 接口之间并非直连，因此需要使用 EBGP 多跳属性，以修改默认的 EBGP 邻居必须直连的规则。

默认情况下，BGP 建立邻居关系时会查找本地路由表，以选择最优的到达对端地址的本地接口和地址。可以配置 BGP 在建立邻居关系时使用指定的接口和地址，通常是 Loopback 接口。由于 Loopback 接口是虚拟的，因此状态不会受到链路故障的影响而变为下线（down），可以提高邻居关系的稳定性。

此外，根据 BGP 的默认规则，要成功建立 EBGP 邻居关系，EBGP 对等体之间必须是直连的。也可以通过配置修改 BGP 的默认操作，使得对等体之间可以使用多跳的方式建立 EBGP 邻居关系。

任务 41 配置 BGP 同步，实现不同 AS 网络联通

【任务目标】

配置 BGP 同步，理解 BGP 同步的概念，实现不同 AS 网络联通。

【背景描述】

如图 41-1 所示，某 ISP 网络中连接了多个不同 AS。其中，AS 64520 与 AS 65000 之间，AS 64521 与 AS 65000 之间建立了 EBGP 邻居关系。AS 64520 通告了一条 BGP 路由给 AS 65000，路由器 RB 接收到该路由后，将其通告给了路由器 RC，但现在的问题是路由器 RD 并没有收到该路由。由于 BGP 路由器默认关闭 BGP 同步，在路由器 RC 上开启 BGP 同步后，路由器 RC 在自己的 IP 路由表中出现该路由之前，不会将其通告给自己的 EBGP 邻居路由器 RD。为了使路由器 RC 能够将路由通告给 RD，可以在路由器 RC 上关闭 BGP 同步。

【网络拓扑】

图 41-1 所示为某 ISP 网络中连接多个不同 AS，配置 BGP 同步场景，实现 BGP 网络同步更新。

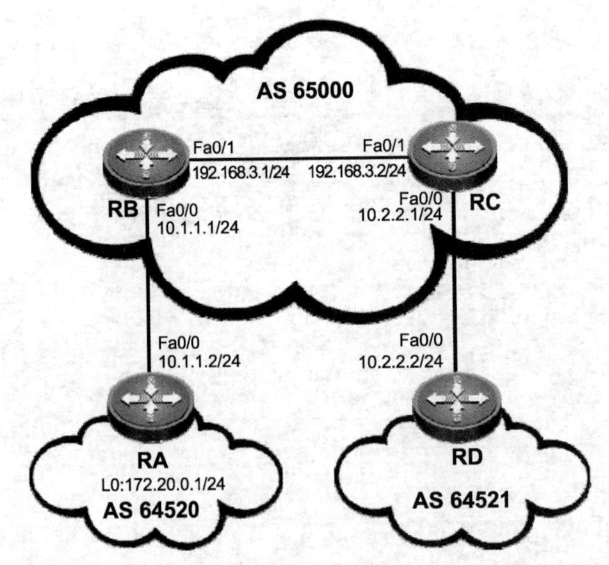

图 41-1 某 ISP 网络中连接多个不同 AS，配置 BGP 同步场景

【设备清单】

模块化路由器（4台）；网线（若干）；V35线缆（可选）；测试计算机（若干）。

（备注1:实际的出口网络中都通过WAN口连接,本任务限于条件,使用部分LAN口。）

（备注2：注意设备连接接口；可以根据现场连接情况，相应修改文档中接口名称，配置过程不受影响。）

（备注3：限于实训环境，本任务也可以使用多台三层交换机和路由器混合组网实现，配置过程做相应改变。）

【实施步骤】

（1）在路由器RA上配置地址信息。

```
Router#configure terminal
Router(config)#hostname RA
RA(config)#interface FastEthernet 0/0
RA(config-if)#ip address 10.1.1.2 255.255.255.0
RA(config-if)#exit
RA(config)#interface Loopback 0
RA(config-if)#ip address 172.20.0.1 255.255.255.0
RA(config-if)#exit
```

（2）在路由器RB上配置地址信息。

```
Router#configure terminal
Router(config)#hostname RB
RB(config)#interface FastEthernet 0/0
RB(config-if)#ip address 10.1.1.1 255.255.255.0
RB(config-if)#exit
RB(config)#interface FastEthernet 0/1
RB(config-if)#ip address 192.168.3.1 255.255.255.0
RB(config-if)#exit
```

（3）在路由器RC上配置地址信息。

```
Router#configure terminal
Router(config)#hostname RC
RC(config)#interface FastEthernet 0/1
RC(config-if)#ip address 192.168.3.2 255.255.255.0
RC(config-if)#exit
RC(config)#interface FastEthernet 0/0
RC(config-if)#ip address 10.2.2.1 255.255.255.0
RC(config-if)#exit
```

（4）在路由器RD上配置地址信息。

```
Router#configure terminal
```

```
Router(config)#hostname RD
RD(config)#interface FastEthernet 0/0
RD(config-if)#ip address 10.2.2.2 255.255.255.0
RD(config-if)#exit
```

（5）在路由器 RA、RB、RC、RD 上配置 BGP 邻居关系并通告网络。

```
RA(config)#router bgp 64520
RA(config-router)#neighbor 10.1.1.1 remote-as 65000
RA(config-router)#network 172.20.0.0 mask 255.255.255.0
```

```
RB(config)#router bgp 65000
RB(config-router)#neighbor 10.1.1.2 remote-as 64520
RB(config-router)#neighbor 192.168.3.2 remote-as 65000
RB(config-router)#neighbor 192.168.3.2 next-hop-self
                    //  配置路由器 RB 将路由通告给路由器 RC 时将下一跳地址设置为自身地址
```

```
RC(config)#router bgp 65000
RC(config-router)#synchronization      //  打开路由器 RC 的 BGP 同步
RC(config-router)#neighbor 192.168.3.1 remote-as 65000
RC(config-router)#neighbor 10.2.2.2 remote-as 64521
```

```
RD(config)#router bgp 64521
RD(config-router)#neighbor 10.2.2.1 remote-as 65000
RD(config-router)#exit
```

（6）验证测试 BGP 路由信息。

使用 show ip bgp 命令查看 BGP 路由表信息。

```
RB#show ip bgp
   BGP table version is 2,local router ID is 192.168.3.1
   Status codes:s suppressed,d damped,h history, *valid, >best,i-internal,S
Stale
   Origin codes:i-IGP,e-EGP, ? -incomplete

   Network            Next Hop      Metric  LocPrf  Path
   *>172.20.0.0/24    10.1.1.2      0       64520   i

   Total number of prefixes 1
      //  通过路由器 RB 的 BGP 路由表可以看出，路由器 RB 已经学习到了路由器 RA 通告的路由
```

```
RC#show ip bgp
   BGP table version is 2,local router ID is 192.168.3.2
```

```
    Status codes:s suppressed,d damped,h history, *valid, >best,i-internal,S
Stale
    Origin codes:i-IGP,e-EGP, ? -incomplete

    Network             Next Hop         Metric  LocPrf      Path
    *i172.20.0.0/24     192.168.3.1      0       100 64520   i

    Total number of prefixes 1
```

```
RC#show ip bgp 172.20.0.0 255.255.255.0
    BGP routing table entry for 172.20.0.0/24
    Paths: (1 available,no best path)
    Not advertised to any peer
    64520
    192.168.3.1 from 192.168.3.1(192.168.3.1)
    Origin  IGP  metric  0,  localpref  100,  distance  200,  valid,
internal,  not synchronized
    Last update:Sun Mar  8 00:34:20 2009
```

通过路由器RC的BGP路由表可以看到，路由器RC虽然学习到了172.20.0.0/24的路由，但是该路由并非最优路由。从该路由的详细信息可以看到，该路由没有被同步（not synchronized），并且没有被通告给其他对等体（路由器RD）。

```
RD#show ip bgp
    BGP table version is 2, local router ID is 192.168.3.2
    Status codes: s suppressed, d damped, h history, * valid, > best, i - internal,
S Stale
    Origin codes: i - IGP, e - EGP, ? - incomplete

    Network             Next Hop     Metric  LocPrf   Path

    Total number of prefixes 1
  //  通过路由器RD的BGP路由表也可以看到，路由器RD没有收到路由
```

（7）关闭BGP同步。

```
RC(config)#router bgp 65000
RC(config-router)#no synchronization        // 在路由器RC上关闭BGP同步
RC(config-router)#exit
```

（8）验证测试BGP路由信息。

```
RC#show ip bgp   // 查看路由器RC的BGP路由表信息
    BGP table version is 9,local router ID is 192.168.3.2
    Status codes:s suppressed,d damped,h history, *valid, >best,i-internal,S
Stale
```

```
Origin codes:i-IGP,e-EGP, ? -incomplete

Network          Next Hop Metric  LocPrf   Path
*>i172.20.0.0/24    192.168.3.1 0    100 64520 i

Total number of prefixes 1
```

```
RC#show ip bgp 172.20.0.0 255.255.255.0
   BGP routing table entry for 172.20.0.0/24
   Paths: (1 available,best#1,table Default-IP-Routing-Table)Advertised to
non peer-group peers:
   10.2.2.2
   64520
   192.168.3.1 from 192.168.3.1(192.168.3.1)
   Origin IGP metric 0,localpref 100,distance 200,valid,internal,best
   Last update:Sun Mar  8 00:34:20 2009
```

通过路由器RC的BGP路由表可以看到，在关闭了BGP同步后，路由器RC将该路由标记为最优路由，并且通告给了路由器RD。查看路由器RD的BGP路由表和IP路由表信息如下。

```
RD#show ip bgp
   BGP table version is 2,local router ID is 10.2.2.2
   Status codes:s suppressed,d damped,h history, *valid, >best,i-internal,S
Stale
   Origin codes:i-IGP,e-EGP, ? -incomplete

   Network              Next Hop     Metric  LocPrf  Path
   *>172.20.0.0/24      10.2.2.1     0       65000   64520 i

   Total number of prefixes 1
```

```
RD#show ip route
   Codes:   C-connected,S-static,   R-RIP B-BGP O-OSPF,IA-OSPF inter area
   N1-OSPF NSSA external type 1,N2-OSPF NSSA external type 2
   E1-OSPF external type 1,E2-OSPF external type 2
   i-IS-IS,L1-IS-IS level-1,L2-IS-IS level-2,ia-IS-IS inter area
   * -candidate default

   Gateway of last resort is not set
   C   10.2.2.0/24 is directly connected,FastEthernet 0/0
   C   10.2.2.2/32 is local host.
   B   172.20.0.0/24[20/0]via 10.2.2.1,00:02:41
```

通过路由器RD的BGP路由表可以看到，路由器RD已经成功收到路由器RC通告的路由，并且将其作为最优路由加入IP路由表。

【注意事项】

BGP同步规则：当BGP发言者通过IBGP接收到一条路由更新时，它会检查该路由信息是否已经存在于路由表中，即是否已通过IGP学习到该路由，如果没有那么BGP发言者将不会再把这条路由通告给它的EBGP对等体，也就是不会通告给其他AS，除非它已经通过IGP学习到该路由。

当网络作为中转AS时，如果中转路径上所有的路由器都启用了BGP，并且建立了全互联的IBGP邻居关系，就可以关闭BGP同步；当网络作为末节AS时，即不会将通过IBGP学习到的路由再通告给其他AS，也可以关闭BGP同步。如果在没有满足以上两个条件的情况下关闭了BGP同步，那么将有可能产生路由黑洞，导致数据报文被丢弃。

任务 42 配置 BGP 本地优先级，影响 BGP 路径决策

【任务目标】

配置 BGP 本地优先级，了解 BGP 本地优先级属性，更深入地理解 BGP。

【背景描述】

两个不同的网络服务商 ISP1 和 ISP2 之间使用两条 AS 间链路相连。为了避免接入路由器之间发生单点故障，需要提供备份链路，实现网络冗余。其中，路由器 RA 收到路由器 RZ 通告的两条路由条目，分别为 192.168.40.0/24 和 192.168.60.0/24。正常情况下，根据 BGP 的路径决策过程，路由器 RA 使用相同的路径，即相同的本地 AS 出口到达这两个网络。为了避免带宽资源的浪费，可以配置 BGP 本地优先级，使数据分别使用两个不同的出口路径到达两个网络中。

【网络拓扑】

图 42-1 所示为两服务商相连的网络场景。调整 BGP 本地优先级，可以影响 BGP 路径决策。

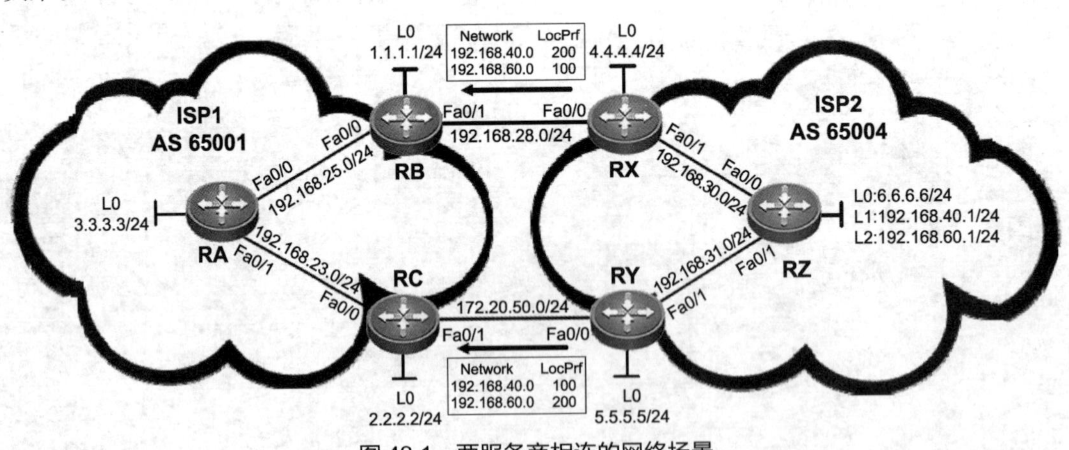

图 42-1 两服务商相连的网络场景

【设备清单】

模块化路由器（6 台）；网线（若干）；V35 线缆（可选）；测试计算机（若干）。

（备注 1：实际的出口网络中都通过 WAN 口连接，本任务限于条件，使用部分 LAN 口。）

（备注 2：注意设备连接接口；可以根据现场连接情况，相应修改文档中接口名称，配置过程不受影响。）

（备注 3：限于实训环境，本任务也可以使用多台三层交换机和路由器混合组网实现，配置过程做相应改变。）

【实施步骤】

（1）在路由器 RA 上配置地址信息。

```
Router#configure terminal
Router(config)#hostname RA
RA(config)#interface FastEthernet 0/0
RA(config-if)#ip address 192.168.25.1 255.255.255.0
RA(config-if)#exit
RA(config)#interface FastEthernet 0/1
RA(config-if)#ip address 192.168.23.1 255.255.255.0
RA(config-if)#exit
RA(config)#interface Loopback 0
RA(config-if)#ip address 3.3.3.3 255.255.255.0
RA(config-if)#exit
```

（2）在路由器 RB 上配置地址信息。

```
Router#configure terminal
Router(config)#hostname RB
RB(config)#interface FastEthernet 0/0
RB(config-if)#ip address 192.168.25.2 255.255.255.0
RB(config-if)#exit
RB(config)#interface FastEthernet 0/1
RB(config-if)#ip address 192.168.28.2 255.255.255.0
RB(config-if)#exit
RB(config)#interface Loopback 0
RB(config-if)#ip address 1.1.1.1 255.255.255.0
RB(config-if)#exit
```

（3）在路由器 RC 上配置地址信息。

```
Router#configure terminal
Router(config)#hostname RC
RC(config)#interface FastEthernet 0/0
RC(config-if)#ip address 192.168.23.2 255.255.255.0
RC(config-if)#exit
RC(config)#interface FastEthernet 0/1
RC(config-if)#ip address 172.20.50.2 255.255.255.0
RC(config-if)#exit
```

```
RC(config)#interface Loopback 0
RC(config-if)#ip address 2.2.2.2 255.255.255.0
RC(config-if)#exit
```

（4）在路由器 RX 上配置地址信息。

```
Router#configure terminal
Router(config)#hostname RX
RX(config)#interface FastEthernet 0/0
RX(config-if)#ip address 192.168.28.1 255.255.255.0
RX(config-if)#exit
RX(config)#interface FastEthernet 0/1
RX(config-if)#ip address 192.168.30.1 255.255.255.0
RX(config-if)#exit
RX(config)#interface Loopback 0
RX(config-if)#ip address 4.4.4.4 255.255.255.0
RX(config-if)#exit
```

（5）在路由器 RY 上配置地址信息。

```
Router#configure terminal
Router(config)#hostname RY
RY(config)#interface FastEthernet 0/0
RY(config-if)#ip address 172.20.50.1 255.255.255.0
RY(config-if)#exit
RY(config)#interface FastEthernet 0/1
RY(config-if)#ip address 192.168.31.1 255.255.255.0
RY(config-if)#exit
RY(config)#interface Loopback 0
RY(config-if)#ip address 5.5.5.5 255.255.255.0
RY(config-if)#exit
```

（6）在路由器 RZ 上配置地址信息。

```
Router#configure terminal
Router(config)#hostname RZ
RZ(config)#interface FastEthernet 0/0
RZ(config-if)#ip address 192.168.30.2 255.255.255.0
RZ(config-if)#exit
RZ(config)#interface FastEthernet 0/1
RZ(config-if)#ip address 192.168.31.2 255.255.255.0
RZ(config-if)#exit
RZ(config)#interface Loopback 0
RZ(config-if)#ip address 6.6.6.6 255.255.255.0
RZ(config-if)#exit
```

```
RZ(config)#interface Loopback 1
RZ(config-if)#ip address 192.168.40.1 255.255.255.0
RZ(config-if)#exit
RZ(config)#interface Loopback 2
RZ(config-if)#ip address 192.168.60.1 255.255.255.0
RZ(config-if)#exit
```

（7）在路由器 RA、RB、RC、RX、RY、RZ 上配置 RIP 路由，以实现 AS 区域内的网络联通。

```
RA(config)#router rip
RA(config-router)#version 2
RA(config-router)#network 3.0.0.0
RA(config-router)#network 192.168.23.0
RA(config-router)#network 192.168.25.0
RA(config-router)#no auto-summary
RA(config-router)#exit
```

```
RB(config)#router rip
RB(config-router)#version 2
RB(config-router)#network 1.0.0.0
RB(config-router)#network 192.168.25.0
RB(config-router)#no auto-summary
RB(config-router)#exit
```

```
RC(config)#router rip
RC(config-router)#version 2
RC(config-router)#network 2.0.0.0
RC(config-router)#network 192.168.23.0
RC(config-router)#no auto-summary
RC(config-router)#exit
```

```
RX(config)#router rip
RX(config-router)#version 2
RX(config-router)#network 4.0.0.0
RX(config-router)#network 192.168.30.0
RX(config-router)#no auto-summary
RX(config-router)#exit
```

```
RY(config)#router rip
RY(config-router)#version 2
RY(config-router)#network 5.0.0.0
```

```
RY(config-router)#network 192.168.31.0
RY(config-router)#no auto-summary
RY(config-router)#exit
```

```
RZ(config)#router rip
RZ(config-router)#version 2
RZ(config-router)#network 6.0.0.0
RZ(config-router)#network 192.168.30.0
RZ(config-router)#network 192.168.31.0
RZ(config-router)#no auto-summary
RZ(config-router)#exit
```

（8）在路由器 RA、RB、RC、RX、RY、RZ 上配置 BGP 邻居关系并通告网络。

```
RA(config)#router bgp 65001
RA(config-router)#neighbor 1.1.1.1 remote-as 65001
RA(config-router)#neighbor 1.1.1.1 update-source Loopback 0
RA(config-router)#neighbor 2.2.2.2 remote-as 65001
RA(config-router)#neighbor 2.2.2.2 update-source Loopback 0
RA(config-router)#exit
```

```
RB(config)#router bgp 65001
RB(config-router)#neighbor 2.2.2.2 remote-as 65001
RB(config-router)#neighbor 2.2.2.2 update-source Loopback 0
RB(config-router)#neighbor 2.2.2.2 next-hop-self
RB(config-router)#neighbor 3.3.3.3 remote-as 65001
RB(config-router)#neighbor 3.3.3.3 update-source Loopback 0
RB(config-router)#neighbor 3.3.3.3 next-hop-self
RB(config-router)#neighbor 192.168.28.1 remote-as 65004
RB(config-router)#exit
```

```
RC(config)#router bgp 65001
RC(config-router)#neighbor 1.1.1.1 remote-as 65001
RC(config-router)#neighbor 1.1.1.1 update-source Loopback 0
RC(config-router)#neighbor 1.1.1.1 next-hop-self
RC(config-router)#neighbor 3.3.3.3 remote-as 65001
RC(config-router)#neighbor 3.3.3.3 update-source Loopback 0
RC(config-router)#neighbor 3.3.3.3 next-hop-self
RC(config-router)#neighbor 172.20.50.1 remote-as 65004
RC(config-router)#exit
```

```
RX(config)#router bgp 65004
RX(config-router)#neighbor 5.5.5.5 remote-as 65004
```

```
RX(config-router)#neighbor 5.5.5.5 update-source Loopback 0
RX(config-router)#neighbor 5.5.5.5 next-hop-self
RX(config-router)#neighbor 6.6.6.6 remote-as 65004
RX(config-router)#neighbor 6.6.6.6 update-source Loopback 0
RX(config-router)#neighbor 6.6.6.6 next-hop-self
RX(config-router)#neighbor 192.168.28.2 remote-as 65001
RX(config-router)#exit
```

```
RY(config)#router bgp 65004
RY(config-router)#neighbor 4.4.4.4 remote-as 65004
RY(config-router)#neighbor 4.4.4.4 update-source Loopback 0
RY(config-router)#neighbor 4.4.4.4 next-hop-self
RY(config-router)#neighbor 6.6.6.6 remote-as 65004
RY(config-router)#neighbor 6.6.6.6 update-source Loopback 0
RY(config-router)#neighbor 6.6.6.6 next-hop-self
RY(config-router)#neighbor 172.20.50.2 remote-as 65001
RY(config-router)#exit
```

```
RZ(config)#router bgp 65004
RZ(config-router)#network 192.168.40.0
RZ(config-router)#network 192.168.60.0
RZ(config-router)#neighbor 4.4.4.4 remote-as 65004
RZ(config-router)#neighbor 4.4.4.4 update-source Loopback 0
RZ(config-router)#neighbor 5.5.5.5 remote-as 65004
RZ(config-router)#neighbor 5.5.5.5 update-source Loopback 0
RZ(config-router)#exit
```

（9）验证测试BGP路由信息。

```
RA#show ip bgp          //  在路由器RA上查看BGP路由表信息
   BGP table version is 6,local router ID is 3.3.3.3
   Status codes:s suppressed,d damped,h history, *valid, >best,i-internal,S
Stale
   Origin codes:i-IGP,e-EGP, ? -incomplete

   Network              Next Hop     Metric   LocPrf   Path
   *>i 192.168.40.0     1.1.1.1      0        100      65004 i
   *i                   2.2.2.2      0        100      65004 i
   *>i 192.168.60.0     1.1.1.1      0        100      65004 i
   *i                   2.2.2.2      0        100      65004 i

   Total number of prefixes 2
```

可以看到，路由器RA使用途经路由器RB的路径到达目标网络192.168.40.0/24和

192.168.60.0/24，这样路由器RC的出口链路将处于空闲状态，造成带宽资源的浪费。

（10）修改本地优先级。

在路由器RB上修改本地优先级，将从路由器RX上接收到的192.168.40.0/24路由的本地优先级调整为200，高于默认的优先级100，这样去往目标网络192.168.40.0/24中的数据都将使用路由器RB的出口链路转发。

```
RB(config)#access-list 10 permit 192.168.40.0 0.0.0.255
                                        //  配置匹配 192.168.40.0/24 路由的访问控制列表
RB(config)#route-map localpre permit 10
RB(config-route-map)#match ip address 10
RB(config-route-map)#set local-preference 200
                                        //将 192.168.40.0/24 路由的本地优先级调整为 200
RB(config-route-map)#exit
```

```
RB(config)#route-map localpre permit 20    // 允许所有其他路由
RB(config-route-map)#exit
RB(config)#router bgp 65001
RB(config-router)#neighbor 192.168.28.1 route-map localpre in
                                        //  将 route-map 应用到从路由器 RX 接收的路由上
RB(config-router)#end
```

```
RB#clear ip bgp 192.168.28.1    // 复位 BGP 邻居关系以使配置的策略生效
```

在路由器RC上修改本地优先级，将从路由器RY上接收到的192.168.60.0/24路由的本地优先级调整为200，高于默认的优先级100，这样去往目标网络192.168.60.0/24中的数据都将使用路由器RC的出口链路转发。

```
RC(config)#access-list 10 permit 192.168.60.0 0.0.0.255
                                        //  配置匹配 192.168.60.0/24 路由的访问控制列表
RC(config)#route-map localpre permit 10
RC(config-route-map)#match ip address 10
RC(config-route-map)#set local-preference 200
                                        //  将 192.168.60.0/24 路由的本地优先级调整为 200
RC(config-route-map)#exit
```

```
RC(config)#route-map localpre permit 20      //  允许所有其他路由
RC(config-route-map)#exit
RC(config)#router bgp 65001
RC(config-router)#neighbor 172.20.50.1 route-map localpre in
                                        //  将 route-map 应用到从路由器 RY 接收的路由上
RC(config-router)#end
```

```
RC#clear ip bgp 172.20.50.1        //  复位 BGP 邻居关系以使配置的策略生效
```

（11）验证测试BGP路由信息。

```
RA#show ip bgp      //查看调整本地优先级后的路由器RA的BGP路由表
   BGP table version is 20,local router ID is 3.3.3.3
   Status codes:s suppressed,d damped,h history, *valid, >best,i-internal,S
Stale
   Origin codes:i-IGP,e-EGP, ? -incomplete

   Network              Next Hop     Metric  LocPrf      Path
   *>i 192.168.40.0     1.1.1.1      0       200         65004 i
   *>i 192.168.60.0     2.2.2.2      0       200         65004 i

   Total number of prefixes 2
```

从路由器RA的BGP路由表可以看到，路由器RA去往192.168.40.0/24目标网络的下一跳地址为1.1.1.1（路由器RB），去往192.168.60.0/24目标网络的下一跳地址为2.2.2.2（路由器RC）。这样，就达到了去往不同网络使用不同路径的目的。

【注意事项】

在配置route-map时，末尾必须添加允许所有的子句（permit any），否则路由会被过滤，因为route-map的末尾隐藏着一条deny any的子句。

在将route-map应用到BGP邻居后，需要使用clear ip bgp命令，复位BGP邻居与其他对等体的邻居关系，这样才能使配置的策略生效。本地优先级属性仅在AS内部传播，即IBGP对等体之间，不会被通告给EBGP对等体。

本地优先级属性是BGP用来进行路径决策的一个属性，优先级越高（数值越大）的路径被选为最佳路径的可能性越大。如果BGP发言者收到了多条到达相同目的地的路径，它会比较这些路径的本地优先级，并选择本地优先级最高的路径作为最佳路径。

任务 43 配置 BGP 路由 weight 选路，优化路由选择

【任务目标】

配置 BGP 路由 weight 选路，优化路由选择，实现网络联通。

【背景描述】

某公司的网络出口通过公网连接到两个不同的 ISP。为保障出口网络的稳健性，该公司希望从不同的 ISP 处学习来自 Internet 中的路由条目，同时希望配置 BGP 路由 weight 选路，以优化路由选择，实现在不同 AS 之间交换网络中的路由信息，并优化来自 Internet 中的路由条目。

【网络拓扑】

图 43-1 所示为某公司网络出口通过公网连接到两个不同 ISP 的网络场景。

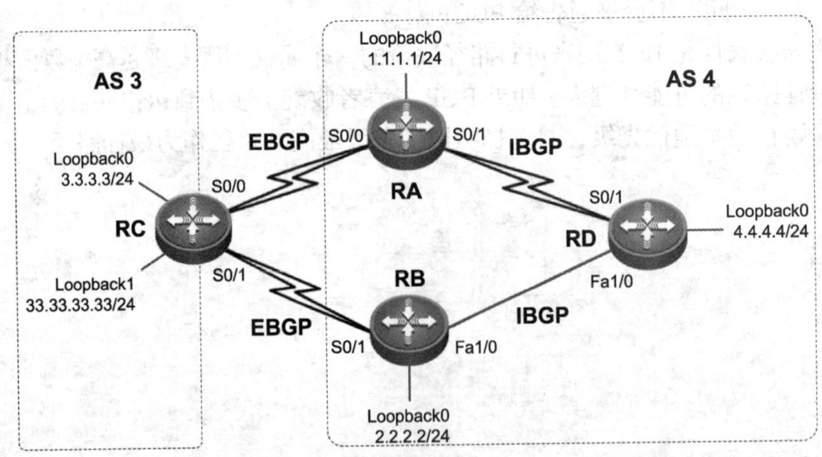

图 43-1 某公司网络出口通过公网连接到两个不同 ISP 的网络场景（任务 43）

【设备清单】

模块化路由器（4 台）；网线（若干）；V35 线缆（可选）；测试计算机（若干）。

（备注 1：实际的出口网络中都通过 WAN 口连接，本任务限于条件，使用部分 LAN 口。）

（备注 2：注意设备连接接口；可以根据现场连接情况，相应修改文档中接口名称，配置过程不受影响。）

（备注3：限于实训环境，本任务也可以使用多台四层交换机和路由器混合组网实现，配置过程做相应改变。）

【实施步骤】

（1）在路由器RA上配置地址信息。

```
Router#configure terminal
Router(config)#hostname RA
RA(config)#interface Loopback 0
RA(config-if)#ip address 1.1.1.1 255.255.255.0
RA(config-if)#exit
RA(config)#interface Serial 0/0
RA(config-if)#ip address 13.1.1.1 255.255.255.0
RA(config-if)#exit
RA(config)#interface Serial 0/1
RA(config-if)#ip address 14.1.1.1 255.255.255.0
RA(config-if)#exit
```

（2）在路由器RA上配置OSPF路由和BGP路由。

```
RA(config)#router ospf 110
RA(config-router)#router-id 1.1.1.1
RA(config-router)#log-adjacency-changes
RA(config-router)#network 1.1.1.0 0.0.0.255 area 0
RA(config-router)#network 14.1.1.0 0.0.0.255 area 0
RA(config-router)#exit
```

```
RA(config)#router bgp 4     //  配置本地路由器处于AS 4中
RA(config-router)#no synchronization
RA(config-router)#bgp router-id 1.1.1.1
RA(config-router)#neighbor 4.4.4.4 remote-as 4
RA(config-router)#neighbor 4.4.4.4 update-source Loopback 0
RA(config-router)#neighbor 4.4.4.4 next-hop-self
RA(config-router)#neighbor 13.1.1.3 remote-as 3
RA(config-router)#no auto-summary
RA(config-router)#exit
```

（3）在路由器RB上配置地址信息。

```
Router#configure terminal
Router(config)#hostname RB
RB(config)#interface Loopback 0
RB(config-if)#ip address 2.2.2.2 255.255.255.0
RB(config-if)#exit
RB(config)#interface Serial 0/1
```

```
RB(config-if)#ip address 23.1.1.2 255.255.255.0
RB(config-if)#exit
RB(config)#interface FastEthernet 1/0
RB(config-if)#ip address 24.1.1.2 255.255.255.0
RB(config-if)#exit
```

（4）在路由器 RB 上配置 OSPF 路由和 BGP 路由。

```
RB(config)#router ospf 110
RB(config-router)#router-id 2.2.2.2
RB(config-router)#network 2.2.2.0 0.0.0.255 area 0
RB(config-router)#network 24.1.1.0 0.0.0.255 area 0
RB(config-router)#exit
```

```
RB(config)#router bgp 4
RB(config-router)#no synchronization
RB(config-router)#bgp router-id 2.2.2.2
RB(config-router)#neighbor 4.4.4.4 remote-as 4
RB(config-router)#neighbor 4.4.4.4 update-source Loopback 0
RB(config-router)#neighbor 4.4.4.4 next-hop-self
RB(config-router)#neighbor 23.1.1.3 remote-as 3
RB(config-router)#no auto-summary
RB(config-router)#exit
```

（5）在路由器 RC 上配置地址信息。

```
Router#configure terminal
Router(config)#hostname RC
RC(config)#interface Loopback 0
RC(config-if)#ip address 3.3.3.3 255.255.255.0
RC(config-if)#exit
RC(config)#interface Loopback 1
RC(config-if)#ip address 33.33.33.33 255.255.255.0
RC(config-if)#exit
RC(config)#interface Serial 0/0
RC(config-if)#ip address 13.1.1.3 255.255.255.0
RC(config-if)#exit
RC(config)#interface Serial 0/1
RC(config-if)#ip address 23.1.1.3 255.255.255.0
RC(config-if)#exit
```

（6）在路由器 RC 上配置 BGP 路由。

```
RC(config)#router bgp 3
RC(config-router)#no synchronization
```

```
RC(config-router)#bgp router-id 3.3.3.3
RC(config-router)#network 3.3.3.0 mask 255.255.255.0
RC(config-router)#network 33.33.33.0 mask 255.255.255.0
RC(config-router)#neighbor 13.1.1.1 remote-as 4
RC(config-router)#neighbor 23.1.1.2 remote-as 4
RC(config-router)#no auto-summary
RC(config-router)#exit
```

（7）在路由器 RD 上配置地址信息。

```
Router#configure terminal
Router(config)#hostname RD
RD(config)#interface Loopback 0
RD(config-if)#ip address 4.4.4.4 255.255.255.0
RD(config-if)#exit
RD(config)#interface Serial 0/1
RD(config-if)#ip address 14.1.1.4 255.255.255.0
RD(config-if)#exit
RD(config)#interface FastEthernet 1/0
RD(config-if)#ip address 24.1.1.4 255.255.255.0
RD(config-if)#exit
```

（8）在路由器 RD 上配置 OSPF 路由和 BGP 路由。

```
RD(config)#router ospf 110
RD(config-router)#router-id 4.4.4.4
RD(config-router)#network 4.4.4.0 0.0.0.255 area 0
RD(config-router)#network 14.1.1.0 0.0.0.255 area 0
RD(config-router)#network 24.1.1.0 0.0.0.255 area 0
RD(config-router)#exit
```

```
RD(config)#router bgp 4
RD(config-router)#no synchronization
RD(config-router)#bgp router-id 4.4.4.4
RD(config-router)#neighbor 1.1.1.1 remote-as 4
RD(config-router)#neighbor 1.1.1.1 update-source Loopback 0
RD(config-router)#neighbor 2.2.2.2 remote-as 4
RD(config-router)#neighbor 2.2.2.2 update-source Loopback 0
RD(config-router)#no auto-summary
RD(config-router)#exit
```

（9）在路由器 RD 上查看默认选路路由。

根据 BGP 选路原则可知，路由器 RD 到达 3.3.3.0/24、33.33.33.0/24 网络都经过路由器 RB。查询 BGP 路由表，查看默认选路路由，如图 43-2 和图 43-3 所示。

```
RD#show ip bgp 3.3.3.0
```

```
BGP routing table entry for 3.3.3.0/24, version 2
Paths: (2 available, best #2, table Default-IP-Routing-Table)
  Not advertised to any peer
  3
    1.1.1.1 (metric 65) from 1.1.1.1 (1.1.1.1)
      Origin IGP, metric 0, localpref 100, valid, internal
  3
    2.2.2.2 (metric 2) from 2.2.2.2 (2.2.2.2)
      Origin IGP, metric 0, localpref 100, valid, internal, best
RD#
RD#show ip bgp 33.33.33.0
BGP routing table entry for 33.33.33.0/24, version 3
Paths: (2 available, best #2, table Default-IP-Routing-Table)        可以看到通过RB的metric值更小
  Not advertised to any peer
  3
    1.1.1.1 (metric 65) from 1.1.1.1 (1.1.1.1)
      Origin IGP, metric 0, localpref 100, valid, internal
  3
    2.2.2.2 (metric 2) from 2.2.2.2 (2.2.2.2)
      Origin IGP, metric 0, localpref 100, valid, internal, best
```

图 43-2　查看默认选路路由（1）（任务 43）

```
RD#show ip bgp
```

```
RD#show ip bgp
BGP table version is 3, local router ID is 4.4.4.4
Status codes: s suppressed, d damped, h history, * valid, > best, i - internal
              r RIB-failure, S Stale
Origin codes: i - IGP, e - EGP, ? - incomplete

   Network          Next Hop            Metric LocPrf Weight Path
* i3.3.3.0/24       1.1.1.1                  0    100      0 3 i
*>i                 2.2.2.2                  0    100      0 3 i
* i33.33.33.0/24    1.1.1.1                  0    100      0 3 i
*>i                 2.2.2.2                  0    100      0 3 i
RD#
RD#show ip route bgp
     33.0.0.0/24 is subnetted, 1 subnets
B       33.33.33.0 [200/0] via 2.2.2.2, 00:17:32
     3.0.0.0/24 is subnetted, 1 subnets
B       3.3.3.0 [200/0] via 2.2.2.2, 00:17:32
```

图 43-3　查看默认选路路由（2）（任务 43）

（10）在路由器 RD 上，修改邻居路由器传来的路由的 weight 值。

由前文可知，路由器 RD 到达 3.3.3.0/24、33.33.33.0/24 网络都经过路由器 RB。可以通过修改 weight 值，使路由器 RD 到达 3.3.3.0/24、33.33.33.0/24 网络都经过路由器 RA。

在路由器 RD 上完成以下配置。

```
RD(config)#router bgp 4
RD(config-router)#neighbor 1.1.1.1 weight 1
```

在路由器 RD 上查看配置完成的结果信息，如图 43-4 和图 43-5 所示。

```
RD#show ip bgp 3.3.3.0
```

```
BGP routing table entry for 3.3.3.0/24, version 4
Paths: (2 available, best #1, table Default-IP-Routing-Table)
Flag: 0x900
  Not advertised to any peer
  3
    1.1.1.1 (metric 65) from 1.1.1.1 (1.1.1.1)
      Origin IGP, metric 0, localpref 100, weight 1, valid, internal, best
  3
    2.2.2.2 (metric 2) from 2.2.2.2 (2.2.2.2)        从RA传来的路由的Weight值都变为1了
      Origin IGP, metric 0, localpref 100, valid,
RD#
RD#show ip bgp 33.33.33.0
BGP routing table entry for 33.33.33.0/24, version 5
Paths: (2 available, best #1, table Default-IP-Routing-Table)
Flag: 0x900
  Not advertised to any peer
  3
    1.1.1.1 (metric 65) from 1.1.1.1 (1.1.1.1)
      Origin IGP, metric 0, localpref 100, weight 1, valid, internal, best
  3
    2.2.2.2 (metric 2) from 2.2.2.2 (2.2.2.2)
      Origin IGP, metric 0, localpref 100, valid, internal
```

图 43-4　查看配置完成的结果信息（1）

```
RD#show ip bgp
```

```
BGP table version is 5, local router ID is 4.4.4.4
Status codes: s suppressed, d damped, h history, * valid, > best, i - internal,
              r RIB-failure, S Stale
Origin codes: i - IGP, e - EGP, ? - incomplete

   Network          Next Hop            Metric LocPrf Weight Path
*>i3.3.3.0/24       1.1.1.1                  0    100      1 3 i
* i                 2.2.2.2                  0    100      0 3 i
*>i33.33.33.0/24    1.1.1.1                  0    100      1 3 i
* i                 2.2.2.2                  0    100      0 3 i
RD#
RD#show ip route bgp
     33.0.0.0/24 is subnetted, 1 subnets
B       33.33.33.0 [200/0] via 1.1.1.1, 00:00:50
     3.0.0.0/24 is subnetted, 1 subnets
B       3.3.3.0 [200/0] via 1.1.1.1, 00:00:50
```

图 43-5 查看配置完成的结果信息（2）

（11）在路由器 RD 上，修改部分邻居路由器传来的路由的 weight 值。

由前文可知，路由器 RD 到达 3.3.3.0/24、33.33.33.0/24 网络都经过路由器 RB。可以通过修改 weight 值，使路由器 RD 到达 3.3.3.0/24 网络经过路由器 RB，到达 33.33.33.0/24 网络经过路由器 RA。

在路由器 RD 上完成以下配置。

```
RD(config)#ip prefix-list 1 seq 5 permit 33.33.33.0/24
```

```
RD(config)#route-map W permit 10
RD(config-route-map)#match ip address prefix-list 1
RD(config-route-map)#set weight 1
RD(config-route-map)#route-map W permit 20
RD(config-route-map)#exit
```

```
RD(config)#router bgp 4
RD(config-router)#neighbor 1.1.1.1 route-map W in
RD(config-router)#end
```

在路由器 RD 上查看配置完成的结果信息，如图 43-6 和图 43-7 所示。

```
RD#show ip bgp 3.3.3.0
```

```
RD#show ip bgp 3.3.3.0
BGP routing table entry for 3.3.3.0/24, version 6
Paths: (2 available, best #2, table Default-IP-Routing-Table)
Flag: 0x900
  Not advertised to any peer
  3
    1.1.1.1 (metric 65) from 1.1.1.1 (1.1.1.1)
      Origin IGP, metric 0, localpref 100, valid, internal
  3
    2.2.2.2 (metric 2) from 2.2.2.2 (2.2.2.2)
      Origin IGP, metric 0, localpref 100, valid, internal, best
RD#
RD#show ip bgp 33.33.33.0
BGP routing table entry for 33.33.33.0/24, version 8
Paths: (2 available, best #1, table Default-IP-Routing-Table)
Flag: 0x900
  Not advertised to any peer                          从RA传来的路由的Weight值已变为1
  3
    1.1.1.1 (metric 65) from 1.1.1.1 (1.1.1.1)
      Origin IGP, metric 0, localpref 100, weight 1, valid, internal, best
  3
    2.2.2.2 (metric 2) from 2.2.2.2 (2.2.2.2)
      Origin IGP, metric 0, localpref 100, valid, internal
```

图 43-6 修改部分邻居路由器传来的路由的 weight 值（1）

```
RD#show ip bgp
```

```
BGP table version is 8, local router ID is 4.4.4.4
Status codes: s suppressed, d damped, h history, * valid, > best, i - internal,
              r RIB-failure, S Stale
Origin codes: i - IGP, e - EGP, ? - incomplete

   Network          Next Hop            Metric LocPrf Weight Path
* i3.3.3.0/24       1.1.1.1                  0    100      0 3 i
*>i                 2.2.2.2                  0    100      0 3 i
*>i33.33.33.0/24    1.1.1.1                  0    100      1 3 i
* i                 2.2.2.2                  0    100      0 3 i
RD#
RD#show ip route bgp
     33.0.0.0/24 is subnetted, 1 subnets
B       33.33.33.0 [200/0] via 1.1.1.1, 00:01:49
     3.0.0.0/24 is subnetted, 1 subnets
B       3.3.3.0 [200/0] via 2.2.2.2, 00:03:34
```

图 43-7　修改部分邻居路由器传来的路由的 weight 值（2）

【注意事项】

BGP 路由的 weight 属性是思科设备的私有属性，通过配置 weight 属性，可以使本路由器自身的选路不传递给任何邻居。该属性的取值范围为 0~65535，数值越大优先级越高。默认从邻居学到的路由的 weight 值都为 0，从本地重发布到 BGP 路由表中的 weight 值为 32768。

任务44 配置BGP路由as-path选路，优化路由选择

【任务目标】

配置BGP路由as-path选路，优化路由选择，实现网络联通。

【背景描述】

某公司的网络出口通过公网连接到两个不同的ISP。为保障出口网络的稳健性，该公司希望从不同的ISP处学习来自Internet中的路由条目，同时希望配置BGP路由as-path选路，以优化路由选择，实现在不同AS之间交换网络中的路由信息，并优化来自Internet中的路由条目。

【网络拓扑】

图44-1所示为某公司网络出口通过公网连接到两个不同ISP的网络场景。

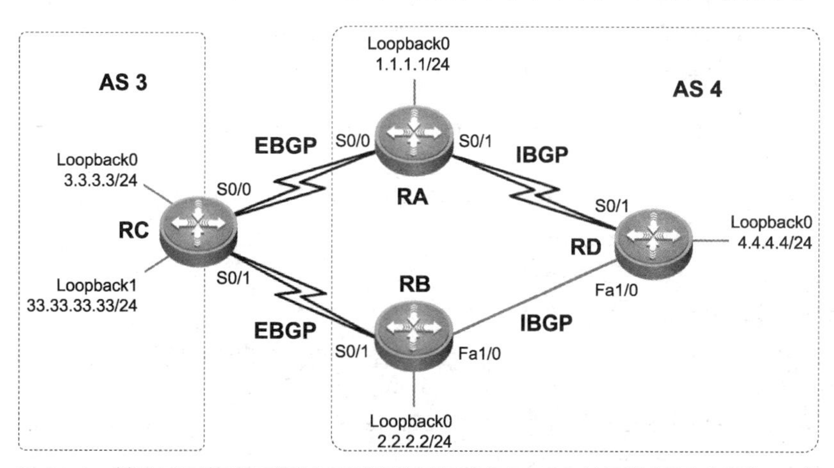

图44-1　某公司网络出口通过公网连接到两个不同ISP的网络场景（任务44）

【设备清单】

模块化路由器（4台）；网线（若干）；V35线缆（可选）；测试计算机（若干）。

（备注1：实际的出口网络中都通过WAN口连接，本任务限于条件，使用部分LAN口。）

（备注2：注意设备连接接口；可以根据现场连接情况，相应修改文档中接口名称，配

置过程不受影响。）

（备注 3：限于实训环境，本任务也可以使用多台四层交换机和路由器混合组网实现，配置过程做相应改变。）

【实施步骤】

（1）在路由器 RA 上配置地址信息。

```
Router#configure terminal
Router(config)#hostname RA
RA(config)#interface Loopback 0
RA(config-if)#ip address 1.1.1.1 255.255.255.0
RA(config-if)#exit
RA(config)#interface Serial 0/0
RA(config-if)#ip address 13.1.1.1 255.255.255.0
RA(config-if)#exit
RA(config)#interface Serial 0/1
RA(config-if)#ip address 14.1.1.1 255.255.255.0
RA(config-if)#exit
```

（2）在路由器 RA 上配置 OSPF 路由和 BGP 路由。

```
RA(config)#router ospf 110
RA(config-router)#router-id 1.1.1.1
RA(config-router)#log-adjacency-changes
RA(config-router)#network 1.1.1.0 0.0.0.255 area 0
RA(config-router)#network 14.1.1.0 0.0.0.255 area 0
RA(config-router)#exit
```

```
RA(config)#router bgp 4    //  配置本地路由器处于 AS 4 中
RA(config-router)#no synchronization
RA(config-router)#bgp router-id 1.1.1.1
RA(config-router)#neighbor 4.4.4.4 remote-as 4
RA(config-router)#neighbor 4.4.4.4 update-source Loopback 0
RA(config-router)#neighbor 4.4.4.4 next-hop-self
RA(config-router)#neighbor 13.1.1.3 remote-as 3
RA(config-router)#no auto-summary
RA(config-router)#exit
```

（3）在路由器 RB 上配置地址信息。

```
Router#configure terminal
Router(config)#hostname RB
RB(config)#interface Loopback 0
RB(config-if)#ip address 2.2.2.2 255.255.255.0
```

```
RB(config-if)#exit
RB(config)#interface Serial 0/1
RB(config-if)#ip address 23.1.1.2 255.255.255.0
RB(config-if)#exit
RB(config)#interface FastEthernet 1/0
RB(config-if)#ip address 24.1.1.2 255.255.255.0
RB(config-if)#exit
```

（4）在路由器 RB 上配置 OSPF 路由和 BGP 路由。

```
RB(config)#router ospf 110
RB(config-router)#router-id 2.2.2.2
RB(config-router)#network 2.2.2.0 0.0.0.255 area 0
RB(config-router)#network 24.1.1.0 0.0.0.255 area 0
RB(config-router)#exit
```

```
RB(config)#router bgp 4
RB(config-router)#no synchronization
RB(config-router)#bgp router-id 2.2.2.2
RB(config-router)#neighbor 4.4.4.4 remote-as 4
RB(config-router)#neighbor 4.4.4.4 update-source Loopback 0
RB(config-router)#neighbor 4.4.4.4 next-hop-self
RB(config-router)#neighbor 23.1.1.3 remote-as 3
RB(config-router)#no auto-summary
RB(config-router)#exit
```

（5）在路由器 RC 上配置地址信息。

```
Router#configure terminal
Router(config)#hostname RC
RC(config)#interface Loopback 0
RC(config-if)#ip address 3.3.3.3 255.255.255.0
RC(config-if)#exit
RC(config)#interface Loopback 1
RC(config-if)#ip address 33.33.33.33 255.255.255.0
RC(config-if)#exit
RC(config)#interface Serial 0/0
RC(config-if)#ip address 13.1.1.3 255.255.255.0
RC(config-if)#exit
RC(config)#interface Serial 0/1
RC(config-if)#ip address 23.1.1.3 255.255.255.0
RC(config-if)#exit
```

（6）在路由器 RC 上配置 BGP 路由。

```
RC(config)#router bgp 3
```

```
RC(config-router)#no synchronization
RC(config-router)#bgp router-id 3.3.3.3
RC(config-router)#network 3.3.3.0 mask 255.255.255.0
RC(config-router)#network 33.33.33.0 mask 255.255.255.0
RC(config-router)#neighbor 13.1.1.1 remote-as 4
RC(config-router)#neighbor 23.1.1.2 remote-as 4
RC(config-router)#no auto-summary
RC(config-router)#exit
```

（7）在路由器 RD 上配置地址信息。

```
Router#configure terminal
Router(config)#hostname RD
RD(config)#interface Loopback 0
RD(config-if)#ip address 4.4.4.4 255.255.255.0
RD(config-if)#exit
RD(config)#interface Serial 0/1
RD(config-if)#ip address 14.1.1.4 255.255.255.0
RD(config-if)#exit
RD(config)#interface FastEthernet 1/0
RD(config-if)#ip address 24.1.1.4 255.255.255.0
RD(config-if)#exit
```

（8）在路由器 RD 上配置 OSPF 路由和 BGP 路由。

```
RD(config)#router ospf 110
RD(config-router)#router-id 4.4.4.4
RD(config-router)#network 4.4.4.0 0.0.0.255 area 0
RD(config-router)#network 14.1.1.0 0.0.0.255 area 0
RD(config-router)#network 24.1.1.0 0.0.0.255 area 0
RD(config-router)#exit
```

```
RD(config)#router bgp 4
RD(config-router)#no synchronization
RD(config-router)#bgp router-id 4.4.4.4
RD(config-router)#neighbor 1.1.1.1 remote-as 4
RD(config-router)#neighbor 1.1.1.1 update-source Loopback 0
RD(config-router)#neighbor 2.2.2.2 remote-as 4
RD(config-router)#neighbor 2.2.2.2 update-source Loopback 0
RD(config-router)#no auto-summary
RD(config-router)#exit
```

（9）在路由器 RD 上查看默认选路路由。

根据 BGP 选路原则可知，路由器 RD 到达 3.3.3.0/24、33.33.33.0/24 网络都经过路由器

RB。查询 BGP 路由表，查看默认选路路由，如图 44-2 和图 44-3 所示。

```
RD#show ip bgp 3.3.3.0
```

```
BGP routing table entry for 3.3.3.0/24, version 2
Paths: (2 available, best #2, table Default-IP-Routing-Table)
  Not advertised to any peer
  3
    1.1.1.1 (metric 65) from 1.1.1.1 (1.1.1.1)
      Origin IGP, metric 0, localpref 100, valid, internal
  3
    2.2.2.2 (metric 2) from 2.2.2.2 (2.2.2.2)
      Origin IGP, metric 0, localpref 100, valid, internal, best
RD#
RD#show ip bgp 33.33.33.0
BGP routing table entry for 33.33.33.0/24, version 3
Paths: (2 available, best #2, table Default-IP-Routing-Table)        可以看到通过RB的metric值更小
  Not advertised to any peer
  3
    1.1.1.1 (metric 65) from 1.1.1.1 (1.1.1.1)
      Origin IGP, metric 0, localpref 100, valid, internal
  3
    2.2.2.2 (metric 2) from 2.2.2.2 (2.2.2.2)
      Origin IGP, metric 0, localpref 100, valid, internal, best
```

图 44-2 查看默认选路路由（1）（任务 44）

```
RD#show ip bgp
```

```
RD#show ip bgp
BGP table version is 3, local router ID is 4.4.4.4
Status codes: s suppressed, d damped, h history, * valid, > best, i - internal
              r RIB-failure, S Stale
Origin codes: i - IGP, e - EGP, ? - incomplete

   Network          Next Hop            Metric LocPrf Weight Path
* i3.3.3.0/24       1.1.1.1                  0    100      0 3 i
*>i                 2.2.2.2                  0    100      0 3 i
* i33.33.33.0/24    1.1.1.1                  0    100      0 3 i
*>i                 2.2.2.2                  0    100      0 3 i
RD#
RD#show ip route bgp
     33.0.0.0/24 is subnetted, 1 subnets
B       33.33.33.0 [200/0] via 2.2.2.2, 00:17:32
     3.0.0.0/24 is subnetted, 1 subnets
B       3.3.3.0 [200/0] via 2.2.2.2, 00:17:32
```

图 44-3 查看默认选路路由（2）（任务 44）

（10）在路由器 RC 的 out 方向上，修改 as-path 值。

由前文可知，路由器 RD 到达 3.3.3.0/24、33.33.33.0/24 网络都经过路由器 RB。可以通过修改 as-path 值，使路由器 RD 到达 3.3.3.0/24 网络经过路由器 RB，到达 33.33.33.0/24 网络经过路由器 RA。

在路由器 RC 上完成以下配置。

```
RC(config)#ip prefix-list 1 seq 5 permit 33.33.33.0/24
```

```
RC(config)#route-map AS permit 10
RC(config-route-map)#match ip address prefix-list 1
RC(config-route-map)#set as-path prepend 2 2 2 2 2
RC(config-route-map)#route-map AS permit 20
RC(config-route-map)#exit
```

```
RC(config)#router bgp 3
RC(config-router)#neighbor 23.1.1.2 route-map AS out
```

（11）在路由器 RC 的 in 方向上，修改 as-path 值。

由前文可知，路由器 RD 到达 3.3.3.0/24、33.33.33.0/24 网络都经过路由器 RB。可以通过修改 as-path 值，使路由器 RD 到达 3.3.3.0/24 网络经过路由器 RB，到达 33.33.33.0/24 网络经过路由器 RA。

在路由器 RC 上完成以下配置。

```
RC(config)#ip prefix-list 1 seq 5 permit 33.33.33.0/24
```

```
RC(config)#route-map AS permit 10
RC(config-route-map)#match ip address prefix-list 1
RC(config-route-map)#set as-path prepend 2 2 2 2 2
RC(config-route-map)#route-map AS permit 20
RC(config-route-map)#exit
```

```
RC(config)#router bgp 4
RC(config-router)#neighbor 23.1.1.3 route-map AS in
```

在路由器 RD 上查看配置结果信息，如图 44-4 所示。

```
RD#show ip bgp
```

```
RD#show ip bgp
BGP table version is 18, local router ID is 4.4.4.4
Status codes: s suppressed, d damped, h history, * valid, > best, i - internal,
              r RIB-failure, S Stale
Origin codes: i - IGP, e - EGP, ? - incomplete

   Network          Next Hop            Metric LocPrf Weight Path
* i3.3.3.0/24       1.1.1.1                  0    100      0 3 i
*>i                 2.2.2.2                  0    100      0 3 i
*>i33.33.33.0/24    1.1.1.1                  0    100      0 3 i
* i                 2.2.2.2                  0    100      0 2 2 2 2 2 2 3 i
```

图 44-4　修改 as-path 值后的配置结果信息

【注意事项】

① BGP 邻居关系状态为 Established 时，表示已成功建立邻居关系。

② as-path 指 BGP 路由在传输路径中经历的 AS 列表，是 BGP 中一个非常重要的公认必遵属性。

③ BGP 不会接收 as-path 属性中包含本 AS Number 的路由，从而避免产生环路。

④ as-path 值越小，路径越优先。

任务45 配置 BGP 路由 MED 选路，优化路由选择

【任务目标】

配置 BGP 路由 MED 选路，优化路由选择，实现网络联通。

【背景描述】

某公司的网络出口通过公网连接到两个不同 ISP。为保障出口网络的稳健性，该公司希望从不同的 ISP 处学习来自 Internet 中的路由条目，同时希望配置 BGP 路由 MED 选路，以优化路由选择，实现在不同 AS 之间交换网络中的路由信息，并优化来自 Internet 中的路由条目。

【网络拓扑】

图 45-1 所示为某公司网络出口通过公网连接到两个不同 ISP 的网络场景。

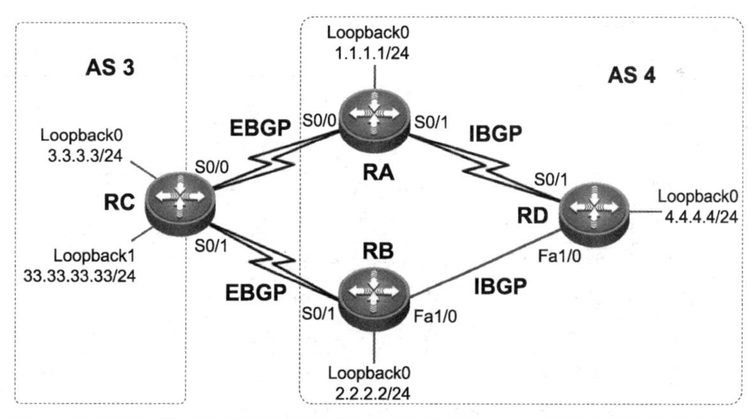

图 45-1　某公司网络出口通过公网连接到两个不同 ISP 的网络场景（任务 45）

【设备清单】

模块化路由器（4 台）；网线（若干）；V35 线缆（可选）；测试计算机（若干）。

（备注 1：实际的出口网络中都通过 WAN 口连接，本任务限于条件，使用部分 LAN 口。）

（备注 2：注意设备连接接口；可以根据现场连接情况，相应修改文档中接口名称，配置过程不受影响。）

（备注 3：限于实训环境，本任务也可以使用多台四层交换机和路由器混合组网实现，配置过程做相应改变。）

【实施步骤】

（1）在路由器 RA 上配置地址信息。

```
Router#configure terminal
Router(config)#hostname RA
RA(config)#interface Loopback 0
RA(config-if)#ip address 1.1.1.1 255.255.255.0
RA(config-if)#exit
RA(config)#interface Serial 0/0
RA(config-if)#ip address 13.1.1.1 255.255.255.0
RA(config-if)#exit
RA(config)#interface Serial 0/1
RA(config-if)#ip address 14.1.1.1 255.255.255.0
RA(config-if)#exit
```

（2）在路由器 RA 上配置 OSPF 路由和 BGP 路由。

```
RA(config)#router ospf 110
RA(config-router)#router-id 1.1.1.1
RA(config-router)#log-adjacency-changes
RA(config-router)#network 1.1.1.0 0.0.0.255 area 0
RA(config-router)#network 14.1.1.0 0.0.0.255 area 0
RA(config-router)#exit
```

```
RA(config)#router bgp 4
RA(config-router)#no synchronization
RA(config-router)#bgp router-id 1.1.1.1
RA(config-router)#neighbor 4.4.4.4 remote-as 4
RA(config-router)#neighbor 4.4.4.4 update-source Loopback 0
RA(config-router)#neighbor 4.4.4.4 next-hop-self
RA(config-router)#neighbor 13.1.1.3 remote-as 3
RA(config-router)#no auto-summary
RA(config-router)#exit
```

（3）在路由器 RB 上配置地址信息。

```
Router#configure terminal
Router(config)#hostname RB
RB(config)#interface Loopback 0
RB(config-if)#ip address 2.2.2.2 255.255.255.0
RB(config-if)#exit
```

```
RB(config)#interface Serial 0/1
RB(config-if)#ip address 23.1.1.2 255.255.255.0
RB(config-if)#exit
RB(config)#interface FastEthernet 1/0
RB(config-if)#ip address 24.1.1.2 255.255.255.0
RB(config-if)#exit
```

（4）在路由器 RB 上配置 OSPF 路由和 BGP 路由。

```
RB(config)#router ospf 110
RB(config-router)#router-id 2.2.2.2
RB(config-router)#network 2.2.2.0 0.0.0.255 area 0
RB(config-router)#network 24.1.1.0 0.0.0.255 area 0
RB(config-router)#exit
```

```
RB(config)#router bgp 4
RB(config-router)#no synchronization
RB(config-router)#bgp router-id 2.2.2.2
RB(config-router)#neighbor 4.4.4.4 remote-as 4
RB(config-router)#neighbor 4.4.4.4 update-source Loopback 0
RB(config-router)#neighbor 4.4.4.4 next-hop-self
RB(config-router)#neighbor 23.1.1.3 remote-as 3
RB(config-router)#no auto-summary
RB(config-router)#exit
```

（5）在路由器 RC 上配置地址信息。

```
Router#configure terminal
Router(config)#hostname RC
RC(config)#interface Loopback 0
RC(config-if)#ip address 3.3.3.3 255.255.255.0
RC(config-if)#exit
RC(config)#interface Loopback 1
RC(config-if)#ip address 33.33.33.33 255.255.255.0
RC(config-if)#exit
RC(config)#interface Serial 0/0
RC(config-if)#ip address 13.1.1.3 255.255.255.0
RC(config-if)#exit
RC(config)#interface Serial 0/1
RC(config-if)#ip address 23.1.1.3 255.255.255.0
RC(config-if)#exit
```

（6）在路由器 RC 上配置 BGP 路由。

```
RC(config)#router bgp 3
RC(config-router)#no synchronization
```

```
RC(config-router)#bgp router-id 3.3.3.3
RC(config-router)#network 3.3.3.0 mask 255.255.255.0
RC(config-router)#network 33.33.33.0 mask 255.255.255.0
RC(config-router)#neighbor 13.1.1.1 remote-as 4
RC(config-router)#neighbor 23.1.1.2 remote-as 4
RC(config-router)#no auto-summary
RC(config-router)#exit
```

（7）在路由器 RD 上配置地址信息。

```
Router#configure terminal
Router(config)#hostname RD
RD(config)#interface Loopback 0
RD(config-if)#ip address 4.4.4.4 255.255.255.0
RD(config-if)#exit
RD(config)#interface Serial 0/1
RD(config-if)#ip address 14.1.1.4 255.255.255.0
RD(config-if)#exit
RD(config)#interface FastEthernet 1/0
RD(config-if)#ip address 24.1.1.4 255.255.255.0
RD(config-if)#exit
```

（8）在路由器 RD 上配置 OSPF 路由和 BGP 路由。

```
RD(config)#router ospf 110
RD(config-router)#router-id 4.4.4.4
RD(config-router)#network 4.4.4.0 0.0.0.255 area 0
RD(config-router)#network 14.1.1.0 0.0.0.255 area 0
RD(config-router)#network 24.1.1.0 0.0.0.255 area 0
RD(config-router)#exit
```

```
RD(config)#router bgp 4
RD(config-router)#no synchronization
RD(config-router)#bgp router-id 4.4.4.4
RD(config-router)#neighbor 1.1.1.1 remote-as 4
RD(config-router)#neighbor 1.1.1.1 update-source Loopback 0
RD(config-router)#neighbor 2.2.2.2 remote-as 4
RD(config-router)#neighbor 2.2.2.2 update-source Loopback 0
RD(config-router)#no auto-summary
RD(config-router)#exit
```

（9）在路由器 RC 上查看默认选路路由。

根据 BGP 选路原则可知，路由器 RC 到达 4.4.4.0/24 网络经过路由器 RA。查询 BGP 路由表，查看默认选路路由，如图 45-2 所示。

```
RC#show ip bgp
```

```
BGP table version is 4, local router ID is 3.3.3.3
Status codes: s suppressed, d damped, h history, * valid, > best, i - internal,
              r RIB-failure, S Stale
Origin codes: i - IGP, e - EGP, ? - incomplete

   Network          Next Hop            Metric LocPrf Weight Path
*> 3.3.3.0/24       0.0.0.0                  0         32768 i
*  4.4.4.0/24       13.1.1.1                               0 4 i
*>                  23.1.1.2                               0 4 i
*> 33.33.33.0/24    0.0.0.0                  0         32768 i
```

图 45-2　查看默认选路路由

（10）在路由器 RC 上修改 MED 值。

可以通过修改 MED 值，让路由器 RC 在访问 4.4.4.0/24 网络的时候，从路由器 RB 经过。在路由器 RC 上完成以下配置。

```
RC(config)#ip prefix-list 1 seq 5 permit 4.4.4.0 255.255.255.0
```

```
RC(config)#route-map MED permit 10
RC(config-route-map)#match ip address prefix-list 1
RC(config-route-map)#set metric 10
RC(config-route-map)#route-map MED permit 20
RC(config-route-map)#exit
```

```
RC(config)#router bgp 3
RC(config-router)neighbor 13.1.1.3 route-map MED out
```

查询 BGP 路由表的信息，如图 45-3 所示。

```
RC#show ip bgp
```

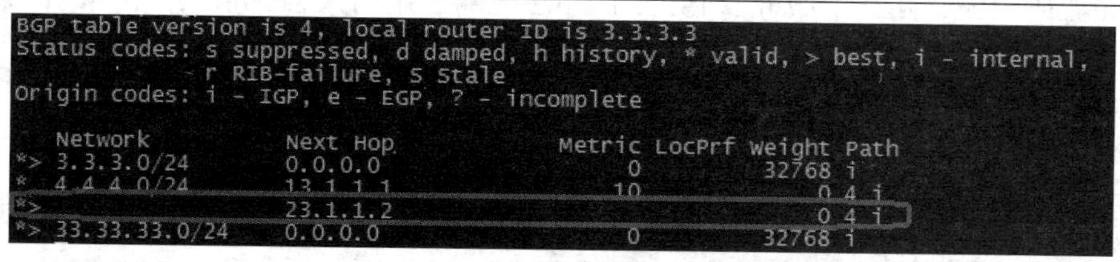

```
BGP table version is 4, local router ID is 3.3.3.3
Status codes: s suppressed, d damped, h history, * valid, > best, i - internal,
              r RIB-failure, S Stale
Origin codes: i - IGP, e - EGP, ? - incomplete

   Network          Next Hop            Metric LocPrf Weight Path
*> 3.3.3.0/24       0.0.0.0                  0         32768 i
*  4.4.4.0/24       13.1.1.1                10             0 4 i
*>                  23.1.1.2                               0 4 i
*> 33.33.33.0/24    0.0.0.0                  0         32768 i
```

图 45-3　修改 MED 值后的配置结果信息

【注意事项】

当两个 AS 之间存在多条路径的时候，才需要配置 MED 值来进行选路，以告知自己的 EBGP 邻居如何选择最优路径。

MED 值是一种度量值，为可选的非传递属性。一般情况下，BGP 设备默认只比较来自同一 AS 的路由的 MED 值。BGP 路由的 MED 值越小，优先级越高。

任务46 配置 BGP 路由 MED 值，实现基于策略路由的选择

【任务目标】

配置 BGP 路由 MED 值，了解 BGP MED 属性，深入理解 BGP，实现基于策略路由的选择。

【背景描述】

某网络中服务商 ISP1 和 ISP2 之间使用两条 AS 间链路相连。为了避免网络中的路由器出现单点故障，出口网络中提供了冗余链路，以保障出口网络的稳定性。例如，当路由器 RA 收到路由器 RZ 通告的两条路由 192.168.40.0/24 和 192.168.60.0/24 时，根据 BGP 选路原则可知，路由器 RA 会使用相同的路径。也就是说，到达这两个网络中的数据都将使用相同入口，通过 ISP2 访问 Internet。为了充分利用冗余链路提供的带宽，避免带宽资源的浪费，可通过调整 MED 值实现选路。因此，MED 值可以影响 BGP 路径决策结果。

【网络拓扑】

图 46-1 所示为某网络中服务商 ISP1 和 ISP2 之间使用两条 AS 间链路相连的网络场景。

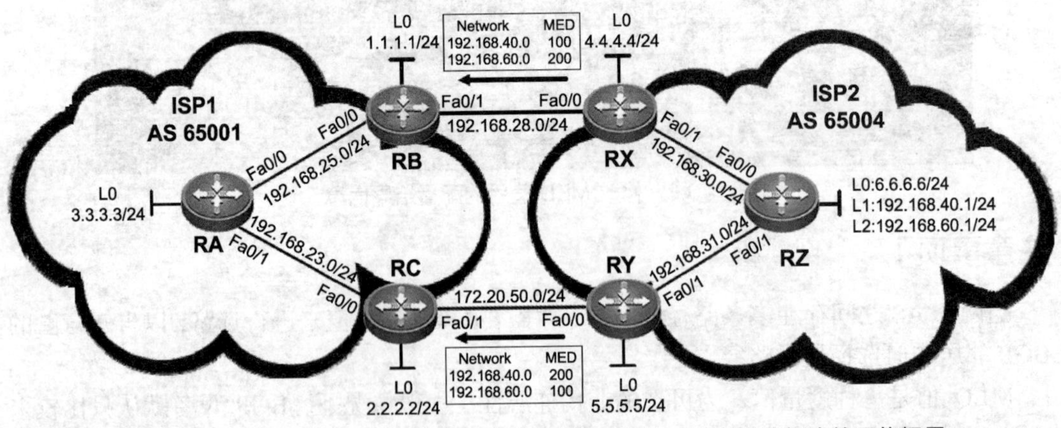

图 46-1 某网络中服务商 ISP1 和 ISP2 之间使用两条 AS 间链路相连的网络场景

【设备清单】

模块化路由器（6 台）；网线（若干）；V35 线缆（可选）；测试计算机（若干）。

（备注 1：实际的出口网络中都通过 WAN 口连接，本任务限于条件，使用部分 LAN 口。）

（备注 2：注意设备连接接口；可以根据现场连接情况，相应修改文档中接口名称，配置过程不受影响。）

（备注 3：限于实训环境，本任务也可以使用多台三层交换机和路由器混合组网实现，配置过程做相应改变。）

【实施步骤】

（1）在路由器 RA 上配置地址信息。

```
Router#configure terminal
Router(config)#hostname RA
RA(config)#interface FastEthernet 0/0
RA(config-if)#ip address 192.168.25.1 255.255.255.0
RA(config-if)#exit
RA(config)#interface FastEthernet 0/1
RA(config-if)#ip address 192.168.23.1 255.255.255.0
RA(config-if)#exit
RA(config)#interface Loopback 0
RA(config-if)#ip address 3.3.3.3 255.255.255.0
RA(config-if)#exit
```

（2）在路由器 RB 上配置地址信息。

```
Router#configure terminal
Router(config)#hostname RB
RB(config)#interface FastEthernet 0/0
RB(config-if)#ip address 192.168.25.2 255.255.255.0
RB(config-if)#exit
RB(config)#interface FastEthernet 0/1
RB(config-if)#ip address 192.168.28.2 255.255.255.0
RB(config-if)#exit
RB(config)#interface Loopback 0
RB(config-if)#ip address 1.1.1.1 255.255.255.0
RB(config-if)#exit
```

（3）在路由器 RC 上配置地址信息。

```
Router#configure terminal
Router(config)#hostname RC
RC(config)#interface FastEthernet 0/0
RC(config-if)#ip address 192.168.23.2 255.255.255.0
RC(config-if)#exit
RC(config)#interface FastEthernet 0/1
RC(config-if)#ip address 172.20.50.2 255.255.255.0
RC(config-if)#exit
```

```
RC(config)#interface Loopback 0
RC(config-if)#ip address 2.2.2.2 255.255.255.0
RC(config-if)#exit
```

（4）在路由器 RX 上配置地址信息。

```
Router#configure terminal
Router(config)#hostname RX
RX#configure terminal
RX(config)#interface FastEthernet 0/0
RX(config-if)#ip address 192.168.28.1 255.255.255.0
RX(config-if)#exit
RX(config)#interface FastEthernet 0/1
RX(config-if)#ip address 192.168.30.1 255.255.255.0
RX(config-if)#exit
RX(config)#interface Loopback 0
RX(config-if)#ip address 4.4.4.4 255.255.255.0
RX(config-if)#exit
```

（5）在路由器 RY 上配置地址信息。

```
Router#configure terminal
Router(config)#hostname RY
RY(config)#interface FastEthernet 0/0
RY(config-if)#ip address 172.20.50.1 255.255.255.0
RY(config-if)#exit
RY(config)#interface FastEthernet 0/1
RY(config-if)#ip address 192.168.31.1 255.255.255.0
RY(config-if)#exit
RY(config)#interface Loopback 0
RY(config-if)#ip address 5.5.5.5 255.255.255.0
RY(config-if)#exit
```

（6）在路由器 RZ 上配置地址信息。

```
Router#configure terminal
Router(config)#hostname RZ
RZ(config)#interface FastEthernet 0/0
RZ(config-if)#ip address 192.168.30.2 255.255.255.0
RZ(config-if)#exit
RZ(config)#interface FastEthernet 0/1
RZ(config-if)#ip address 192.168.31.2 255.255.255.0
RZ(config-if)#exit
RZ(config)#interface Loopback 0
RZ(config-if)#ip address 6.6.6.6 255.255.255.0
RZ(config-if)#exit
RZ(config)#interface Loopback 1
```

```
RZ(config-if)#ip address 192.168.40.1 255.255.255.0
RZ(config-if)#exit
RZ(config)#interface Loopback 2
RZ(config-if)#ip address 192.168.60.1 255.255.255.0
RZ(config-if)#exit
```

（7）在路由器RA、RB、RC、RX、RY、RZ上配置RIP路由，以实现AS区域内的网络联通。

```
RA(config)#router rip
RA(config-router)#version 2
RA(config-router)#network 3.0.0.0
RA(config-router)#network 192.168.23.0
RA(config-router)#network 192.168.25.0
RA(config-router)#no auto-summary
RA(config-router)#exit
```

```
RB(config)#router rip
RB(config-router)#version 2
RB(config-router)#network 1.0.0.0
RB(config-router)#network 192.168.25.0
RB(config-router)#no auto-summary
RB(config-router)#exit
```

```
RC(config)#router rip
RC(config-router)#version 2
RC(config-router)#network 2.0.0.0
RC(config-router)#network 192.168.23.0
RC(config-router)#no auto-summary
RC(config-router)#exit
```

```
RX(config)#router rip
RX(config-router)#version 2
RX(config-router)#network 4.0.0.0
RX(config-router)#network 192.168.30.0
RX(config-router)#no auto-summary
RX(config-router)#exit
```

```
RY(config)#router rip
RY(config-router)#version 2
RY(config-router)#network 5.0.0.0
RY(config-router)#network 192.168.31.0
RY(config-router)#no auto-summary
RY(config-router)#exit
```

```
RZ(config)#router rip
RZ(config-router)#version 2
RZ(config-router)#network 6.0.0.0
RZ(config-router)#network 192.168.30.0
RZ(config-router)#network 192.168.31.0
RZ(config-router)#no auto-summary
RZ(config-router)#exit
```

（8）在路由器 RA、RB、RC、RX、RY、RZ 上配置 BGP 邻居关系并通告网络。

```
RA(config)#router bgp 65001
RA(config-router)#neighbor 1.1.1.1 remote-as 65001
RA(config-router)#neighbor 1.1.1.1 update-source Loopback 0
RA(config-router)#neighbor 2.2.2.2 remote-as 65001
RA(config-router)#neighbor 2.2.2.2 update-source Loopback 0
RA(config-router)#exit
```

```
RB(config)#router bgp 65001
RB(config-router)#neighbor 2.2.2.2 remote-as 65001
RB(config-router)#neighbor 2.2.2.2 update-source Loopback 0
RB(config-router)#neighbor 2.2.2.2 next-hop-self
RB(config-router)#neighbor 3.3.3.3 remote-as 65001
RB(config-router)#neighbor 3.3.3.3 update-source Loopback 0
RB(config-router)#neighbor 3.3.3.3 next-hop-self
RB(config-router)#neighbor 192.168.28.1 remote-as 65004
RB(config-router)#exit
```

```
RC(config)#router bgp 65001
RC(config-router)#neighbor 1.1.1.1 remote-as 65001
RC(config-router)#neighbor 1.1.1.1 update-source Loopback 0
RC(config-router)#neighbor 1.1.1.1 next-hop-self
RC(config-router)#neighbor 3.3.3.3 remote-as 65001
RC(config-router)#neighbor 3.3.3.3 update-source Loopback 0
RC(config-router)#neighbor 3.3.3.3 next-hop-self
RC(config-router)#neighbor 172.20.50.1 remote-as 65004
RC(config-router)#exit
```

```
RX(config)#router bgp 65004
RX(config-router)#neighbor 5.5.5.5 remote-as 65004
RX(config-router)#neighbor 5.5.5.5 update-source Loopback 0
RX(config-router)#neighbor 5.5.5.5 next-hop-self
RX(config-router)#neighbor 6.6.6.6 remote-as 65004
```

```
RX(config-router)#neighbor 6.6.6.6 update-source Loopback 0
RX(config-router)#neighbor 6.6.6.6 next-hop-self
RX(config-router)#neighbor 192.168.28.2 remote-as 65001
RX(config-router)#exit
```

```
RY(config)#router bgp 65004
RY(config-router)#neighbor 4.4.4.4 remote-as 65004
RY(config-router)#neighbor 4.4.4.4 update-source Loopback 0
RY(config-router)#neighbor 4.4.4.4 next-hop-self
RY(config-router)#neighbor 6.6.6.6 remote-as 65004
RY(config-router)#neighbor 6.6.6.6 update-source Loopback 0
RY(config-router)#neighbor 6.6.6.6 next-hop-self
RY(config-router)#neighbor 172.20.50.2 remote-as 65001
RY(config-router)#exit
```

```
RZ(config)#router bgp 65004
RZ(config-router)#network 192.168.40.0
RZ(config-router)#network 192.168.60.0
RZ(config-router)#neighbor 4.4.4.4 remote-as 65004
RZ(config-router)#neighbor 4.4.4.4 update-source Loopback 0
RZ(config-router)#neighbor 5.5.5.5 remote-as 65004
RZ(config-router)#neighbor 5.5.5.5 update-source Loopback 0
RZ(config-router)#exit
```

（9）验证测试BGP路由信息。

```
RA#show ip bgp          //  在路由器RA上查看BGP路由表信息
   BGP table version is 112,local router ID is 3.3.3.3
   Status codes:s suppressed,d damped,h history, *valid, >best,i-internal,S
Stale
   Origin codes:i-IGP,e-EGP, ? -incomplete

   Network          Next Hop    Metric      LocPrf      Path
   *i192.168.40.0   2.2.2.2     0           100         65004 i
   *>I              1.1.1.1     0           100         65004 i
   *i192.168.60.0   2.2.2.2     0           100         65004 i
   *>i              1.1.1.1     0           100         65004 i

   Total number of prefixes 2
```

可以看到，路由器RA使用经过路由器RB的路径，到达192.168.40.0/24和192.168.60.0/24网络，进入ISP2的流量都将使用路由器RX出口，从而导致路由器RY的入口链路处于空闲状态，造成带宽资源浪费。

（10）修改 MED 值。

在路由器 RX 上修改 MED 值，将发送给路由器 RB 的 192.168.40.0/24 路由的 MED 值设置为 100，将 192.168.60.0/24 路由的 MED 值设置为 200。这样，去往 192.168.40.0/24 目标网络中的数据都将使用路由器 RX 的入口链路。

```
RX(config)#access-list 10 permit 192.168.40.0 0.0.0.255
                                        // 配置匹配 192.168.40.0/24 路由的访问控制列表
RX(config)#access-list 20 permit 192.168.60.0 0.0.0.255
                                        // 配置匹配 192.168.60.0/24 路由的访问控制列表
```

```
RX(config)#route-map med permit 10
RX(config-route-map)#match ip address 10
RX(config-route-map)#set metric 100
                                        // 将 192.168.40.0/24 路由的 MED 值设置为 100
RX(config-route-map)#exit
```

```
RX(config)#route-map med permit 20
RX(config-route-map)#match ip address 20
RX(config-route-map)#set metric 200
                                        // 将 192.168.60.0/24 路由的 MED 值设置为 200
RX(config-route-map)#exit
```

```
RX(config)#route-map med permit 30    // 允许所有其他路由
RX(config-route-map)#exit
```

```
RX(config)#router bgp 65004
RX(config-router)#neighbor 192.168.28.2 route-map med out
                                        // 将 route-map 应用到发送给路由器 RB 的路由上
RX(config-router)#end
```

```
RX#clear ip bgp 192.168.28.2    // 复位 BGP 邻居关系以使配置的策略生效
```

在路由器 RY 上修改 MED 值，将发送给路由器 RC 的 192.168.40.0/24 路由的 MED 值设置为 200，将 192.168.60.0/24 路由的 MED 值设置为 100。这样，去往 192.168.60.0/24 目标网络中的数据都将使用路由器 RY 的入口链路。

```
RY(config)#access-list 10 permit 192.168.40.0 0.0.0.255
                                        // 配置匹配 192.168.40.0/24 路由的访问控制列表
RY(config)#access-list 20 permit 192.168.60.0 0.0.0.255
                                        // 配置匹配 192.168.60.0/24 路由的访问控制列表
```

```
RY(config)#route-map med permit 10
RY(config-route-map)#match ip address 10
RY(config-route-map)#set metric 200  //  将192.168.40.0/24路由的MED值设置为200
RY(config-route-map)#exit
```

```
RY(config)#route-map med permit 20
RY(config-route-map)#match ip address 20
RY(config-route-map)#set metric 100  //  将192.168.60.0/24路由的MED值设置为100
RY(config-route-map)#exit
```

```
RY(config)#route-map med permit 30  //  允许所有其他路由
RY(config-route-map)#exit
RY(config)#router bgp 65004
RY(config-router)#neighbor 172.20.50.2 route-map med out
                                      //  将route-map应用到发送给路由器RC的路由上
RY(config-router)#end
```

```
RY#clear ip bgp 172.20.50.2        //  复位BGP邻居关系以使配置的策略生效
```

（11）验证测试 BGP 路由信息。

```
RA#show ip bgp     //  查看调整MED值后的路由器RA的BGP路由表
   BGP table version is 122,local router ID is 3.3.3.3
   Status codes:s suppressed,d damped,h history, *valid, >best,i-internal,S Stale
   Origin codes:i-IGP,e-EGP, ? -incomplete

   Network             Next Hop    Metric     LocPrf     Path
   *>I 192.168.40.0    1.1.1.1     100        100        65004 i
   *>I 192.168.60.0    2.2.2.2     100        100        65004 i

   Total number of prefixes 2
```

从路由器 RA 的 BGP 路由表可以看到，路由器 RA 去往 192.168.40.0/24 目标网络的下一跳地址为 1.1.1.1（路由器 RB），将使用路由器 RX 作为入口进入 ISP2。同时，去往 192.168.60.0/24 目标网络的下一跳地址为 2.2.2.2（路由器 RC），将使用路由器 RY 作为入口进入 ISP2。这样，就达到了去往不同网络使用不同入口的目的。

【注意事项】

MED 属性与本地优先级属性不同，MED 属性是可以在 AS 之间传播的。因此，当网络中存在多个入口时，MED 属性可以影响其他 AS 选择进入本地 AS 的路径，所以 MED 属性通常用来控制数据流选择进入本地 AS 的路径。

任务 47 配置 BGP 路由聚合，优化路由表规模

【任务目标】

配置 BGP 路由聚合，减少路由通告的链路开销，优化路由表规模。

【背景描述】

两个 ISP 分别处于两个 AS 中，每个 AS 都要向邻居 AS 通告大量的路由信息，这不但增加了链路带宽的开销，还会导致路由表中路由条目过多，占用大量的系统资源。使用 BGP 的路由聚合技术，可以减少路由通告的链路开销，优化路由表规模。

【网络拓扑】

图 47-1 所示为 ISP 使用 BGP 路由聚合的网络场景，减少链路上的路由通告的开销。

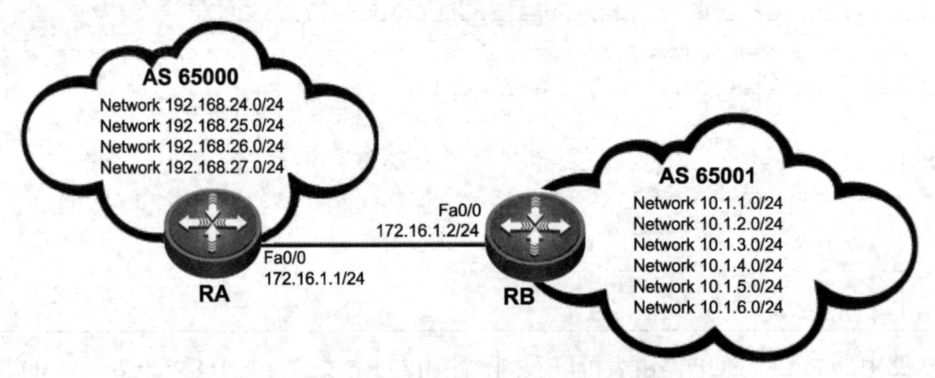

图 47-1 ISP 使用 BGP 路由聚合的网络场景

【设备清单】

模块化路由器（2 台）；网线（若干）；V35 线缆（可选）；测试计算机（若干）。

（备注 1：实际的出口网络中都通过 WAN 口连接，本任务限于条件，使用部分 LAN 口。）

（备注 2：注意设备连接接口；可以根据现场连接情况，相应修改文档中接口名称，配置过程不受影响。）

（备注 3：限于实训环境，本任务也可以使用多台三层交换机和路由器混合组网实现，配置过程做相应改变。）

【实施步骤】

（1）在路由器 RA 上配置地址信息。

```
Router#configure terminal
Router(config)#hostname RA
RA(config)#interface FastEthernet 0/0
RA(config-if)#ip address 172.16.1.1 255.255.255.0
RA(config-if)#exit
RA(config)#interface Loopback 0
RA(config-if)#ip address 192.168.24.1 255.255.255.0
RA(config-if)#exit
RA(config)#interface Loopback 1
RA(config-if)#ip address 192.168.25.1 255.255.255.0
RA(config-if)#exit
RA(config)#interface Loopback 2
RA(config-if)#ip address 192.168.26.1 255.255.255.0
RA(config-if)#exit
RA(config)#interface Loopback 3
RA(config-if)#ip address 192.168.27.1 255.255.255.0
RA(config-if)#exit
```

（2）在路由器 RB 上配置地址信息。

```
Router#configure terminal
Router(config)#hostname RB
RB(config)#interface FastEthernet 0/0
RB(config-if)#ip address 172.16.1.2 255.255.255.0
RB(config-if)#exit
RB(config)#interface Loopback 0
RB(config-if)#ip address 10.1.1.1 255.255.255.0
RB(config-if)#exit
RB(config)#interface Loopback 1
RB(config-if)#ip address 10.1.2.1 255.255.255.0
RB(config-if)#exit
RB(config)#interface Loopback 2
RB(config-if)#ip address 10.1.3.1 255.255.255.0
RB(config-if)#exit
RB(config)#interface Loopback 3
RB(config-if)#ip address 10.1.4.1 255.255.255.0
RB(config-if)#exit
RB(config)#interface Loopback 4
RB(config-if)#ip address 10.1.5.1 255.255.255.0
RB(config-if)#exit
RB(config)#interface Loopback 5
```

```
RB(config-if)#ip address 10.1.6.1 255.255.255.0
RB(config-if)#exit
```

（3）在路由器 RA、RB 上配置 BGP 路由。

```
RA(config)#router bgp 65000
RA(config-router)#neighbor 172.16.1.2 remote-as 65001
RA(config-router)#exit
```

```
RB(config)#router bgp 65001
RB(config-router)#neighbor 172.16.1.1 remote-as 65000
RB(config-router)#network 10.1.1.0 mask 255.255.255.0
RB(config-router)#network 10.1.2.0 mask 255.255.255.0
RB(config-router)#network 10.1.3.0 mask 255.255.255.0
RB(config-router)#network 10.1.4.0 mask 255.255.255.0
RB(config-router)#network 10.1.5.0 mask 255.255.255.0
RB(config-router)#network 10.1.6.0 mask 255.255.255.0
RB(config-router)#exit
```

（4）在路由器 RA 上使用 network 命令通告聚合路由。

```
RA(config)#ip route 192.168.24.0 255.255.252.0 Null 0          //  配置静态路由
RA(config)#router bgp 65000
RA(config-router)#network 192.168.24.0 mask 255.255.252.0
            //  使用 network 命令通告聚合路由，该路由已经使用静态路由方式添加到路由表中
```

（5）在路由器 RB 上使用 aggregate-address 命令配置路由聚合。

```
RB(config)#router bgp 65001
RB(config-router)#aggregate-address  10.1.0.0 255.255.248.0 summary-only
      // 配置路由聚合，使用 summary-only 参数表示只通告聚合后的路由，抑制详细路由信息
RB(config-router)#end
```

（6）验证测试路由聚合。

```
RB#show ip bgp   // 查看路由器 RB 的 BGP 路由表信息
   BGP table version is 1,local router ID is 10.1.6.1
   Status codes:s suppressed,d damped,h history, *valid, >best,i-internal,S
Stale
   Origin codes:i-IGP,e-EGP, ? -incomplete

   Network            Next Hop    Metric  LocPrf      Path
   *>10.1.0.0/21      0.0.0.0                         i
   s>10.1.1.0/24      0.0.0.0      0                  i
   s>10.1.2.0/24      0.0.0.0      0                  i
   s>10.1.3.0/24      0.0.0.0      0                  i
```

```
   s>10.1.4.0/24      0.0.0.0     0                  i
   s>10.1.5.0/24      0.0.0.0     0                  i
   s>10.1.6.0/24      0.0.0.0     0                  i
   *>192.168.24.0/22  172.16.1.1  0                  65000 i
   Total number of prefixes 2
```

从路由器 RB 的 BGP 路由表可以看到，路由器 RB 收到了路由器 RA 使用 network 命令通告的聚合后的路由。并且路由器 RB 使用带 summary-only 参数的 aggregate-address 命令后，详细的路由都被抑制（使用 s 标识），仅通告聚合后的路由给路由器 RA。

```
RA#show ip bgp    //查看路由器 RA 的 BGP 路由表信息
   BGP table version is 9,local router ID is 192.168.27.1
   Status codes:s suppressed,d damped,h history, *valid, >best,i-internal,S
Stale
   Origin codes:i-IGP,e-EGP, ? -incomplete

   Network            Next Hop    Metric  LocPrf      Path
   *>10.1.0.0/21      172.16.1.2  0                   65001 i
   *>192.168.24.0/22  0.0.0.0 0                       i

   Total number of prefixes 2
```

从路由器 RA 的 BGP 路由表可以看到，路由器 RA 收到了路由器 RB 通告的聚合路由，而且仅收到了聚合后的路由，没有收到详细的路由。

【注意事项】

路由聚合可以优化路由表规模，如果没有路由聚合，Internet 的路由表规模将会成倍数增长。除此之外，路由聚合也可用来减少 BGP 对等体之间通告路由的数目。

任务 48 配置 BGP 路由反射器和对等体组，简化 BGP 路由管理

【任务目标】

理解路由反射器的作用，掌握路由反射器和对等体组的配置方法。

【背景描述】

某 ISP 为了避免内部网络存在环路，BGP 路由的对等体不会将从 IBGP 收到的路由更新再通告给其 IBGP 内部的对等体。根据 BGP 水平分割原则，在 AS 内部使用全互联 IBGP 才可以建立全部的邻居关系，这带来了大量的手动配置工作。为简化 AS 内部由于建立全互联 IBGP 拓扑而引入的大量配置操作的复杂性，可以使用路由反射器和对等体组。

【网络拓扑】

图 48-1 所示为某 ISP 组建的内部网络中使用多台 BGP 路由器优化网络的连接场景，网络管理员计划使用路由反射器和对等体组来简化配置、管理及维护的工作。

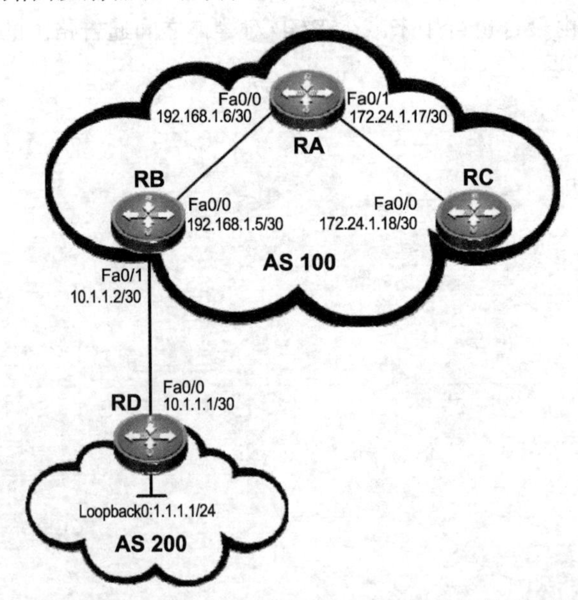

图 48-1 某 ISP 组建的内部网络中使用多台 BGP 路由器优化网络的连接场景

【设备清单】

模块化路由器（4台）；网线（若干）；V35线缆（可选）；测试计算机（若干）。

（备注1：注意设备连接接口；可以根据现场连接情况，相应修改文档中接口名称，配置过程不受影响。）

（备注2：限于实训环境，本任务也可以使用多台三层交换机组网实现，配置过程做相应改变。）

【实施步骤】

（1）在路由器RA上配置地址信息。

```
Router#configure terminal
Router(config)#hostname RA
RA(config)#interface FastEthernet 0/0
RA(config-if)#ip address 192.168.1.6 255.255.255.252
RA(config-if)#exit
RA(config)#interface FastEthernet 0/1
RA(config-if)#ip address 172.24.1.17 255.255.255.252
RA(config-if)#exit
```

（2）在路由器RB上配置地址信息。

```
Router#configure terminal
Router(config)#hostname RB
RB(config)#interface FastEthernet 0/0
RB(config-if)#ip address 192.168.1.5 255.255.255.252
RB(config-if)#exit
RB(config)#interface FastEthernet 0/1
RB(config-if)#ip address 10.1.1.2 255.255.255.252
RB(config-if)#exit
```

（3）在路由器RC上配置地址信息。

```
Router#configure terminal
Router(config)#hostname RC
RC(config)#interface FastEthernet 0/0
RC(config-if)#ip address 172.24.1.18 255.255.255.252
RC(config-if)#exit
```

（4）在路由器RD上配置地址信息。

```
Router#configure terminal
Router(config)#hostname RD
RD(config)#interface FastEthernet 0/0
RD(config-if)#ip address 10.1.1.1 255.255.255.252
```

```
RD(config-if)#exit
RD(config)#interface Loopback 0
RD(config-if)#ip address 1.1.1.1 255.255.255.0
RD(config-if)#exit
```

（5）在路由器RA、RB、RC上配置RIP路由，实现AS内部网络联通。

```
RA(config)#router rip
RA(config-router)#version 2
RA(config-router)#network 172.24.0.0
RA(config-router)#network 192.168.1.0
RA(config-router)#no auto-summary
RA(config-router)#exit
```

```
RB(config)#router rip
RB(config-router)#version 2
RB(config-router)#network 192.168.1.0
RB(config-router)#no auto-summary
RB(config-router)#exit
```

```
RC(config)#router rip
RC(config-router)#version 2
RC(config-router)#network 172.24.0.0
RC(config-router)#no auto-summary
RC(config-router)#exit
```

（6）在路由器RA、RB、RC、RD上配置BGP路由，实现AS之间网络联通。

```
RA(config)#router bgp 100
RA(config-router)#neighbor rr_client peer-group      // 创建对等体组
RA(config-router)#neighbor rr_client remote-as 100   // 配置对等体组的对端AS号
RA(config-router)#neighbor 172.24.1.18 peer-group rr_client
                                                      // 将RC加入对等体组
RA(config-router)#neighbor 192.168.1.5 peer-group rr_client
                                                      // 将RB加入对等体组
RA(config-router)#exit
```

```
RB(config)#router bgp 100
RB(config-router)#neighbor 192.168.1.6 remote-as 100
RB(config-router)#neighbor 192.168.1.6 next-hop-self
RB(config-router)#neighbor 10.1.1.1 remote-as 200
RB(config-router)#exit
```

```
RC(config)#router bgp 100
```

```
RC(config-router)#neighbor 172.24.1.17 remote-as 100
RC(config-router)#exit
```

```
RD(config)#router bgp 200
RD(config-router)#neighbor 10.1.1.2 remote-as 100
RD(config-router)#network 1.1.1.0 mask 255.255.255.0
RD(config-router)#exit
```

（7）在路由器上进行验证测试。

```
RA#show ip bgp    // 查看路由器 RA 的 BGP 路由表信息
   BGP table version is 4,local router ID is 192.168.1.6
   Status codes:s suppressed,d damped,h history, *valid, >best,i-
   internal,S Stale
   Origin codes:i-IGP,e-EGP, ? -incomplete

   Network          Next Hop         Metric  LocPrf     Path
   *>i1.1.1.0/24    192.168.1.5      0       100 200    i

   Total number of prefixes 1
```

通过路由器 RA 的 BGP 路由表可以看到，路由器 RA 通过路由器 RB 收到了 1.1.1.0/24 的路由信息。

```
RA#show ip bgp 1.1.1.0 255.255.255.0
   BGP routing table entry for 1.1.1.0/24
   Paths: (1 available,best#1,table Default-IP-Routing-Table)
   Not advertised to any peer
   200
   192.168.1.5 from 192.168.1.5(192.168.1.5)
   Origin IGP metric 0,localpref 100,distance 200,valid,internal,best
   Last update:Mon Mar  9 04:29:47 2009
```

在 1.1.1.0/24 的详细信息中可以看到，由于 BGP 水平分割原则，路由器 RB 没有将该路由通告给任何对等体。

```
RC#show ip bgp    // 查看路由器 RC 的 BGP 路由表信息
……// 在路由器 RC 的 BGP 路由表中，没有任何路由条目信息
```

（8）在路由器 RA 上配置路由反射器。

```
RA(config)#router bgp 100
RA(config-router)#neighbor rr_client route-reflector-client
                          //  将加入对等体组 rr_client 的邻居配置为路由反射器的客户端
RA(config-router)#end
RA#clear ip bgp*soft out        // 重置与其他对等体的邻居关系，以使更改的配置生效
```

（9）在路由器上进行验证测试。

```
RA#show ip bgp 1.1.1.0 255.255.255.0  //  在路由器 RA 上查看 1.1.1.0/24 的详细信息
   BGP routing table entry for 1.1.1.0/24
   Paths: (1 available,best#1,table Default-IP-Routing-Table)
   Advertised to peer-groups:
   rr_client
   200, (Received from a RR-client)
   192.168.1.5 from 192.168.1.5(192.168.1.5)

   Origin IGP metric 0,localpref 100,distance 200,valid,internal,best
   Last update:Mon Mar  9 04:46:47 2009
```

可以看到，当把路由器 RA 配置为路由反射器后，路由器 RA 将该路由通告给了对等体组。

```
RC#show ip bgp    //查看路由器 RC 的 BGP 路由表
   BGP table version is 31,local router ID is 172.24.1.18
   Status codes:s suppressed,d damped,h history, *valid, >best,i-internal,S
Stale
   Origin codes:i-IGP,e-EGP, ? -incomplete

   Network          Next Hop         Metric  LocPrf       Path
   *>i1.1.1.0/24    192.168.1.5      0       100 200      i

   Total number of prefixes 1
```

从路由器 RC 的 BGP 路由表可以看到，路由器 RC 已经收到路由器 RA“反射”过来的路由条目。

【注意事项】

路由反射器只需要在反射器上进行配置，无须在客户端上进行配置。也就是说，只需告诉反射器将路由反射给哪个 BGP 对等体即可。因为当一台 BGP 发言者被配置为路由反射器时，它会将从 IBGP 对等体收到的路由传递（反射）给它的客户端。这样，在客户端之间就无须建立 IBGP 会话，因为反射器充当了路由传递的“中介”，客户端只需要与反射器建立 IBGP 邻居关系。

任务 49 配置 BGP 团体属性，控制路由更新

【任务目标】

配置 BGP 团体（Community）属性，理解 BGP 团体属性的作用，掌握团体属性控制路由更新的方法。

【背景描述】

某企业网络作为 ISPA 客户通过 ISPA 连接到 Internet，并通过 BGP 将企业网络中的子网信息通告给 ISPA。但是，在使用 BGP 路由通告的过程中，企业不希望自己的子网信息再被 ISPA 通告给其他的 ISP，需要通过配置 BGP 团体属性以控制路由更新。

【网络拓扑】

图 49-1 所示为某企业网络通过 ISPA 连接到 Internet 的网络场景，配置 BGP 团体属性，使用团体属性控制路由更新。

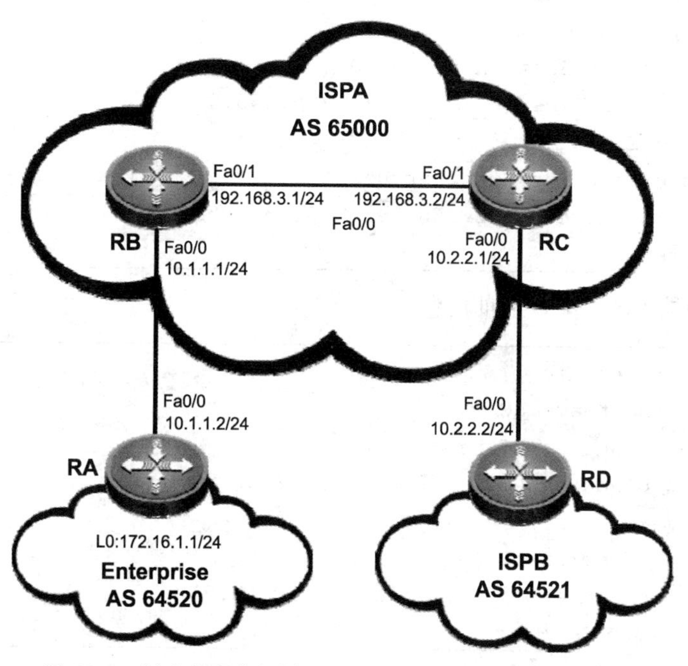

图 49-1　某企业网络通过 ISPA 连接到 Internet 的网络场景

【设备清单】

模块化路由器（4台）；网线（若干）；V35线缆（可选）；测试计算机（若干）。

（备注1：实际的出口网络中都通过WAN口连接，本任务限于条件，使用部分LAN口。）

（备注2：注意设备连接接口；可以根据现场连接情况，相应修改文档中接口名称，配置过程不受影响。）

（备注3：限于实训环境，本任务也可以使用多台三层交换机和路由器混合组网实现，配置过程做相应改变。）

【实施步骤】

（1）在路由器RA上配置地址信息。

```
Router#configure terminal
Router(config)#hostname RA
RA(config)#interface FastEthernet 0/0
RA(config-if)#ip address 10.1.1.2 255.255.255.0
RA(config-if)#exit
RA(config)#interface Loopback 0
RA(config-if)#ip address 172.16.1.1 255.255.255.0
RA(config-if)#exit
```

（2）在路由器RB上配置地址信息。

```
Router#configure terminal
Router(config)#hostname RB
RB(config)#interface FastEthernet 0/0
RB(config-if)#ip address 10.1.1.1 255.255.255.0
RB(config-if)#exit
RB(config)#interface FastEthernet 0/1
RB(config-if)#ip address 192.168.3.1 255.255.255.0
RB(config-if)#exit
```

（3）在路由器RC上配置地址信息。

```
Router#configure terminal
Router(config)#hostname RC
RC(config)#interface FastEthernet 0/1
RC(config-if)#ip address 192.168.3.2 255.255.255.0
RC(config-if)#exit
RC(config)#interface FastEthernet 0/0
RC(config-if)#ip address 10.2.2.1 255.255.255.0
RC(config-if)#exit
```

（4）在路由器 RD 上配置地址信息。

```
Router#configure terminal
Router(config)#hostname RD
RD(config)#interface FastEthernet 0/0
RD(config-if)#ip address 10.2.2.2 255.255.255.0
RD(config-if)#exit
```

（5）在路由器 RA、RB、RC、RD 上配置 BGP 路由信息。

```
RA(config)#router bgp 64520
RA(config-router)#neighbor 10.1.1.1 remote-as 65000
RA(config-router)#network 172.16.1.0 mask 255.255.255.0
RA(config-router)#exit
```

```
RB(config)#router bgp 65000
RB(config-router)#neighbor 10.1.1.2 remote-as 64520
RB(config-router)#neighbor 192.168.3.2 remote-as 65000
RB(config-router)#neighbor 192.168.3.2 next-hop-self
                          // 配置 RB 将路由通告给 RC 时将下一跳地址设置为自身地址
RB(config-router)#exit
```

```
RC(config)#router bgp 65000
RC(config-router)#neighbor 192.168.3.1 remote-as 65000
RC(config-router)#neighbor 10.2.2.2 remote-as 64521
RC(config-router)#exit
```

```
RD(config)#router bgp 64521
RD(config-router)#neighbor 10.2.2.1 remote-as 65000
RD(config-router)#exit
```

（6）在路由器上进行验证测试。

```
RD#show ip bgp    //查看路由器 RD 的 BGP 路由表信息
   BGP table version is 4,local router ID is 10.2.2.2
   Status codes:s suppressed,d damped,h history, *valid, >best,i-internal,S
Stale
   Origin codes:i-IGP,e-EGP, ? -incomplete

   Network            Next Hop     Metric  LocPrf        Path
   *>172.16.1.0/24    10.2.2.1     0       65000         64520 i

   Total number of prefixes 1
```

可以看到，由于没有使用任何策略，ISPB 中的路由器 RD 收到了企业网络通告的路由。

（7）在路由器上配置 BGP 团体属性。

```
RA(config)#access-list 10 permit 172.16.1.0 0.0.0.255
                                        //配置匹配企业网络路由的访问控制列表
```

```
RA(config)#route-map mymap permit 10
RA(config-route-amp)#match ip address 10
RA(config-route-amp)#set community no-export
                        //  对于匹配访问控制列表 10 的路由，为其配置 no-export 团体属性
RA(config-route-amp)#exit
```

```
RA(config)#route-map mymap permit 20   //  配置允许所有其他路由的 route-map 子句
RA(config-route-amp)#exit
RA(config-router)#neighbor 10.1.1.1 send-community
                                            //  允许将团体属性发送给路由器 RB
RA(config-router)#neighbor 10.1.1.1 route-map mymap out
                                      //   将 route-map 应用到发送给 RB 的路由上
RA(config-router)#end
```

```
RA(config)#router bgp 65000
RA(config-router)#neighbor 192.168.3.2 send-community
                                            //  允许将团体属性发送给路由器 RC
RA(config-router)#end
```

```
RA#clear ip bgp 10.1.1.1      //  复位 BGP 邻居关系以使配置的策略生效
```

（8）在路由器上进行验证测试。

```
RB#show ip bgp    //  查看路由器 RB 的 BGP 路由表信息
   BGP table version is 6,local router ID is 10.1.1.1
   Status codes:s suppressed,d damped,h history, *valid, >best,i-internal,S
Stale
   Origin codes:i-IGP,e-EGP, ? -incomplete

   Network            Next Hop     Metric  LocPrf  Path
   *>172.16.1.0/24    10.1.1.2     0               64520 i

   Total number of prefixes 1
```

```
RB#show ip bgp 172.16.1.0
   BGP routing table entry for 172.16.1.0/24
```

```
    Paths:  (1  available,best#1,table  Default-IP-Routing-Table,    not
advertised to EBGP peer)
    Advertised to non peer-group peers:
    192.168.3.2
    64520
    10.1.1.2 from 10.1.1.2(172.20.0.1)
    Origin IGP metric 0,localpref 100,distance 20,valid,external,best
    Community:no-export
    Last update:Sat Mar 14 23:50:33 2009
```

通过路由器 RB 的 BGP 路由表可以看到，路由器 RB 收到了企业网络通告的路由 172.16.1.0/24，且该路由具有 no-export 团体属性。

```
RC#show ip bgp    //  查看路由器 RC 的 BGP 路由表信息
    BGP table version is 7,local router ID is 10.2.2.1
    Status codes:s suppressed,d damped,h history, *valid, >best,i-internal,S
Stale
    Origin codes:i-IGP,e-EGP, ? -incomplete

    Network            Next Hop        Metric  LocPrf     Path
    *>i 172.16.1.0/24  192.168.3.1     0       100        64520 i

    Total number of prefixes 1
```

```
RC#show ip bgp 172.16.1.0
    BGP routing table entry for 172.16.1.0/24
    Paths:  (1  available,best#1,table  Default-IP-Routing-Table,    not
advertised to EBGP peer)
    Not advertised to any peer
    64520
    192.168.3.1 from 192.168.3.1(10.1.1.1)
    Origin IGP metric 0,localpref 100,distance 200,valid,internal,best
    Community:no-export
    Last update:Sat Mar 28 01:03:33 2009
```

通过路由器 RC 的 BGP 路由表可以看出，路由器 RC 收到了企业网络通告的路由，且该路由具有 no-export 团体属性，并没有被通告给任何对等体。

```
RD#show ip bgp   //查看路由器 RD 的 BGP 路由表信息
……   //   路由器 RD 没有学习到任何 BGP 路由条目
```

【注意事项】

BGP 作为一个逐跳的路由选择协议，通常情况下不能影响其他 AS 通告路由的方式。为了使企业网络通告给 ISPA 的路由不再被通告给其他的 AS，除了在 ISPA 的路由器上进行设置外，还可以通过在企业网络的路由器上配置团体属性来达到这个目的。

团体属性可以简化 BGP 策略的执行，但它并不是进行 BGP 路径决策的因素。团体属性其实是一种 BGP 工具，它就像为 BGP 路由打上了一个标记，其他 BGP 发言者可以使用这个标记进行入站和出站的路由过滤，也可以根据不同的团体属性值为路由设置本地优先级或 MED 值等。由于团体属性是可选传递的，因此如果 BGP 对等体不能识别某团体属性，则会将其留给下一个对等体去处理。如果要使本地对等体将团体属性发送给邻居，就必须配置 neighbor send-community 命令。

任务 50 配置 BGP 联盟，简化路由管理

【任务目标】

配置 BGP 联盟（Confederation），了解在大型 BGP 网络中使用 BGP 联盟的优点，掌握配置 BGP 联盟的方法。

【背景描述】

某 ISP 为了避免内部网络存在环路，BGP 路由的对等体不会将从 IBGP 收到的路由更新再通告给其 IBGP 内部的对等体。根据 BGP 水平分割原则，在 AS 内部使用全互联 IBGP 才可以建立全部的邻居关系，这带来了大量的手动配置工作。为简化 AS 内部由于建立全互联 IBGP 拓扑而引入的大量配置操作的复杂性，可以使用 BGP 联盟。

【网络拓扑】

图 50-1 所示为某企业网通过 BGP 联盟来简化配置、管理及维护的工作场景。

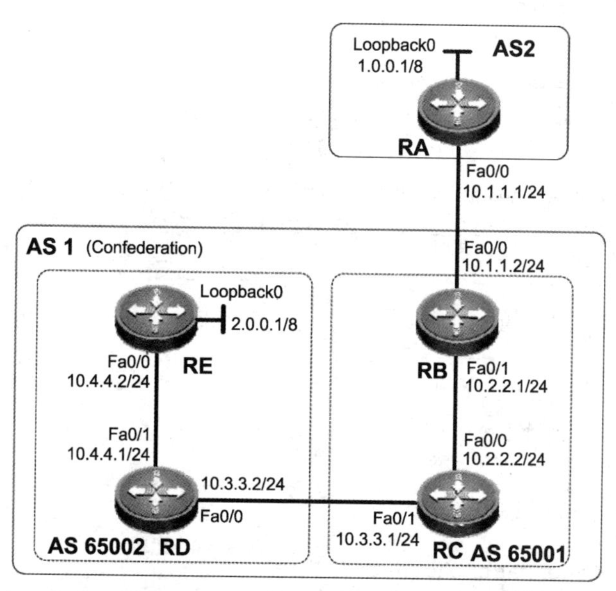

图 50-1　某企业网通过 BGP 联盟来简化配置、管理及维护的工作场景

【设备清单】

模块化路由器（5 台）；网线（若干）；V35 线缆（可选）；测试计算机（若干）。

（备注 1：实际的出口网络中都通过 WAN 口连接，本任务限于条件，使用部分 LAN 口。）

（备注 2：注意设备连接接口；可以根据现场连接情况，相应修改文档中接口名称，配置过程不受影响。）

（备注 3：限于实训环境，本任务也可以使用多台三层交换机和路由器混合组网实现，配置过程做相应改变。）

【实施步骤】

（1）在路由器 RA 上配置地址信息。

```
Router#configure terminal
Router(config)#hostname RA
RA(config)#interface FastEthernet 0/0
RA(config-if)#ip address 10.1.1.1 255.255.255.0
RA(config-if)#exit
RA(config)#interface Loopback 0
RA(config-if)#ip address 1.0.0.1 255.0.0.0
RA(config-if)#exit
```

（2）在路由器 RB 上配置地址信息。

```
Router#configure terminal
Router(config)#hostname RB
RB(config)#interface FastEthernet 0/0
RB(config-if)#ip address 10.1.1.2 255.255.255.0
RB(config-if)#exit
RB(config)#interface FastEthernet 0/1
RB(config-if)#ip address 10.2.2.1 255.255.255.0
RB(config-if)#exit
```

（3）在路由器 RC 上配置地址信息。

```
Router#configure terminal
Router(config)#hostname RC
RC(config)#interface FastEthernet 0/0
RC(config-if)#ip address 10.2.2.2 255.255.255.0
RC(config-if)#exit
RC(config)#interface FastEthernet 0/1
RC(config-if)#ip address 10.3.3.1 255.255.255.0
RC(config-if)#exit
```

（4）在路由器 RD 上配置地址信息。

```
Router#configure terminal
Router(config)#hostname RD
RD(config)#interface FastEthernet 0/0
RD(config-if)#ip address 10.3.3.2 255.255.255.0
RD(config-if)#exit
RD(config)#interface FastEthernet 0/1
RD(config-if)#ip address 10.4.4.1 255.255.255.0
RD(config-if)#exit
```

（5）在路由器 RE 上配置地址信息。

```
Router#configure terminal
Router(config)#hostname RE
RE(config)#interface FastEthernet 0/0
RE(config-if)#ip address 10.4.4.2 255.255.255.0
RE(config-if)#exit
RE(config)#interface Loopback 0
RE(config-if)#ip address 2.0.0.1 255.0.0.0
RE(config-if)#exit
```

（6）在路由器 RA、RB、RC、RD、RE 上配置 BGP 路由和联盟信息。

```
RA(config)#router bgp 2
RA(config-router)#neighbor 10.1.1.2 remote-as 1
              // 配置与路由器 RB 的邻居关系，远程 AS 号使用联盟的 AS 号，而非子 AS 的 AS 号
RA(config-router)#network 1.0.0.0
RA(config-router)#end
```

```
RB(config-router)#router bgp 65001
RB(config-router)#bgp confederation identifier 1   // 配置联盟的 AS 号
RB(config-router)#neighbor 10.1.1.1 remote-as 2
RB(config-router)#neighbor 10.2.2.2 remote-as 65001
                         // 配置与路由器 RC 的邻居关系，远程 AS 号使用子 AS 的 AS 号
RB(config-router)#neighbor 10.2.2.2 next-hop-self
RB(config-router)#end
```

```
RC(config)#router bgp 65001
RC(config-router)#bgp confederation identifier 1     // 配置联盟的 AS 号
RC(config-router)#bgp confederation peers 65002
                                 // 配置与本地子 AS 相连的其他子 AS 的 AS 号
RC(config-router)#neighbor 10.2.2.1 remote-as 65001
                         // 配置与路由器 RB 的邻居关系，远程 AS 号使用子 AS 的 AS 号
RC(config-router)#neighbor 10.2.2.1 next-hop-self
```

```
RC(config-router)#neighbor 10.3.3.2 remote-as 65002
                                // 配置与路由器RD的邻居关系，远程AS号使用子AS的AS号
RC(config-router)#neighbor 10.3.3.2 next-hop-self
// 配置路由器RC将路由发送给路由器RD时将下一跳地址设置为自身地址，否则路由器RB通告下一跳将会在整个联盟内传播，可能导致下一跳不可达问题
RC(config-router)#end
```

```
RD(config)#router bgp 65002
RD(config-router)#bgp confederation identifier 1      // 配置联盟的AS号
RD(config-router)#bgp confederation peers 65001
                                        // 配置与本地子AS相连的其他子AS的AS号
RD(config-router)#neighbor 10.3.3.1 remote-as 65001
                                // 配置与路由器RC的邻居关系，远程AS号使用子AS的AS号
RD(config-router)#neighbor 10.3.3.1 next-hop-self
RD(config-router)#neighbor 10.4.4.2 remote-as 65002
                                // 配置与路由器RE的邻居关系，远程AS号使用子AS的AS号
RD(config-router)#neighbor 10.4.4.2 next-hop-self
  // 配置路由器RD将路由发送给路由器RE时将下一跳地址设置为自身地址，否则路由器RC通告下一跳可能会导致下一跳不可达问题
RD(config-router)#end
```

```
RE(config-router)#router bgp 65002
RE(config-router)#bgp confederation identifier 1     // 配置联盟的AS号
RE(config-router)#neighbor 10.4.4.1 remote-as 65002
                                // 配置与路由器RD的邻居关系，远程AS号使用子AS的AS号
RE(config-router)#network 2.0.0.0
RE(config-router)#end
```

（7）在路由器上进行验证测试。

```
RA#show ip bgp   // 查看路由器RA的BGP路由表信息
   BGP table version is 15,local router ID is 1.0.0.1
   Status codes:s suppressed,d damped,h history, *valid, >best,i-internal,S
Stale
   Origin codes:i-IGP,e-EGP, ? -incomplete

   Network      Next Hop      Metric  LocPrf  Path
   *>1.0.0.0    0.0.0.0       0               i
   *>2.0.0.0    10.1.1.2      0       1       i

   Total number of prefixes 2
```

通过路由器RA的BGP路由表可以看到，路由器RA学习到了2.0.0.0路由，AS路径

为 1，因为对于 AS 2 来说，联盟 AS 1 被看作一个 AS，外部 AS 不能看到联盟中的子 AS 的细节。

```
RD#show ip bgp    //  查看路由器 RD 的 BGP 路由表信息
    BGP table version is 20,local router ID is 10.4.4.1
    Status codes:s suppressed,d damped,h history, *valid, >best,i-internal,S
Stale
    Origin codes:i-IGP,e-EGP, ? -incomplete

    Network      Next Hop     Metric  LocPrf      Path
    *>1.0.0.0    10.3.3.1     0       100         (65001)2 i
    *>i2.0.0.0   10.4.4.2     0       100                  i
    Total number of prefixes 2
```

```
RD#show ip bgp 1.0.0.0
    BGP routing table entry for 1.0.0.0/8
    Paths: (1 available,best#1,table Default-IP-Routing-Table)Advertised to
non peer-group peers:
    10.4.4.2(65001)2
    10.3.3.1 from 10.3.3.1(10.3.3.1)
    Origin IGP metric 0,localpref 100,distance 200,valid,confed-external,best
    Last update:Sat Mar 28 05:35:19 2009
```

通过路由器 RD 的 BGP 路由表可以看到，1.0.0.0 路由的 AS 路径属性为(65001) 2，括号中的 AS 号表示联盟内的 AS 路径。并且在 1.0.0.0 路由的详细信息中可以看到，该路由被标记为 confed-external，表示该路由是通过联盟内部的外部链路学习到的。

【注意事项】

配置 BGP 联盟时，需要对联盟内的所有 BGP 发言者配置 bgp confederation identifier 命令，并且需要使用 bgp confederation peers 命令，在联盟内与其他子 AS 相连的路由器上，指定与本 AS 相连的子 AS 的 AS 号。

与路由反射器一样，联盟也是用来减少大型 AS 中 IBGP 会话数的。路由反射器通过放宽 BGP 水平分割的限制，减少需要建立的 IBGP 会话数；而联盟的核心思想是将一个大的 AS 划分成若干个子 AS，子 AS 之间通过联盟内的 EBGP 进行互联，子 AS 内部仍然是全互联的 IBGP 拓扑。

任务 51 配置基于时间的访问控制列表，控制上网行为

【任务目标】

掌握基于时间的访问控制列表的配置方法，控制上网行为。

【背景描述】

某公司经理最近发现，有些员工在上班时间上网浏览与工作无关的网站，耽误了工作，因此需要网络管理员在公司内网进行设置，只允许员工在上班时间浏览与工作相关的几个网站，禁止访问其他网站。通过配置基于时间的访问控制列表，对网络访问进行控制，能够提高网络的使用效率，保障网络的安全性。

【网络拓扑】

图 51-1 所示为某公司办公网场景，使用 1 台交换机接入和 1 台模块化路由器作为出口。其中，办公网中测试计算机的 IP 地址和网关分别为 172.16.1.1/24 和 172.16.1.2/24，服务器的 IP 地址和默认网关分别为 160.16.1.1/24 和 160.16.1.2/24，出口路由器接口 FastEthernet 0/0 和 FastEthernet 0/1 的 IP 地址分别为 172.16.1.2/24 和 160.16.1.2/24。

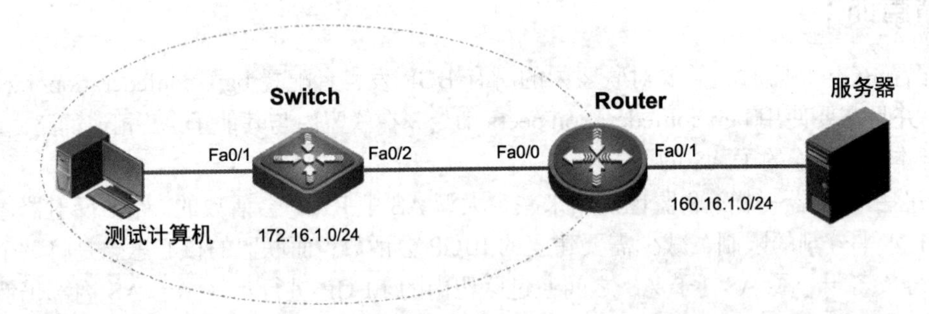

图 51-1 某公司办公网场景，使用 1 台交换机接入和 1 台模块化路由器作为出口（任务 51）

【设备清单】

模块化路由器（1 台）；交换机（1 台）；网线（若干）；测试计算机（若干）。

（备注 1：注意设备连接接口；可以根据现场连接情况，相应修改文档中接口名称，配置过程不受影响。）

（备注 2：限于实训环境，本任务也可以使用多台三层交换机组网实现，配置过程做相应改变。）

（备注3：限于实训环境，服务器一般使用测试计算机搭建和替代。）

【实施步骤】

（1）在交换机上配置地址信息。

```
Router#configure terminal
Router(config)#hostname Switch
Switch(config)#interface vlan 1
Switch(config-if)#ip address 172.16.1.10 255.255.255.0
Switch(config-if)#no shutdown
Switch(config-if)#end
```

（2）在路由器上配置地址信息。

```
Router#configure terminal
Router(config)#interface FastEethernet 0/0
Router(config-if)#ip address 172.16.1.2 255.255.255.0
Router(config-if)#no shutdown
Router(config)#interface FastEthernet 0/1
Router(config-if)#ip address 160.16.1.2 255.255.255.0
Router(config-if)#no shutdown
Router(config-if)#end
```

（3）在路由器上定义基于时间的访问控制列表。

```
Router#configure terminal
Router(config)#access-list 100 permit ip any host 160.16.1.1
                                    // 定义访问控制列表，允许访问主机 160.16.1.1
Router(config)#access-list 100 permit ip any any time-range t1
                           // 关联 time-range 接口 t1，允许在规定时间段访问任何网络
```

```
Router(config)#time-range t1     // 定义 time-range 接口 t1，即定义时间段
Router(config-time-range)#absolute start 8:00 1 oct 2004 end 18:00 30 dec 2020
                                                              //定义绝对时间段
Router(config-time-range)#periodic daily 0:00 to 8:00
                                              // 定义周期性时间段（非上班时间）
Router(config-time-range)#periodic daily 17:00 to 23:59
Router(config-time-range)#end
```

（4）在路由器上验证访问控制列表和 time-range 接口配置。

```
Router#show access-lists        // 显示所有访问控制列表配置
   Extended IP access list 100
      permit ip any host 160.16.1.1
```

```
  permit ip any any
```

```
Router#show time-range       //  显示 time-range 接口配置
  time-range entry:t1
   absolute start 08:00 1 October 2004 end 18:00 30 December 2020
   periodic daily 00:00 to 08:00
   periodic daily 17:00 to 23:59
```

（5）在路由器的接口上应用访问控制列表。

```
Router#configure terminal
Router(config)#interface FastEthernet 0/1
                                            // 进入连接服务器的接口 FastEthernet 0/1
Router(config-if)#ip access-group 100 out
                              // 在接口 FastEthernet 0/1 的出方向上应用访问控制列表 100
Router(config-if)#end
```

（6）在路由器上验证访问控制列表。

```
Router#show ip interface FastEthernet 0/1
  FastEthernet 0/1 is up,line protocol is up
   Internet address is 160.16.1.2/24
   Broadcast address is 255.255.255.255
   Address determined by setup command
   MTU is 1500 bytes
   Helper address is not set
   Directed broadcast forwarding is disabled
   Outgoing access list is 100        //  显示在出口上应用了访问控制列表 100
   Inbound  access list is not set
   Proxy ARP is enabled
   Security level is default
   Split horizon is enabled
   ICMP redirects are always sent
   ICMP unreachables are always sent
   ICMP mask replies are never sent
   IP fast switching is enabled
   IP fast switching on the same interface is disabled
   IP multicast fast switching is enabled
   Router Discovery is disabled
   IP output packet accounting is disabled
   IP access violation accounting is disabled
   TCP/IP header compression is disabled
   Policy routing is disabled
```

（7）测试访问控制列表的效果。

如图 51-2 所示，在测试计算机上进行网络联通测试，在上班时间可以访问服务器 160.16.1.1。

```
C:\>ping 160.16.1.1

Pinging 160.16.1.1 with 32 bytes of data:

Reply from 160.16.1.1: bytes=32 time=1ms TTL=127
Reply from 160.16.1.1: bytes=32 time<1ms TTL=127
Reply from 160.16.1.1: bytes=32 time<1ms TTL=127
Reply from 160.16.1.1: bytes=32 time<1ms TTL=127

Ping statistics for 160.16.1.1:
    Packets: Sent = 4, Received = 4, Lost = 0 (0% loss),
Approximate round trip times in milli-seconds:
    Minimum = 0ms, Maximum = 1ms, Average = 0ms
```

图 51-2 测试网络联通（1）

如图 51-3 所示，改变服务器 IP 地址为 160.16.1.5（或用另一台服务器），再进行网络联通测试，在上班时间不能访问服务器 160.16.1.5。

```
C:\>ping 160.16.1.5

Pinging 160.16.1.5 with 32 bytes of data:

Reply from 172.16.1.2: Destination net unreachable.
Reply from 172.16.1.2: Destination net unreachable.
Reply from 172.16.1.2: Destination net unreachable.
Reply from 172.16.1.2: Destination net unreachable.

Ping statistics for 160.16.1.5:
    Packets: Sent = 4, Received = 4, Lost = 0 (0% loss),
Approximate round trip times in milli-seconds:
    Minimum = 0ms, Maximum = 0ms, Average = 0ms
```

图 51-3 测试网络联通（2）

如图 51-4 所示，改变路由器的时钟到非上班时间 22:00，在非上班时间可以访问服务器 160.16.1.5。

```
C:\>ping 160.16.1.5

Pinging 160.16.1.5 with 32 bytes of data:

Reply from 160.16.1.5: bytes=32 time=2ms TTL=127
Reply from 160.16.1.5: bytes=32 time<1ms TTL=127
Reply from 160.16.1.5: bytes=32 time<1ms TTL=127
Reply from 160.16.1.5: bytes=32 time<1ms TTL=127

Ping statistics for 160.16.1.5:
    Packets: Sent = 4, Received = 4, Lost = 0 (0% loss),
Approximate round trip times in milli-seconds:
    Minimum = 0ms, Maximum = 2ms, Average = 0ms
```

图 51-4 测试网络联通（3）

【注意事项】

在定义时间接口前需要先校正系统时钟。

time-range 接口上允许配置多条 periodic 规则（周期性时间段），在访问控制列表进行匹配时，只要能匹配任一条 periodic 规则即认为匹配成功，而不是要求必须同时匹配多条 periodic 规则。设置 periodic 规则时可以按 day-of-the-week（星期几）、weekdays（工作日）、weekends（周末，即周六和周日）、daily（每天）等日期段进行设置。

time-range 接口上只允许配置一条 absolute 规则（绝对时间段）。虽然 time-range 接口上允许 absolute 规则与 periodic 规则共存，但是访问控制列表必须首先匹配 absolute 规则，然后再匹配 periodic 规则。

任务52 配置专家级访问控制列表

【任务目标】

掌握专家级访问控制列表的配置方法。

【背景描述】

某公司网络中心最近发现，网络中经常有异常的大数据流量包传输。出于网络安全性的考虑，需要在网络设备上配置只允许指定的物理地址及网络地址访问指定服务器，禁止其他主机访问指定服务器。现在需要在交换机上做相应配置，基于安全物理地址和安全网络地址以及可选的协议端口对网络访问进行控制，配置专家级访问控制列表，提高网络的安全性。

【网络拓扑】

图52-1所示为某公司办公网场景，使用1台交换机接入和1台模块化路由器作为出口。其中，测试计算机PC1和PC2的IP地址分别为172.16.1.1/24和172.16.1.3/24，网关为172.16.1.2/24，服务器的IP地址和网关分别为160.16.1.1/24和160.16.1.2/24，路由器接口FastEthernet 0/0和FastEthernet 0/1的IP地址分别为172.16.1.2/24和160.16.1.2/24。

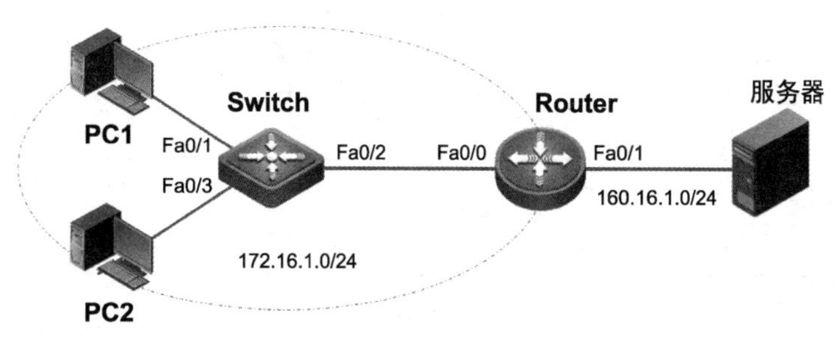

图52-1　某公司办公网场景，使用1台交换机接入和1台模块化路由器作为出口（任务52）

【设备清单】

模块化路由器（1台）；交换机（1台）；网线（若干）；测试计算机（若干）。

（备注1：注意设备连接接口；可以根据现场连接情况，相应修改文档中接口名称，配置过程不受影响。）

（备注2：限于实训环境，本任务也可以使用多台三层交换机组网实现，配置过程做相应改变。）

（备注 3：限于实训环境，服务器一般使用测试计算机搭建和替代。）

【实施步骤】

（1）在路由器上配置地址信息。

```
Router#configure terminal
Router(config)#interface FastEethernet 0/0
Router(config-if)#ip address 172.16.1.2 255.255.255.0
Router(config-if)#no shutdown
Router(config)#interface FastEthernet 0/1
Router(config-if)#ip address 160.16.1.2 255.255.255.0
Router(config-if)#no shutdown
Router(config-if)#end
```

（2）在交换机上配置地址信息。

```
Router#configure terminal
Router(config)#hostname Switch
Switch(config)#interface vlan 1
Switch(config-if)#ip address 172.16.1.10 255.255.255.0
Switch(config-if)#no shutdown
Switch(config-if)#end
```

（3）在交换机上配置专家级访问控制列表。

```
Switch#configure terminal
Switch(config)#expert access-list extended e1     //  配置专家级访问控制列表 e1
Switch(config-ext-nacl)#deny ip host 172.16.1.1 host 00e0.9823.9526 host
160.16.1.1 any
// 禁止 IP 地址和 MAC 地址为 172.16.1.1 和 00e0.9823.9526 的主机访问 IP 地址为 160.16.1.1 的主机
Switch(config-ext-nacl)#permit any any any any
Switch(config-ext-nacl)#end
```

（4）在交换机上验证访问控制列表配置。

```
Switch#show access-lists e1       //  显示专家级访问控制列表 e1
   Expert access list:e1
      deny ip host 172.16.1.1 host 00e0.9823.9526 host 160.16.1.1 any
      permit ip any any any any
```

（5）在交换机的接口上应用专家级访问控制列表。

```
Switch(config)#interface FastFthernet 0/1
                                        //进入接口 FastEthernet 0/1 配置模式
Switch(config-if)#expert access-group e1 in
```

```
                    //在接口 FastEthernet 0/1 的入方向上应用专家级访问控制列表 e1
Switch(config-if)#end
```

```
Switch#show access-group     //验证接口上应用的访问控制列表
   Interface  inbound access-list           outbound access-list
   ------------------------------------------------------------
   FastEthernet 0/1     e1
```

（6）测试访问控制列表的效果。

如图 52-2 所示，在测试计算机 PC1 上进行验证，PC1 不能访问服务器 160.16.1.1。

```
C:\>ping 160.16.1.1

Pinging 160.16.1.1 with 32 bytes of data:

Request timed out.
Request timed out.
Request timed out.
Request timed out.

Ping statistics for 160.16.1.1:
    Packets: Sent = 4, Received = 0, Lost = 4 (100% loss),
```

图 52-2 PC1 不能访问服务器

如图 52-3 所示，在测试计算机 PC1 上进行验证，PC1 能访问 PC2（172.16.1.3），实现正常联通。

```
C:\>ping 172.16.1.3

Pinging 172.16.1.3 with 32 bytes of data:

Reply from 172.16.1.3: bytes=32 time<1ms TTL=128
Reply from 172.16.1.3: bytes=32 time<1ms TTL=128
Reply from 172.16.1.3: bytes=32 time<1ms TTL=128
Reply from 172.16.1.3: bytes=32 time<1ms TTL=128

Ping statistics for 172.16.1.3:
    Packets: Sent = 4, Received = 4, Lost = 0 (0% loss),
Approximate round trip times in milli-seconds:
    Minimum = 0ms, Maximum = 0ms, Average = 0ms
```

图 52-3 PC1 能访问 PC2

如图 52-4 所示，在测试计算机 PC2 上进行验证，PC2 能访问服务器 160.16.1.1，实现正常联通。

```
E:\>ping 160.16.1.1

Pinging 160.16.1.1 with 32 bytes of data:

Reply from 160.16.1.1: bytes=32 time<10ms TTL=127
Reply from 160.16.1.1: bytes=32 time<10ms TTL=127
Reply from 160.16.1.1: bytes=32 time<10ms TTL=127
Reply from 160.16.1.1: bytes=32 time<10ms TTL=127

Ping statistics for 160.16.1.1:
    Packets: Sent = 4, Received = 4, Lost = 0 (0% loss),
Approximate round trip times in milli-seconds:
    Minimum = 0ms, Maximum =  0ms, Average =  0ms
```

图 52-4 PC2 能访问服务器

【注意事项】

专家级访问控制列表用于过滤二层、三层和四层数据流。专家级访问控制列表可以使用源 MAC 地址、目的 MAC 地址、以太网类型、源 IP 地址、目的 IP 地址及可选的协议类型信息作为匹配的条件。